中国当代青年建筑师 XI

上册

CHINESE CONTEMPORARY YOUNG ARCHITECTS XI

何建国　主编

图书在版编目（CIP）数据

中国当代青年建筑师. XI. 上册 / 何建国主编. —
天津 ：天津大学出版社, 2023.1
ISBN 978-7-5618-7379-3

Ⅰ. ①中… Ⅱ. ①何… Ⅲ. ①建筑师－生平事迹－中
国－现代②建筑设计－作品集－中国－现代 Ⅳ.
①K826.16②TU206

中国版本图书馆CIP数据核字(2022)第250568号

封面：上海建筑设计研究院有限公司
/作品
——中国航海博物馆
（详见下册内文P159）

中国当代青年建筑师XI（上册）
ZHONGGUO DANGDAI QINGNIAN JIANZHUSHI XI

封底：DPA建筑设计/作品
——南通AGSK创意产业园
（详见上册内文P211）

出版发行　天津大学出版社
地　　址　天津市卫津路92号天津大学内（邮编：300072）
电　　话　发行部：022-27403647　邮购部：022-27892072
网　　址　www.tjupress.com.cn
印　　刷　北京盛通印刷股份有限公司
经　　销　全国各地新华书店
开　　本　230mm×300mm
印　　张　18.25
字　　数　428千
版　　次　2023年1月第1版
印　　次　2023年1月第1次
定　　价　349.00元

中国当代的青年建筑师是一股不可忽视的力量，他们在建筑界声名鹊起，他们所承接的项目的分量也在日渐加重，他们在中国建筑大发展的时代背景下，有更多的机会施展才华，有理论和实践紧密结合的成长轨迹，必将成为未来建筑设计的中坚力量！

他们作为中国建筑史发展的一个片段，展现出了这个层面应有的风貌。面对激烈的市场竞争，在复杂的建筑行业链条中，许多青年建筑师执着追求、蓄势待发，他们也需要更多的肯定和鼓励！

今天，关注青年建筑师的发展，不仅是市场需求，更是中国设计崛起的标志！

编者

中国当代青年建筑师XI 战略合作伙伴

CHINESE CONTEMPORARY YOUNG ARCHITECTS XI

中国建筑设计院有限公司
CHINA ARCHITECTURE DESIGN GROUP
www.cadri.cn

中国中元国际工程有限公司
www.ippr.com.cn

上海建筑设计研究院有限公司
www.isaarchitecture.com

北京市建筑设计研究院有限公司
BEIJING INSTITUTE OF ARCHITECTURAL DESIGN
www.biad.com.cn

广东省建筑设计研究院
Architectural Design and Research Institute of Guangdong Province
www.gdadri.com

江西省建筑设计研究总院集团有限公司
www.jxsjzy.com

同济大学建筑设计研究院（集团）有限公司
www.tjadri.com

湖南省建筑设计院集团股份有限公司
HUNAN ARCHITECTURAL DESIGN INSTITUTE GROUP CO.,LTD.
www.hnadi.com.cn

CSADI 中南建筑设计院
www.csadi.com.cn

浙江南方建筑设计有限公司
Zhejiang South Architectural Design Co., Ltd.
www.zsad.com.cn

中联西北工程设计研究院有限公司
China United Northwest Institute for Engineering Design & Research Co.,Ltd.
www.cuced.com

浙江大学建筑设计研究院有限公司
Architectural Design & Research Institute of Zhejiang University Co., Ltd.
www.zuadr.com

清華大學 建筑设计研究院有限公司
ARCHITECTURAL DESIGN & RESEARCH INSTITUTE OF TSINGHUA UNIVERSITY CO., LTD.
www.thad.com.cn

中国联合工程有限公司
China United Engineering Corporation Limited
www.chinacuc.com

浙江省建筑设计研究院（ZIAD）
www.ziad.cn

中国建筑西北设计研究院有限公司
www.cscecnwi.com

甘肃省建筑设计研究院有限公司
www.gsadri.com.cn

中信建筑设计研究总院有限公司
CITIC General Institute of Architectural Design and Research Co., Ltd.
www.design.citic

中国建筑东北设计研究院有限公司
CHINA NORTHEAST ARCHITECTURAL DESIGN & RESEARCH INSTITUTE CO.,LTD
nein.cscec.com

中国电建
POWERCHINA
中国电建集团华东勘测设计研究院有限公司
www.ecidi.com

中国中建设计集团有限公司
www.ccdg.cscec.com

拉萨市设计院
DESIGN INSTITUTE OF LHASA CITY
www.xzlssjy.com

中国美術學院 风景建筑设计研究总院有限公司
THE DESIGN INSTITUTE OF LANDSCAPE & ARCHITECTURE CHINA ACADEMY OF ART CO., LTD.

ww.caaladi.com

SADI
深圳市建筑设计研究总院有限公司
www.sadi.com.cn

广州市城市规划勘测设计研究院
www.gzpi.com.cn

吉林省建苑设计集团有限公司
JILINSHENG JIANYUAN DESIGN GROUP COMPANY LIMITED
www.artsgroup.cn

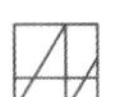

哈尔滨工业大学建筑设计研究院
The Architectural Design and Research Institute of HIT
www.hitadri.cn

中国建筑科学研究院有限公司
China Academy of Building Research
www.cabr.com.cn

中国铁建
中铁第一勘察设计院集团有限公司
CHINA RAILWAY FIRST SURVEY AND DESIGN INSTITUTE GROUP CO.,LTD.
www.fsdi.com.cn

中国船舶集团国际工程有限公司
www.ccdi.c om.cn

中船第九设计研究院工程有限公司
csscndri@dnri.sh.cn

合肥工業大學设计院(集团)有限公司
HFUT Design Institute (Group) Co., Ltd.
www.hfutdi.cn

西安建築科技大學
XI'AN UNIVERSITY OF ARCHITECTURE AND TECHNOLOGY
建筑设计研究院
www.xjdsjy.com

中国兵器工业集团 中国五洲工程设计集团有限公司
CHINA WUZHOU ENGINEERING GROUP CORPORATION LTD.
wzsjy.norincogroup.com.cn

重庆市设计院有限公司
www.cqadi.com.cn

湖南大學设计研究院有限公司
Hunan University Design And Research Institute Co.,Ltd
www.hdsjy.cn

中国当代青年建筑师 XI

上册目录

CHINESE CONTEMPORARY YOUNG ARCHITECTS XI

中国当代青年建筑师 XI

上册目录

CHINESE CONTEMPORARY YOUNG ARCHITECTS XI

安 军

职务：中国建筑西北设计研究院有限公司总建筑师
第三建筑设计研究院院长
机场设计研究中心主任
建筑装饰设计中心主任
西安建筑科技大学硕士研究生导师
中国建筑学会建筑师分会副理事长、注册建筑师分会副理事长、工业建筑分会常务理事
陕西省土木建筑学会理事、副秘书长，建筑师分会副理事长兼秘书长
陕西省室内装饰协会副会长
陕西美协建筑与环境设计艺术委员会副会长
西安市规划委员会专家委员
职称：教授级高级建筑师
执业资格：国家一级注册建筑师

个人荣誉
首届陕西省工程勘察设计大师
陕西省优秀工程勘察设计师
西安十佳青年建筑师
中国建筑首席大师
陕西省劳动模范
中国建筑总公司科学技术奖
中国建筑总公司青年科技奖

教育背景
1984年—1988年　哈尔滨建筑工程学院

工作经历
1988年至今　中国建筑西北设计研究院有限公司

主要成员：

于 芳
中国建筑西北设计研究院有限公司副总建筑师

王 刚
第三建筑设计研究院
总建筑师
机场设计研究中心副主任

吴宝泉
第三建筑设计研究院
副院长、副总建筑师

李 莉
第三建筑设计研究院
总建筑师

刘月超
第三建筑设计研究院
总建筑师
机场设计研究中心副主任

郭 栋
第三建筑设计研究院
总建筑师

第五博
第三建筑设计研究院
副总建筑师

陈 卓
第三建筑设计研究院
副总建筑师

郭霆飙
第三建筑设计研究院
副总建筑师

杜东林
第三建筑设计研究院
副总建筑师

中国建筑西北设计研究院有限公司（简称中建西北院）第三建筑设计研究院辖有“两部三中心”，即第一设计部、第二设计部和机场设计研究中心、轨道交通TOD研究中心、钢结构研究中心。业务范围秉持了“专业化+综合化”方向的协同发展，以机场、轨道交通为主要的专业化方向，结合传统优势领域，包括会展、观演、酒店、政法、医疗、文教、科研、商业、办公和居住建筑等多元化、综合化业务领域，在城乡规划、园林景观以及大跨度、超高层等方面具有专业优势和技术品牌。

建筑三院成立之初确定了“构建和谐集体和打造有活力、有创造力的设计团队”的建院理念，竭诚服务、追求卓越，履行科技工作者的技术责任和社会义务；科技创新、设计引领，为社会奉献优秀建筑作品，为使用者创造未来幸福空间。

地址：西安市经济技术开发区
文景路中段98号
电话：029-68515700
传真：029-68515705
电子邮箱：xbyanjun@163.com
微信公众号：第十设计

延安南泥湾机场

Yan'an Nanniwan Airport

项目业主：西部机场集团延安机场建设指挥部
建设地点：陕西 延安
建筑功能：交通建筑
用地面积：95 000平方米
建筑面积：13 346平方米
设计时间：2015年
项目状态：建成
设计单位：中建西北院第三建筑设计研究院第一设计部
项目负责人：安军

延安南泥湾机场位于延安市宝塔区柳林镇，距离市区14.5千米。设计在体现现代化航空港特点的同时充分考虑延安独特的“黄土文化、黄河文化、红色文化”，树立延安独特的门户形象。

新机场建设用地为削峰填谷、高挖高填区域，用地紧张且地质条件复杂。航站楼恰好位于挖方与填方交界处，设计将空侧站坪、航站楼、陆侧站前广场及地下停车场的空间序列采用“阶梯式”的剖面布局，空陆侧一体化设计，大幅度降低土方填挖量。

在建筑造型上对地方传统坡屋面进行抽象提炼，用现代的手法展示出航站楼建筑出挑深远、现代简洁的风格。“主从相依”的十一个连续拱形装饰，彰显西北地区独特的窑洞文化特色。抽象化的“水舌”构件、五角星的剪影图案等建筑细节，展现了延安红色文化与革命圣地的历史意义。

西安咸阳国际机场三期扩建工程东航站楼及综合交通中心

Xi'an Xianyang International Airport Phase III Expansion Project East Terminal and Comprehensive Transportation Center

项目业主：西部机场集团机场建设指挥部
建筑功能：交通建筑
建筑面积：1 050 000平方米
项目状态：在建
设计单位：中建西北院第三建筑设计研究院第一设计部
合作单位：兰德隆与布朗环球服务公司（美国）
中国建筑设计研究院有限公司
项目负责人：安军

建设地点：陕西 西安
用地面积：4 420 000平方米
设计时间：2017年

项目是西北地区较大规模的基础建设工程，也是中国民航总局“四型机场”的示范工程，新建航站区包含了70万平方米的东航站楼和35万平方米的综合交通中心。总体规划将航站楼、GTC、空港新城东商务区的功能、交通、空间、景观等进行一体化设计；延续了西安九宫格局城市规划特点，选择“中央大殿+六条指廊”的直线型结构。航站楼寓意“长安盛殿、丝路新港，汉唐风韵、城市华章”，延续城市文脉，留住长安记忆，将中华优秀传统文化与现代化航空建筑技术相融合，传承与创新，创造属于西安、属于中国、属于当代的新机场。

西宁曹家堡国际机场三期扩建工程航站楼及综合换乘中心

Xining Caojiabao International Airport Phase III Expansion Project Terminal and Comprehensive Transfer Center

项目业主：青海机场公司西宁曹家堡国际机场建设指挥部
建设地点：青海 西宁
建筑功能：交通建筑
用地面积：1 174 000平方米
建筑面积：331 000平方米
设计时间：2018年
项目状态：在建
设计单位：中建西北院第三建筑设计研究院第一设计部
合作单位：兰德隆与布朗环球服务公司（美国）
上海市政工程设计研究总院（集团）有限公司
项目负责人：安军

项目位于青海省西宁市，属于4E级民用机场，是青藏高原重要交通枢纽和青海省主要对外口岸。扩建工程包含158 000平方米的航站楼和173 000平方米的综合换乘中心。航站楼采用“主楼+三指廊”的结构设计，地上两层，地下一层，流程采用到发分流模式；综合换乘中心地上四层，地下一层，主要满足旅客交通换乘和停车功能，南侧预留了与高铁接驳的空间。

扩建工程响应青海未来发展建设主题，以“生态+融合”为核心理念，打造青藏高原上的生态机场。项目采用“场、站、城”一体化设计，使航空港、高铁站、平安新城形成有机整体。设计创意来源于青海省省鸟——黑颈鹤的造型，塑造“空港骄子、鹤舞高原”的形象；航站楼屋面逐级跌落，形成三条连续弧线，体现“中华水塔、三江溯源”的生态理念。建筑曲线轮廓和圆弧形态与青藏高原山水地貌形成鲜明对比，表现了西部人内心温暖的精神世界，也映射出新时代大西北人的航空梦想。

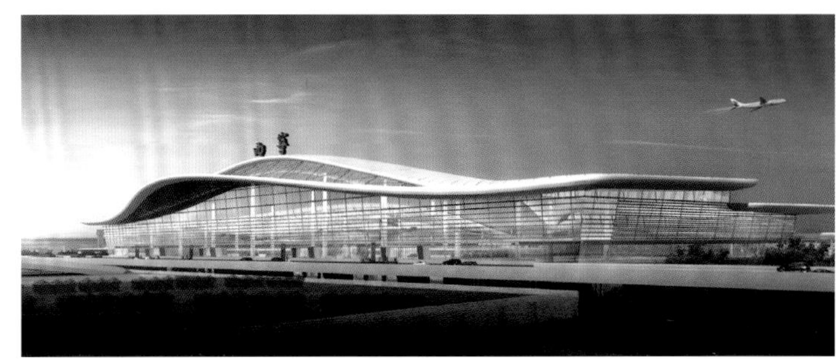

榆林榆阳机场 T2 航站楼

Terminal T2 of Yulin Yuyang Airport

项目业主：西部机场集团榆林榆阳机场建设指挥部
建设地点：陕西 榆林
建筑功能：交通建筑
用地面积：200 000平方米
建筑面积：55 000平方米
设计时间：2018年
项目状态：建成
设计单位：中建西北院第三建筑设计研究院第一设计部
项目负责人：安军

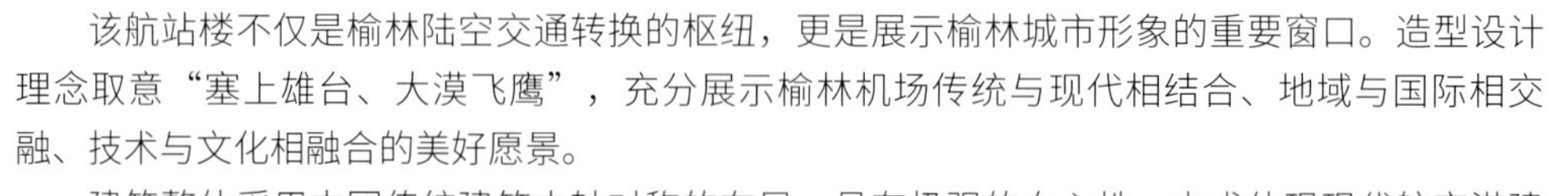

该航站楼不仅是榆林陆空交通转换的枢纽，更是展示榆林城市形象的重要窗口。造型设计理念取意“塞上雄台、大漠飞鹰”，充分展示榆林机场传统与现代相结合、地域与国际相交融、技术与文化相融合的美好愿景。

建筑整体采用中国传统建筑中轴对称的布局，具有极强的向心性，力求体现现代航空港建筑的特点。航站楼主楼置于高台之上，厚重的台基与榆林古城、古城墙神韵相通。屋面造型舞动飞扬，波澜起伏、延绵连续的建筑形态宛若起伏的沙丘，上扬的曲线如同展翅腾飞的雄鹰，动态且富有力量。屋面采用“张弦结构”形式，是西北地区第一个采用此结构形式的航空建筑，构件形式轻盈优美，形态丰富，展现出航站楼工艺与空间、技术与文化相交融的意境。

榆林榆阳机场作为地区面向国内外宾客的空中门户，将全力打造“平安、绿色、智慧、人文”的四型机场，其独特且富有地域特色的建筑形象也将成为毛乌素沙漠中的新航标。

银川国际航空港综合交通枢纽

Comprehensive Transportation Hub of Yinchuan International Airport

项目业主：宁夏机场公司银川河东国际机场建设指挥部
建设地点：宁夏 银川
建筑功能：交通建筑
用地面积：213 800平方米
建筑面积：81 742平方米
设计时间：2017年
项目状态：建成
设计单位：中建西北院第三建筑设计研究院第一设计部
项目负责人：安军

设计将枢纽换乘中心、停车楼、航站楼与高铁地面站房统一考虑，采用形体空间逐层退台的形式，并引入了航站区中心轴线的设计理念，有效解决了航站楼与站前广场交通空间的过渡。简洁的造型与航站楼、高铁站形成呼应，立面建筑语言体现了地域与民族的文化性和标志性。项目采用建筑、交通、景观三位一体的设计理念，实现了机场陆侧交通无缝对接、零换乘的功能需求；采用简洁、有效的设计手法，引进创新理念，提升建筑形象，减少工程投资，便于后期运营管理。

室内设计以“九曲黄河”为设计理念，运用折线、曲线及星点光芒营造空间的形式与氛围。空间色彩以灰白为主，辅以原木色，并在局部运用绿植墙进行装饰，营造出现代、简洁并富有地域文化的室内空间。

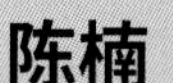

陈楠

职务： 中国电建集团华东勘测设计研究院有限公司二级专家
职称： 正高级工程师
执业资格： 国家一级注册建筑师

教育背景
1987年—1991年　江西工业大学建筑学学士

工作经历
1991年至今　中国电建集团华东勘测设计研究院有限公司

主要设计作品
浙江工商大学杭州商学院
荣获：2018年杭州市优秀工程勘察设计二等奖
　　　2019年院级优秀工程设计一等奖
浙江医药高等专科学校奉化校区
荣获：2019年杭州市优秀工程勘察设计二等奖
　　　2019年全国优质工程奖
浙江大学紫金港校区文科组团四
荣获：2020年杭州市优秀工程勘察设计三等奖
拱墅区运河文化发布中心
荣获：2021年杭州市优秀工程勘察设计三等奖

王健

职务： 中国电建集团华东勘测设计研究院有限公司建筑二所所长
职称： 正高级工程师
执业资格： 国家一级注册建筑师

教育背景
1997年—2002年 安徽建筑工业学院学士

工作经历
2002年至今　中国电建集团华东勘测设计研究院有限公司

主要设计作品
钱江创新创业产业园（一期）工程
荣获：2012年杭州市优秀工程勘察设计三等奖
浙江工商大学杭州商学院
荣获：2018年杭州市优秀工程勘察设计二等奖
　　　2019年院级优秀工程设计一等奖
浙江医药高等专科学校奉化校区
荣获：2019年杭州市优秀工程勘察设计二等奖
　　　2019年全国优质工程奖
浙江大学紫金港校区文科组团四
荣获：2020年杭州市优秀工程勘察设计三等奖

李凌峰

职务： 中国电建集团华东勘测设计研究院有限公司建筑二所副所长
职称： 高级工程师

教育背景
2000年—2004年　浙江理工大学建筑学学士
2016年—2019年　华中科技大学建筑学硕士

工作经历
2004年至今　中国电建集团华东勘测设计研究院有限公司

主要设计作品
瑞安市气象防汛大楼
荣获：2015年浙江省优质工程奖
杭州运河祈利酒店(原国家厂丝储备仓库)
荣获：2017年杭州市优秀工程勘察设计二等奖
　　　2017年院级优秀成果设计二等奖
浙江工商大学杭州商学院
荣获：2018年杭州市优秀工程勘察设计二等奖
　　　2019年院级优秀工程设计一等奖

中国电建集团华东勘测设计研究院有限公司
HUADONG ENGINEERING CORPORATION LIMITED

中国电建集团华东勘测设计研究院有限公司（以下简称华东院）于1954年建院，是中国电建集团的特级企业。华东院为中国勘察设计综合实力百强单位、中国工程设计企业60强单位、中国承包商80强单位、中国监理行业十大品牌企业。华东院是国家高新技术企业、国家级工业化与信息化“两化”深度融合示范单位、中国对外承包工程业务新签合同额百强企业、住建部首批全过程工程咨询试点企业、全国实施卓越绩效模式先进企业、电力行业首批卓越绩效标杆AAAAA企业、浙江省工程总承包试点企业、浙江省“一带一路”建设示范企业和浙江省规模最大的勘测设计研究单位。华东院2017年荣获第五届“全国文明单位”称号，2019年荣获全国“五一劳动奖状”。

地址：浙江省杭州市余杭区高教路201号
电话：0571-56626241
传真：0571-88392805
网址：www.hdec.com
电子邮箱：wang_j3@hdec.com

浙江工商大学杭州商学院

Zhejiang Gongshang University Hangzhou College of Commerce

项目业主：浙江工商大学杭州商学院
建设地点：浙江 桐庐
建筑功能：教育建筑
用地面积：361 838平方米
建筑面积：238 388平方米
设计时间：2013年
项目状态：建成
设计单位：中国电建集团华东勘测设计研究院有限公司
主创设计：陈楠、徐堃、王健、李凌峰、胡忠桦

项目位于钟灵毓秀的桐庐县，背倚青翠秀丽的丘陵山脉，近临水色佳美的富春江，天然带有灵秀之气。建筑师充分利用山水资源、传统空间模式、大学精神这三个要素，实现“远山、近水、内有园”的设计目标。设计理念为“共享、筑园、纳新”。设计与城市山水景观产生对话关系，建立一个人文空间开放、山水景观共享的知识型院校，体现了“共享”；运用传统造园艺术，打造公园般的校园环境，营造诗意化校园空间，此为“筑园”；记忆深处砖红色的建筑形象被创新化地设计加工，构成了传统与现代相互交融的双重体验，是谓“纳新”。

杭州运河祈利酒店（原国家厂丝储备仓库）

Hangzhou Canal Qili Hotel (Former National Factory Silk Reserve Warehouse)

项目业主：杭州市运河综合保护开发建设集团有限责任公司
建设地点：浙江 杭州
建筑功能：酒店、会议建筑
建筑面积：16 756平方米
设计时间：2012年
项目状态：建成
设计单位：中国电建集团华东勘测设计研究院有限公司
主创设计：陈楠、李凌峰

项目是由原国家厂丝储备仓库改造而成的一家五星级酒店。国家厂丝储备仓库于2004年被杭州市人民政府公布为第一批历史建筑。设计围绕运河综保委“还河于民、申报世遗、打造世界级旅游产品”的三大目标进行思考，在充分保留原有建筑物的基础上，将原有建筑物的风格延伸并提升、优化；遵循可逆的保护设计原则，采取主体承重结构托换的方法，通过各类保护历史建筑整治措施，使得历史原构件保持适度的识别性。通过“契弗利”品牌植入、酒店经营带动大兜路历史街区现有的产业结构和品位等多维度的提升，为运河申遗及提升运河旅游国际化水平做出积极和创造性的贡献。

浙江大学紫金港校区文科组团四

Zhejiang University Zijin Port Campus Liberal Arts Group 4

项目业主：浙江大学
建设地点：浙江 杭州
建筑功能：教育建筑
用地面积：70 128平方米
建筑面积：107 110平方米
设计时间：2013年—2015年
项目状态：建成
设计单位：中国电建集团华东勘测设计研究院有限公司
主创设计：陈楠、王健、达选锡、林殿男、许益明、毛怡晨

浙江大学紫金港校区是浙江大学主校区，位于杭州市西湖区。工程以高起点规划、高水平设计、高质量施工为标准实施，硬件设施齐全、先进、实用，实现了“现代化、网络化、园林化、生态化”的建设目标。这次文科组团由11幢建筑及其围合而成的多个半开合的院落空间组成，其设计特点：一是沿袭浙江大学传统校区的总图肌理和立面特色，借鉴浙江大学传统建筑的比例、立面元素，使浙江大学传统校园的形制及风格在本文科组团里得以一定的延续；二是着意于在时光流动的校园里辟出一块体验空间，吸引学子们沉静下来，于院落空间内体验、感知、交流、学习和提升。

杭州钱塘新区文体中心

Hangzhou Qiantang New Area Cultural and Sports Center

项目业主：杭州东部大学科技园建设有限公司
建设地点：浙江 杭州
建筑功能：体育、文化、办公建筑
用地面积：62 808平方米
建筑面积：256 582平方米
设计时间：2018年
项目状态：在建
设计单位：中国电建集团华东勘测设计研究院有限公司
主创设计：王健、徐泽铭、王玮、陈骏、章臻颖、武艳红、卢莉莉

项目从城市整体环境出发，以“山水杭州，潮起下沙”为设计理念。体育馆的立面设计采用双表皮形式，外侧为彩釉玻璃，通过玻璃上圆点的疏密变化，形成山水效果的建筑立面。综合馆的立面采用相同的处理方式，通过圆点的疏密变化形成涟漪的意境。办公楼则通过竖向杆件与玻璃幕墙的结合，穿插自然曲线的艺术处理手法，使立面形似钱塘江潮。建筑形体现代大气又富含韵味，同时达到整体效果的相互呼应、协调统一，结合立面的细节设计，体现公共文体建筑特色。

杭州市城东新城0901人防工程

Hangzhou Chengdong New Town 0901 Civil Air Defense Project

项目业主：杭州市人民防空办公室
建设地点：浙江 杭州
建筑功能：人防工程
用地面积：75 934平方米
建筑面积：63 815平方米
设计时间：2009年—2010年
项目状态：建成
设计单位：中国电建集团华东勘测设计研究院有限公司
主创设计：陈楠、胡忠桦、古文东、费丽雯、张茂平

项目作为浙江省第一个采用人防建设标准的单建人防工程，结合地下空间开发，将周边孤立的点式地下人防工程和地下空间及地铁站点连接起来，由点及面，打通人防紧急疏散通道，提高区域的联合防灾能力；同时能够丰富城市功能与内涵，是人防与地下空间及平战结合的典型代表，也是浙江省兼顾人防建设标准的示范工程。

陈夏耒

职务： 中国美术学院风景建筑设计研究总院有限公司青创中心主持建筑师
职称： 高级工程师
执业资格： 国家一级注册建筑师

教育背景
1998年—2003年　浙江工业大学建筑学学士

工作经历
2013年至今　中国美术学院风景建筑设计研究总院有限公司

个人荣誉
2019年美国Architizer A+ Awards大奖
2019年英国世界建筑新闻奖
2020年美国建筑大师奖
2020年亚洲建筑师协会建筑奖荣誉提名
2021年美国Architizer A+ Awards大奖
2021年欧洲杰出建筑师论坛大奖绿叶奖
2021年《ELLEDECO家居廊》中国室内设计大奖文化艺术奖

主要设计作品
建德富春开元芳草地乡村酒店
荣获：2019 年世界建筑节奖酒店建筑入围奖
2019年美国Architizer A+ Awards大奖酒店建筑公众奖
2019年英国世界建筑新闻奖银奖
2020年亚洲建筑师协会建筑奖酒店建筑荣誉提名奖
2020年英国Dezeen Awards建筑设计大奖酒店建筑入围奖
杭州开元森泊度假酒店
荣获：2020年—2021年欧洲杰出建筑师论坛大奖最佳接待建筑入围奖
2020年美国Architizer A+Awards大奖建筑+木类别特别提名奖
龙游后山头28号宅
荣获：2020年美国建筑大师奖独栋住宅类别荣誉提名奖
嘉兴市老建委驿站
荣获：2020年—2021年欧洲杰出建筑师论坛大奖最佳艺术&文化建筑奖
2021年美国Architizer A+Awards大奖图书馆建筑公众奖
2021年美国建筑大师奖教育建筑奖
2021年美国建筑大师奖多功能建筑奖
2021年《ELLEDECO家居廊》中国室内设计大奖文化艺术奖
杭州市北山街69#改造（集艺楼）
安吉山川乡村记忆馆
莫干山开元森泊度假酒店
杭州富春·方外酒店

中国美术学院 风景建筑设计研究总院有限公司
THE DESIGN INSTITUTE OF LANDSCAPE & ARCHITECTURE CHINA ACADEMY OF ART CO., LTD.

青 创 中 心

中国美术学院风景建筑设计研究总院有限公司成立于1984年，具有住房和城乡建设部颁发的建筑行业（建筑工程）甲级、风景园林工程设计专项甲级、室内装饰设计甲级、城乡规划编制甲级、市政行业专业乙级、文物保护工程勘察设计乙级等资质，可承担资质证书许可范围内相应的建设工程总承包业务及相关的技术与管理服务。中国美术学院风景建筑设计研究总院有限公司2014年正式通过了ISO9001、ISO14000、GB/T18001三合一体系认证，2019年通过3A认证。

中国美术学院风景建筑设计研究总院有限公司依托中国美术学院雄厚的学术背景和丰富的学术资源，秉承“依托学院、服务社会”的总体运作方针，依靠中国美术学院强大的人才力量和优势的学科组群，具备了全方位的民族化、国际化、时代化的学术视野和研究氛围。在各级主管部门领导的关怀下，经过多年的探索与努力，中国美术学院风景建筑设计研究总院有限公司为社会奉献了诸多优秀的建筑作品，并得到了社会各界的高度赞誉，先后被授予“优秀文化创意企业”“文化创意产业重点企业”“年度经济发展工作先进企业”等荣誉称号，设计完成的项目先后荣获国际、部级、省级、市级大奖，被业界誉为“美院现象”。

地址：浙江省杭州市西湖区西斗门路18号
电话：0571-88905980
网址：www.caaladi.com
电子邮箱：279582531@qq.com

嘉兴市老建委驿站

Jiaxing
Old Construction
Committee Inn

项目业主：嘉兴市园林市政管理服务中心
建设地点：浙江 嘉兴
建筑功能：城市驿站
用地面积：1 050平方米
建筑面积：380平方米
设计时间：2019年—2020年
项目状态：建成
设计单位：中国美术学院风景建筑设计研究总院有限公司青创中心
设计团队：陈夏未、柯礼钧、沈俊彦、金拓、王凯
建筑摄影：奥观建筑视觉

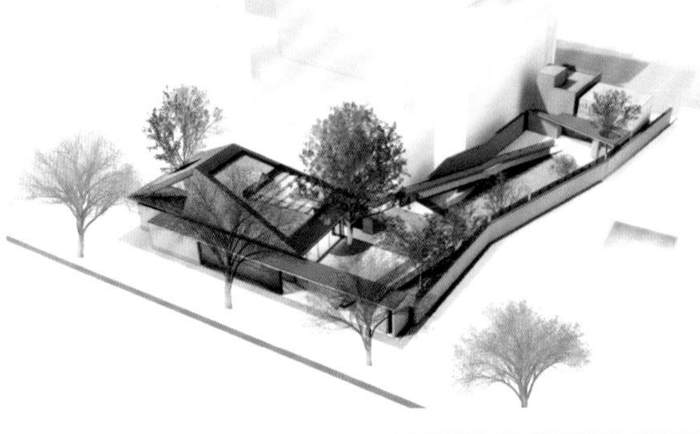

项目位于嘉兴市中山路，场地夹在不同年代的大楼之间，属于典型的城市碎片空间。设计引入简·雅各布斯的“街道眼”概念，以“器官化”的点式更新来唤起人们对老城复杂多样生活的热爱。

建筑以“大树底下好乘凉”的姿态介入场地的复杂环境，通过在不规则的场地上建起3个院子来限定边界，并保留4颗香樟树，整个屋面都趴在树荫底下。室内空间结合屋顶以三角形的构成元素隐喻“嘉兴粽子”，体现建筑的地域特色。

“一条中山路，半座嘉兴城。”对嘉兴人而言，中山路是抹不去的城市记忆，见证着这座城市的发展变迁。项目设计激活了老城碎片空间，成为周边社区小朋友的儿时记忆，是值得留恋的“老街头”。

建德富春开元芳草地乡村酒店

Jiande Fuchun New Century Wonderland Village Hotel

项目业主：开元旅业集团有限公司
建设地点：浙江 杭州
建筑功能：酒店建筑
用地面积：140 000平方米
建筑面积：19 000平方米
设计时间：2017年—2018年
项目状态：建成
设计单位：中国美术学院风景建筑设计研究总院有限公司青创中心
设计团队：陈夏未、柯礼钧、金拓、王凯、周建正
建筑摄影：奥观建筑视觉

项目位于富春江畔的乌石滩，场地呈三角形。项目用地连同周边的乌龙山脉与富春江共同构成了一幅绝美的流动画卷。建筑形态采用了10种以上的客房模块，以组团为单位，依山就势，有机地散落在水岸山林间。统一的大玻璃、大露台，将山景、溪景、湖景、江景充分引入。若隐若现的建筑融入山水，构成“酒店中的风景，风景中的酒店”的意象。

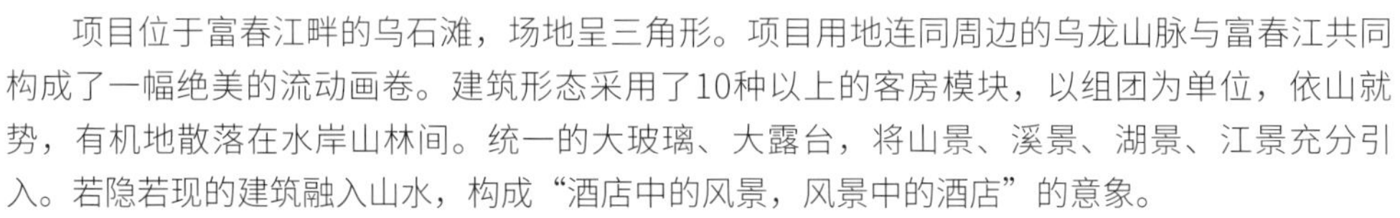

根据场地多样性和复杂性的特点，设计采取理性、符合逻辑的手法，重构场地环境，让建筑自然地生长，达到建筑与自然的完美融合。漫步其中，建筑、树林、江湖，溪流、明月等元素在步移景异中自然成画，而人则在山水中栖居、蛙声中入眠、鸟鸣中晨醒，亲身体验大自然。设计将乡村度假酒店呈现在诗意画卷中。

杭州开元森泊度假酒店

Hangzhou
New Century
Senbo Resort
Hotel

项目业主：开元旅业集团有限公司
建设地点：浙江 杭州
建筑功能：酒店建筑
用地面积：490平方米
建筑面积：850平方米
设计时间：2018年
项目状态：建成
设计单位：中国美术学院风景建筑设计研究总院有限公司青创中心
设计团队：陈夏未、王凯、柯礼钧、金拓、陈梁星
建筑摄影：奥观建筑视觉

项目位于一个满是茶园的山谷，站在山谷远眺，依稀能望见远处的城市。茶园、松树以及山谷，赋予了场地独有的特性。端坐茶园，背靠老松，面朝湘湖，环境越静谧深邃，人心就越澄澈。

项目的第一层立面使用质朴厚重的稻草石灰涂料，墙体远端延伸至茶园；第二层使用暖色松木饰面，错落的四坡顶呼应背面老松的天际线。天然材料的应用使棱角分明的简单造型形成一种刚毅又亲和的气氛，让人沉浸其中却又忽略建筑元素。楼梯像一面旗帜，顶部的天光引导人继续攀登，到达南向出挑的平台，视线由近及远，茶园、山峰、湘湖、城市汇聚于此，完成这次“会当凌绝顶，一览众山小”的放空旅程。

安吉山川乡村记忆馆

The Memory Hall in Shanchuan Village, Anji

建设地点：浙江 湖州
建筑功能：乡村记忆馆
用地面积：500平方米
建筑面积：450平方米
设计时间：2017年
项目状态：建成
设计单位：中国美术学院风景建筑设计研究总院有限公司青创中心
设计团队：陈夏未、王凯、柯礼钧、金拓、虞光洁
建筑摄影：奥观建筑视觉

项目位于安吉县山川乡船村，原为废弃厂房。建筑原始状态很差，屋面瓦、墙体基本废弃，只有几根红砖柱和木屋架尚能加固使用。基地环境优美，四周群山环抱，良田千亩，一条溪流贯穿东西，流水常年不断。

针对现状，设计团队提出3个问题：如何合理利用现有资源；如何引入青山绿水的风景；如何使建筑具有乡村特色韵味。为了避免相互干扰，与农居的相邻侧面不开或尽量少开窗户，临马路的一侧墙面高1.3米以上才开大窗，这样人坐在里面可不受道路干扰，且依然能看到对面的山水景色。内部空间朴素自然，墙面内外一致，地面用水泥做磨光处理，屋顶则保留了原始木屋架的结构美感，软装也以原木为主，使建筑和室内融为一体，在这里能感受到自然山水、传统手艺与现代生活的相互融合。

相比于城市项目，乡村项目的创造心态更轻松自然。乡村记忆馆建成开放后，村民和游客逐步参与其中，每逢节日，这里都会举办聚会，也成了孩子们的乐园。乡村记忆馆展现的不仅是传承，更是新生！

龙游后山头 28 号宅

Residence No. 28 in Houshantou, Longyou County

项目业主：私人
建设地点：浙江 衢州
建筑功能：居住建筑
用地面积：800平方米
建筑面积：400平方米
设计时间：2019年
项目状态：建成
设计单位：中国美术学院风景建筑设计研究总院有限公司青创中心
设计团队：陈夏未、金拓、柯礼钧、王凯、沈俊彦、周建正
建筑摄影：奥观建筑视觉

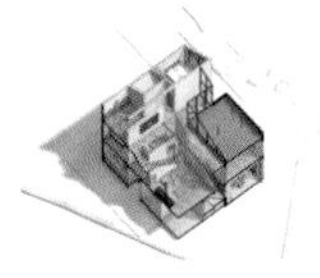

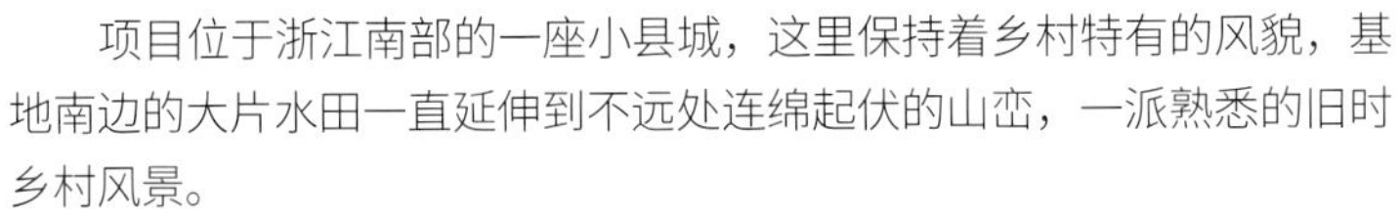

项目位于浙江南部的一座小县城，这里保持着乡村特有的风貌，基地南边的大片水田一直延伸到不远处连绵起伏的山峦，一派熟悉的旧时乡村风景。

建筑前院桃李罗列，花色不断；后院不植榆柳，改用银杏。一楼客餐厅与前院之间用7米宽的水泥地面相连，作为室内活动的延伸。室内设计，用一部魔方楼梯串联起一楼公共客餐厅、二楼立体家庭厅、三楼阳光茶室，最后到达半遮半透、适应天气变化而又兼顾屋顶检修功能的大露台，在此可眺望远处的风景。室外设计，风景伴随着通透的公共空间，步移景异，是整个建筑的核心，5个卧室被合理地分配在主线周围。

建筑采用生态设计的手法，就地取材，使用木、石、泥、草等材料，同时也降低了建设成本。传统木屋架丰富了建筑细节，吸引燕雀归来；外墙掺入稻草质感的涂料；当地石材的基座与水田相近；院子里的菜圃增添了生活的乐趣，一个大家庭聚在屋檐下、庭院间享受诗意生活；燕归、人还、看春来！

陈晓宇

职务：AIM亚美设计集团总建筑师、董事长
执业资格：加拿大注册建筑师
　　　　　加拿大皇家建筑师会员

教育背景

1994年—1997年　华南理工大学建筑学硕士

工作经历

2006年至今　AIM亚美设计集团

个人荣誉

2011年中国年鉴颁发的中国建筑行业卓越贡献人物奖
2012年中国建筑设计行业卓越贡献人物奖
2013年《中国建筑设计作品年鉴》特邀编委
2015年"金钻奖"年度十大最具创意(建筑、景观、商业空间)设计师大奖
2016年"概念商业广场"国际建筑设计竞赛专业组优秀奖
2016年全国健康产业工作委员会规划设计发展中心副主任
2020年粤港澳大湾区智库副主席

主要设计作品

延安万达红街
荣获：2021年洛杉矶BLT建筑设计奖荣誉提名奖
　　　2021年美国纽约设计大奖银奖
　　　2021年REARD文旅与主题娱乐设计大奖银奖
桂林融创文旅城
荣获：2021年美国缪斯设计大奖铂金奖
　　　2021年伦敦设计大奖银奖
保利西海岸
荣获：2021年国际住宅建筑大奖
广东外语外贸大学附属江门外国语学校
荣获：第六届REARD全球地产设计大奖荣誉奖
　　　2021年筑鼎奖国际空间设计大赛银奖
通驿民众服务区
荣获：2021年筑鼎奖国际空间设计大赛铜奖
新凯广场
荣获：2018年中国城市可持续发展推动力"金殿奖"
GREEN BELT（绿带）
荣获：2017年概念商业广场国际建筑设计竞赛优秀奖
星港城万达广场
荣获：2017年华南地区购物中心规划设计创新奖一等奖
　　　2016年度第十届金盘奖华南地区最佳商业楼盘

AIM亚美设计集团（AIM International）成立于加拿大，总部在广州，聚集国内外精英设计师200余人，一直致力于提供以建筑设计、室内设计、景观设计为核心，从策划、规划、绿建、灯光、幕墙设计到商业招商、运营的一体化定制的全产业链服务。

AIM亚美设计集团是少数同时具有国际品牌、中国建筑行业综合甲级资质以及与客户建立长期战略合作三大核心竞争力的设计集团。它不仅拥有一流的创意，还有一支强大的包括结构、水电、暖通、室内、景观、绿建等在内的专业的技术队伍为项目作支撑，以确保方案的可实施性和造价的有效控制。AIM亚美设计集团在与国内众多知名地产商的长期合作中，无论在设计品质上还是服务上均受到业主好评。AIM亚美设计集团先后设计了诸如星港城万达广场、桂林融创文旅城、延安万达红街、合景南岗万达广场、海南东方万达广场、广州南站地下商业空间、新凯广场、京华广场、东方新天地、通驿民众服务区、敏捷华南金谷、阳江国际金融中心、保利珑门广场、保利西海岸、广东外语外贸大学附属江门外国语学校、保利中环广场、万科幸福城、佛山恒大城、招商熙和园、天安珑城、南驰都湖国际、河源万达城销售物业、中梁公馆壹号院等上百个成功案例。

AIM亚美设计集团凭借资深的行业背景、良好的方案水平和优质的设计服务团队，陆续获准进入了各大品牌供方库，包括万科、保利、恒大、融创、合景泰富、招商、中梁、阳光城、万达、富力、奥园、中海、敏捷、方圆、新城控股、碧桂园等。

地址：广东省广州市珠江新城华穗路406号保利克洛维中景A座16楼
电话：020-38819168
传真：020-38812825
网址：www.aimym.net
电子邮箱：a@aimgi.com

延安万达红街

Yan'an Wanda Red Street

项目业主：万达文旅院
建设地点：陕西 延安
建筑功能：文旅建筑
建筑面积：90 800平方米
设计时间：2019年
项目状态：建成
设计单位：AIM亚美设计集团
主创设计：陈晓宇、Ignasi Hermida Tell、谢晓帆、潘丽敏

延安万达红街是集爱国主义教育、民俗文化体验、旅游休闲度假于一体的超大型红色旅游综合项目。设计以1935—1948年延安历史脉络为主题形成“红色征程”“红色生活”“红色时光”“红色年代”四段红色文化街区和五大红色主题广场。规划设计以传统古城古建、历史还原建筑、陕北民居建筑、长征文化公园景观等，重现了从红军陕北会师、火热的延安岁月至走向伟大胜利的光辉历程。设计师依照游览的轴线局部穿插现代建筑风格，将高科技和红色主题相结合，丰富立面形式，寓意延安从过去走到现在所发生的变化，既体现了延安特色，又保证了街区立面的整体性和多样性，具有中国传统韵味。

桂林融创文旅城

Guilin Sunac Cultural Tourism City

项目业主：融创中国
建设地点：广西 桂林
建筑功能：文旅建筑
建筑面积：45 000平方米
设计时间：2018年
项目状态：建成
设计单位：AIM亚美设计集团
主创设计：陈晓宇、Ignasi Hermida Tell、樊树长、潘丽敏

项目设计提炼广西桂林地区壮族、苗族、侗族三个少数民族精髓，将建筑、文化、历史、民俗融入小镇整体规划中，依据历史发展推演方式，逐层渐进式地展现多民族的建筑人文特色。设计通过“三种民族风情，八大民族广场” 串联七组室内外乐园，作为整个桂林融创文旅城的串联式商业载体。项目全长1.2千米，158个标准商业单元可容纳近300家商店，包含影院、商业、非遗、文创、餐饮、酒吧、娱乐等多种体验型业态。

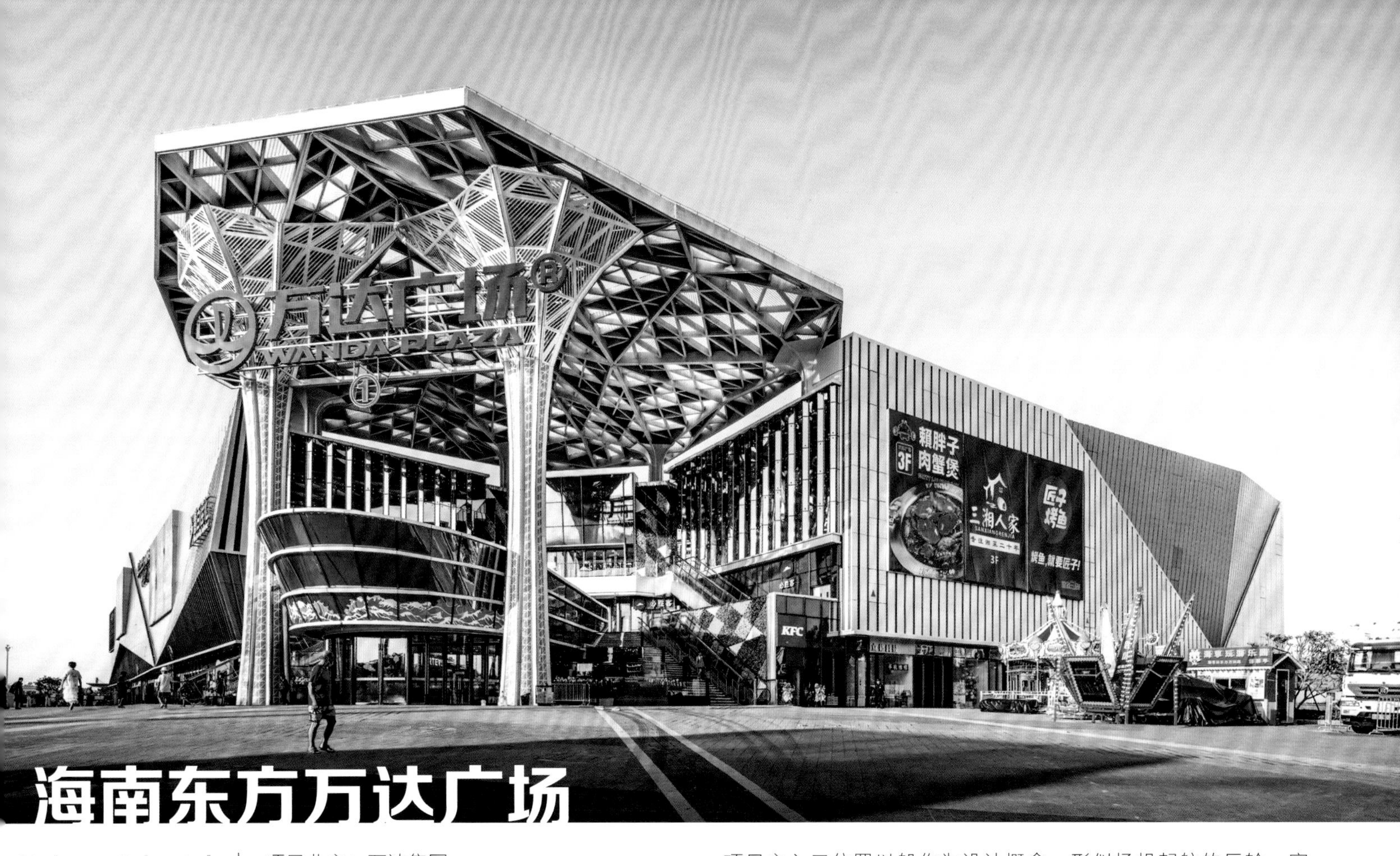

海南东方万达广场

Hainan Oriental Wanda Plaza

项目业主：万达集团
建设地点：海南 东方
建筑功能：商业建筑
建筑面积：114 000平方米
设计时间：2019年
项目状态：建成
设计单位：AIM亚美设计集团
主创设计：陈晓宇、Ignasi Hermida Tell、梁云飞、何海康

项目主入口位置以船作为设计概念，形似扬帆起航的巨轮，寓意着东方万达广场乘风破浪。项目打造成东方市独特、舒适、高品质的商业购物中心。椰子树是海南最主要的标志性树种之一，此方案立面概念来源于椰子树生长的形态，建筑表面肌理模仿椰子树叶子的独特纹理。当阳光透过入口阳光顶棚，错落的线条营造出椰林光影斑驳的意象。

二号门正对市民广场，四层通高的玻璃幕墙，结合立面幕墙具有现代感的银色铝板，犹如镶嵌在建筑中的宝石，璀璨夺目，吸引过往行人驻足停留。

通驿民众服务区

Tongyi Public Service Area

项目业主：广东通驿高速公路服务区有限公司
建设地点：广东 中山
建筑功能：服务区
建筑面积：4 624平方米
设计时间：2017年
项目状态：建成
设计单位：AIM亚美设计集团
主创设计：陈晓宇、Ignasi Hermida Tell、谢晓帆

项目作为创新型代表的民众服务区不仅拥有时尚现代的外立面，其内部装饰配置也别有洞天。中庭空间采用双层挑空的设计方式，楼内设有手扶电梯连通上下。设计师巧妙地把洗手间布置在二层最深处，使人们在旅途休憩的同时也能顺便逛街，既提升人们的体验感又增加商户的客流量；在二楼洗手间外廊位置，设置了男士吸烟区，处处体现以人为本的服务理念。室内设计呈现大空间氛围，米黄色的瓷砖在灯光照耀下使空间呈现自然通透的效果，为在车内闷了很久的乘客营造轻松愉快的氛围。

合景誉山悠方天地

Hejing Yushan
Youfang Tiandi

项目业主：合景泰富
建设地点：广东 广州
建筑功能：商业建筑
建筑面积：120 000平方米
设计时间：2019年
项目状态：建成
设计单位：AIM亚美设计集团
主创设计：陈晓宇、Ignasi Hermida Tell、叶俊添、樊树长

项目为街区式商业街，外廊错落布置的“盒子”体块，既可满足业态需求、提升商业氛围，也丰富了建筑立面。在外立面设计上，建筑整体色调以浅色为主，外廊架设廊架、花池，辅以绿植点缀，打造现代休闲的商业氛围。合景誉山悠方天地将城市的繁华与自然环境有机结合，将现代商业的舒适体验与宜商宜住的城市新区综合呈现，努力打造一个以居住为主、集休闲娱乐和工作购物为一体的复合型城市社区。

蔡蕾

职务：江苏省建筑设计研究院股份有限公司副总建筑师
职称：高级建筑师
执业资格：国家一级注册建筑师

教育背景

1996年—2001年　西安建筑科技大学建筑学学士
2001年—2004年　西安建筑科技大学城市规划硕士

工作经历

2004年—2006年　上海现代建筑设计集团有限公司
2007年至今　江苏省建筑设计研究院股份有限公司

主要设计作品

华泰证券广场
荣获：2015年全国优秀工程勘察设计一等奖
泰州医药城教育教学区图书馆
荣获：2015年全国民营优秀工程设计华彩奖金奖
　　　2016年江苏省优秀工程勘察设计二等奖
　　　2017年全国优秀工程勘察设计一等奖
骋望骊都华庭
荣获：2017年全国优秀住宅与住宅小区一等奖
麒麟人工智能产业园首期启动区A区
荣获：2019年南京市优秀工程勘察设计一等奖

池程

职务：江苏省建筑设计研究院股份有限公司副总建筑师
职称：高级建筑师

教育背景

1992年—1996年　苏州城建环保学院建筑学学士

工作经历

1996年至今　江苏省建筑设计研究院股份有限公司

主要设计作品

淮安苏宁电器广场
荣获：2017年全国优秀工程勘察设计三等奖
汕头苏宁电器广场
荣获：2018年江苏省优秀工程勘察设计二等奖
仙林金鹰购物中心
荣获：2019年江苏省优秀工程勘察设计三等奖

江苏省建筑设计研究院股份有限公司
JIANGSU PROVINCE ARCHITECTURAL D&R INSTITUTE CO,. LTD.

江苏省建筑设计研究院股份有限公司（JSAD）是由江苏省建筑设计研究院改制而成的企业，具有国家建筑行业（建筑工程、人防工程）甲级、城乡规划编制甲级、风景园林工程甲级、工程监理（房屋建筑）甲级、市政行业乙级、工程造价咨询乙级等资质，2013年被评定为“高新技术企业”，2015年被授予江苏省“重点企业研发机构”称号。

JSAD现有职工1 000余人，高级以上职称技术人员和各类注册人员近400人，可承接各类民用及工业建筑设计、人防工程设计、市政工程、城乡规划编制、项目可行性研究、技术咨询、工程项目管理、风景园林、建筑装饰装修、建筑幕墙、送变电、光环境等专项设计业务以及建筑工程总承包、建筑工程监理业务。JSAD在上海、陕西、山东、安徽、海南、新疆等地设有分公司。JSAD为江苏省建筑工程总承包、全过程咨询首批试点单位，顺利通过2019年江苏省建筑产业化示范基地（科研设计类）验收，并被住房和城乡建设部评为“国家装配式建筑产业基地”。

JSAD坚持“精心设计、科学管理、优质服务、持续改进”的质量方针，秉承“质量第一、顾客至上、服务社会、互利共赢”的经营理念，服务客户，回报社会。

地址：南京市建邺区创意路86号
电话：025-86383109
传真：025-86383109
网址：www.jsarchi.com
电子邮箱：JSAD@jsarchi.com

漳州市荔海文化园 Zhangzhou Lihai Cultural Park

项目业主：漳州九龙江圆山投资有限公司
建设地点：福建 漳州
建筑功能：文化建筑
用地面积：188 000平方米
建筑面积：32 500平方米
设计时间：2015年—2016年
项目状态：停建
设计单位：江苏省建筑设计研究院股份有限公司
合作单位：河海大学设计研究院有限公司
主创设计：周红雷、王宁、蔡蕾、江文婷、万文霞、颜军、蒋志娟

荔海文化园项目旨在打造一个集研究、体验闽台文化和海峡两岸青少年文化创意及展示交流中华优秀传统文化于一体的高端平台，塑造净化心灵、启迪智慧、陶冶性情的文化园区。主体建筑采用唐风，整体风格典雅大气，将中华传统文化、禅诗意境与生态山水融于其间。设计将荔海公园山明水秀的生态环境融入禅意文化，体现清雅禅静之意。

项目规划为“一轴、两心、五区”。

一轴：文化园空间轴，从文化广场到静心文化园、文化体验区、文化研究展示区、文化交流区、茶文化研修体验区、禅文化研习区。

两心：文化广场、静心文化园。

五区：文化体验区、文化研究展示区、文化交流区、茶文化研修体验区、禅文化研习区。

项目结合文化、空间、环境三要素，将传统文化融入城市实体空间，赋予并重塑城市特定区域的空间文化价值，带动城市片区的整体发展。

核心院落及中轴线上的主要建筑采用唐式建筑风格，其建筑形制的要素——屋顶形式、斗栱形式、用材尺寸，均依建筑单体在建筑群中的位置而确定等级和类别。

现存唐代木构建筑实例及绘画资料绝大多数在北方，其建筑主要材料一般包括夯土墙体、木结构、陶瓦及绿色琉璃瓦（琉璃在唐代一般用于屋脊）。外部色彩以丹粉赤白为主，细部点缀青绿。本案考虑南北气候及审美观的差异，在唐代建筑实例的基础上，对材料和色彩进行调整，台基、墙下碱及栏杆交替采用浅灰及深灰色石材，屋顶采用青色筒瓦及浅灰色屋脊，主体木结构及薄墙板采用仿木质深棕色油饰，厚墙体用灰白色涂料粉刷。

仁山书院

水榭

精舍院落

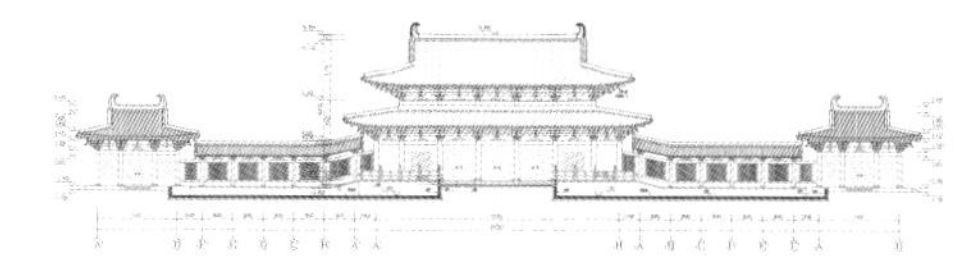

仪门

圆山精舍

星云大讲堂

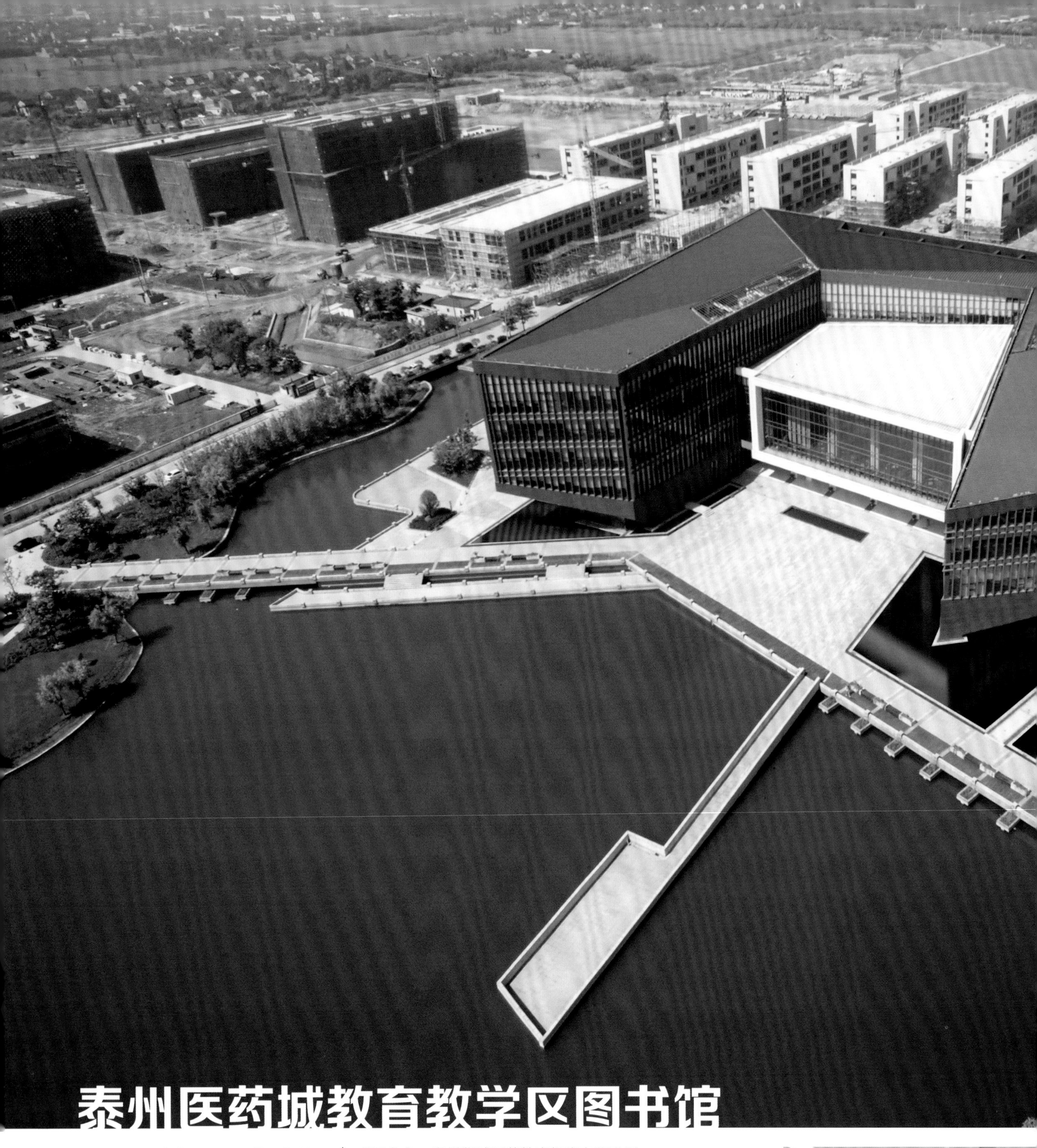

泰州医药城教育教学区图书馆

Taizhou Medical City Education and Teaching Area Library

项目业主：泰州华诚医药教育投资有限公司
建设地点：江苏 泰州
建筑功能：文化建筑
用地面积：20 656平方米
建筑面积：33 000平方米
设计时间：2011年—2012年
项目状态：建成
设计单位：江苏省建筑设计研究院股份有限公司
主创设计：周红雷、颜军、蔡蕾、章景云、顾苒

泰州医药城教育教学区图书馆位于泰州国家医药高新技术产业开发区。设计如“滨水而生、混沌正开，虽为人作、宛若天成，如璞玉静卧池畔、似智慧滋润懵懂”；既利用东侧面向中心景观区的人工湖，使景观得以充分展现，又通过建筑一层架空层形成视觉通廊，连接东面水体和西面的学生活动中心，使校园空间更具层次感。

设计通过现代建筑科技，采用全智能办公、控制系统。在造型上将环保理念与立面设计、使用功能相结合，南北开架阅览室设宽大通透面，东西则通过密排大进深竖向百叶遮挡过多的日照，创造技术与情感、节能与艺术相融合的现代化人性空间。

南京医科大学新基础医学教学楼

New Basic Medicine Teaching Building of Nanjing Medical University

项目业主：南京医科大学
建设地点：江苏 南京
建筑功能：教育、科研、办公建筑
用地面积：44 600平方米
建筑面积：103 000平方米
设计时间：2010年—2012年
项目状态：建成
设计单位：江苏省建筑设计研究院股份有限公司
主创设计：周红雷、章景云、陈运、蔡蕾、江文婷、雍远

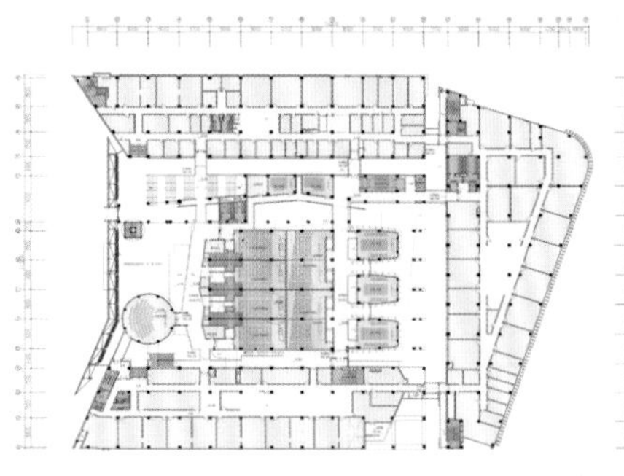

南京医科大学新基础医学教学楼打破常规教育建筑的布局模式，自然地融入环境。设计既充分利用南侧面向校园景观区的人工湖，使景观与建筑充分呼应，又通过合理布局，强化用地西侧校园主轴线的视觉通廊，使校园空间更加丰富。

建筑整合多组团教学空间，将3栋多功能的教学单元围合成中庭，通过中庭连接校园主轴线，形成校园公共空间到教学公共空间，再到教学使用空间的合理过渡。行政办公楼的布局延续围合的设计理念，建筑中庭向校园轴线及南侧湖面打开，提升室内公共空间在视觉上的通透性。建筑在临湖一侧，通过大跨度的悬挑处理，使新基础医学教学楼与科研楼成为校园景观的重要标志。

仙林金鹰购物中心

Xianlin Jinying Shopping Center

项目业主：金鹰国际房地产集团
建设地点：江苏 南京
建筑功能：商业建筑
用地面积：58 539平方米
建筑面积：167 726平方米
设计时间：2016年
项目状态：建成
设计单位：江苏省建筑设计研究院股份有限公司
设计团队：池程、江敏、周舟

仙林金鹰购物中心位于南京市仙林大学城，在学津路以东、杉湖西路以北，东北面临自然湖体。地上4层为商业建筑，地下2层为商业空间及停车场。该项目是一个以商业为主，将购物与度假、游乐相结合的一站式家庭化全生活服务中心。建筑层层退台，与周边的公共广场、景观湖面、大型绿地共同创造出优美的商业休闲空间，给市民提供了一个花园景观的聚会场所，为仙林地区塑造了美丽的城市轮廓线。

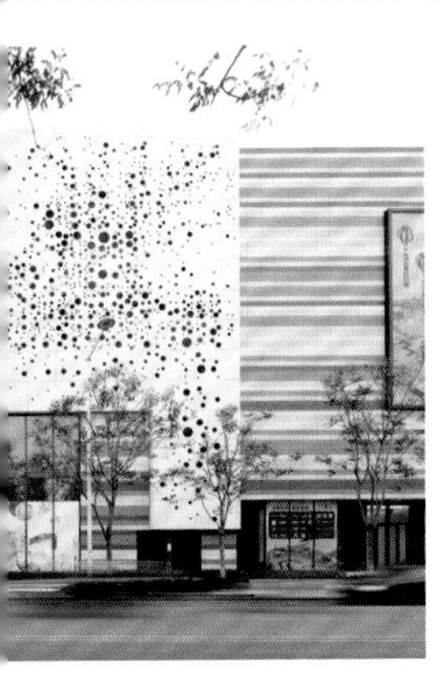

党晓晖

职务：甘肃省建筑设计研究院有限公司建筑创作中心主创建筑师
职称：高级工程师

教育背景

2006年—2011年　兰州理工大学建筑学学士
2012年—2013年　英国利物浦大学建筑学硕士

工作经历

2011年至今　甘肃省建筑设计研究院有限公司

个人荣誉

2019年度甘肃省建筑设计研究院有限公司“双文明”建设先进个人
2021年度甘肃省建筑设计研究院有限公司“优秀青年建筑师”
2021年度甘肃工程咨询集团“先进工作者”

主要设计作品

甘肃科技馆
荣获：2021年度甘肃省优秀工程勘察设计一等奖
　　　2020年全国绿色建筑创新奖三等奖
兰州市建研大厦绿色智慧科研综合楼改造工程
荣获：2020年全国绿色建筑创新奖三等奖
甘肃省体育馆
“一带一路”美丽乡村联盟论坛会址
榆中生态创新城科创中心
甘谷县博物馆

甘肃省建筑设计研究院有限公司成立于1952年，是西北地区设立的第一家国有建筑设计机构、国内首批获准对外经营的省属甲级建筑勘察设计单位、商务部认可的“全国四十家援外设计定点企业”、全国建筑设计行业诚信单位、甘肃省省级精神文明先进单位，现为甘肃工程咨询集团旗下子公司。甘肃省建筑设计研究院有限公司设职能部门7个、专家工作室3个、研发中心7个、生产事业部1个、综合设计所（院）7个、专业设计所（院）6个、分院2个、全资子公司5个，现有各级各类人才近1 500人，其中国家级工程勘察设计大师1人、享受国务院政府特殊津贴专家6人、当代中国百名建筑师1人、中国监理大师1人、甘肃省领

地址：甘肃省兰州市城关区静宁路81号
电话：0931-4664279
传真：0931-4663593
网址：www.gsadri.com.cn

焦谷雨

职务：甘肃省建筑设计研究院有限公司设计四所总建筑师
职称：国家一级注册建筑师

教育背景

2005年—2010年　兰州交通大学工学学士

工作经历

2010年—2022年　甘肃省建筑设计研究院有限公司

个人荣誉

2020年度甘肃省建筑设计研究院有限公司“双文明”建设先进个人
2020年度甘肃工程咨询集团“先进工作者”
2021年度甘肃省建筑设计研究院有限公司“优秀青年建筑师”

主要设计作品

兰州市第十一中学旧教学楼拆除重建项目
临夏州精神病人福利服务中心
礼县全民健身中心
兰州市城关区五泉小学
凉州区第十二幼儿园

军人才7人、甘肃省工程勘察设计大师2人、高级及以上职称近400人、建筑师（工程师）500余人、各类注册人员548人次。甘肃省建筑设计研究院有限公司以新发展理念为指引，推动“技术创新、管理创新、企业文化创新”，坚持“质量、效益”并重，全面深化改革，推进依法治企，并以人才为强企之本、创新为兴企之要，坚定不移走复合式发展道路，努力提升品牌价值，适应行业变革发展趋势，由“技术”升级向“系统”升级转变，由“行业”思维向“品牌”思维转变，在向“百年名企”迈进的征程中，着力推进高质量发展。

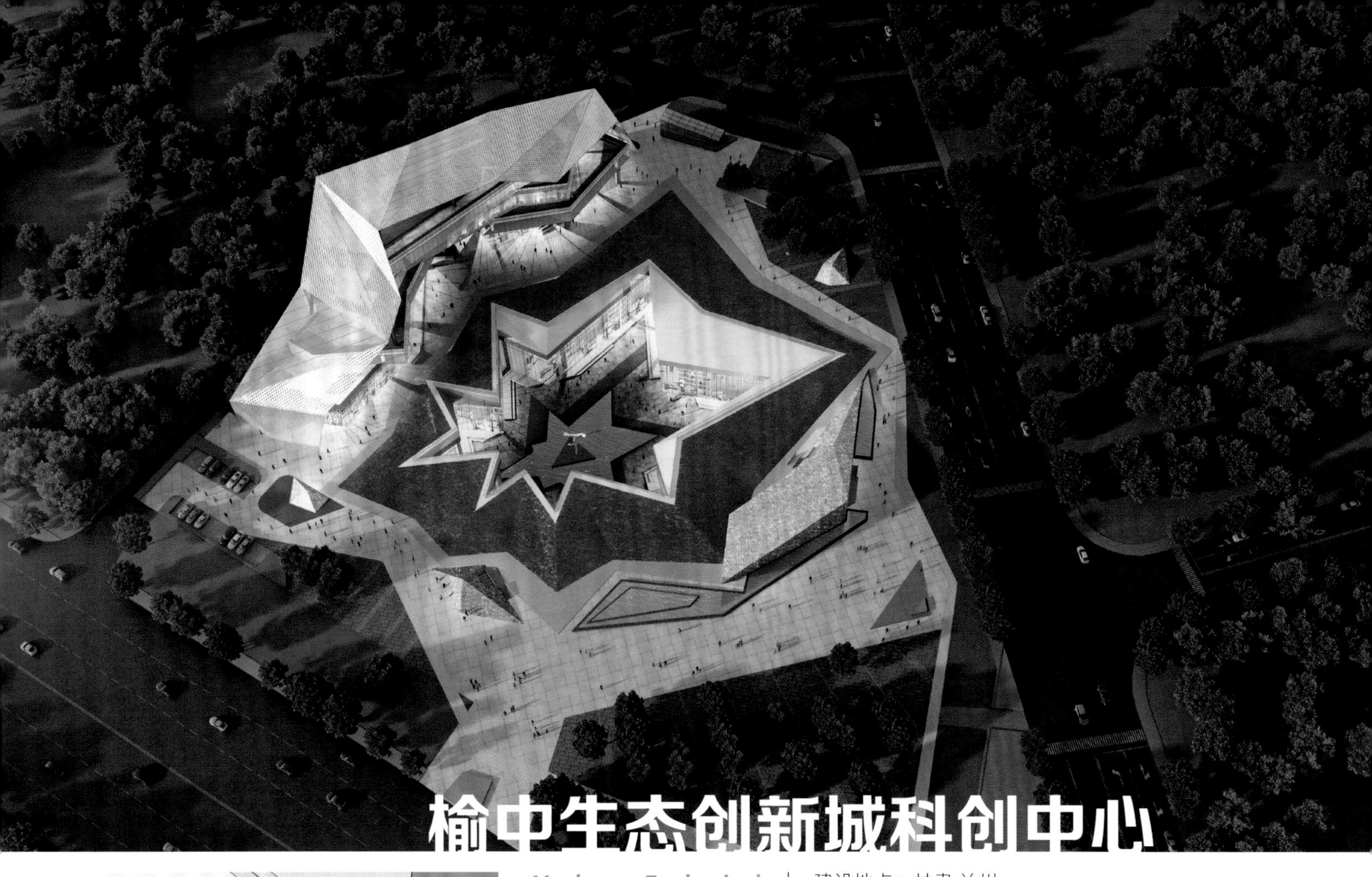

榆中生态创新城科创中心

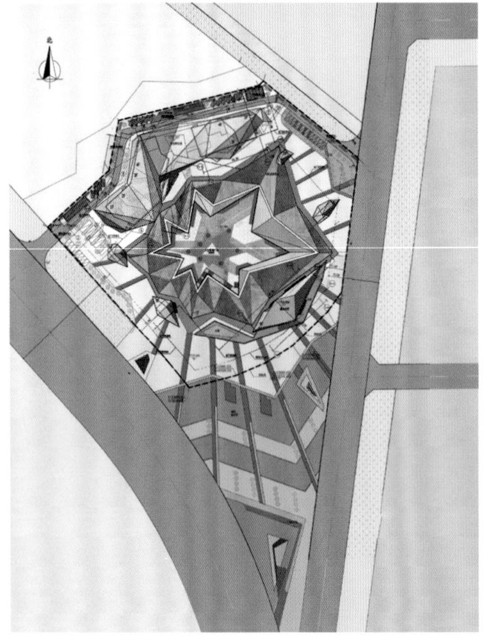

Yuzhong Ecological Innovation City Science and Technology Innovation Center

建设地点：甘肃 兰州
建筑功能：办公、科研建筑
用地面积：26 630平方米
建筑面积：24 846平方米
设计时间：2020年
项目状态：在建
设计单位：甘肃省建筑设计研究院有限公司
设计团队：冯志涛、吴晶晶、靳东儒、党晓晖、程理、杨欣、方博闻、朱晋宏

项目位于兰州市榆中县生态创新城北侧。设计师以“环境、空间效益”为指导原则，并综合分析该地块在区域城市总体规划中的地位以及区域交通、地理、功能对该地块的规划影响。方案结合玄武之魂、星星之形、风玫瑰之意形成将规划回归土地的地下生态创新展示馆。下沉广场搭配水景，寓意海纳百川，水本动，妙在静，静则聚，水朝不若水聚，水聚则兴盛。

此项目是地下半开放空间建筑，由土体调节地下温度，并防止风带来的热能流失。地上建筑搭配新型建筑材料，保温、通风、恒湿，采光充足。整体建筑是具有提高能量利用效益的经济环保绿色建筑。

“一带一路”美丽乡村联盟论坛会址

"Belt and Road" Beautiful Country Alliance Forum Venue

建设地点：甘肃 陇南
建筑功能：会展建筑
用地面积：95 587平方米
建筑面积：41 111平方米
设计时间：2020年
项目状态：建成
设计单位：甘肃省建筑设计研究院有限公司
设计团队：冯志涛、吴晶晶、靳东儒、党晓晖、程珵、米迪、方博闻

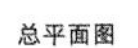

总平面图

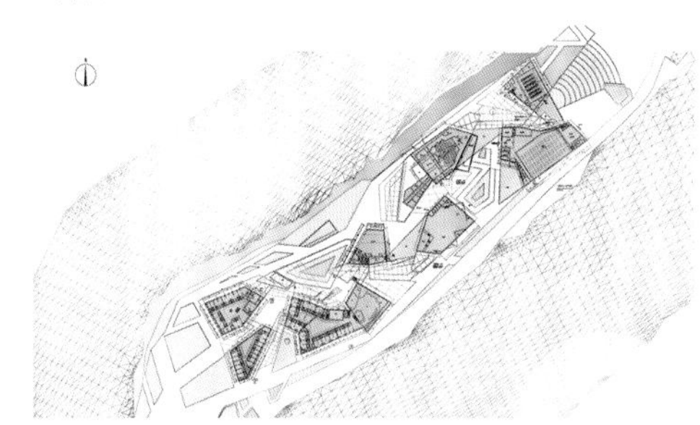

功能分区图

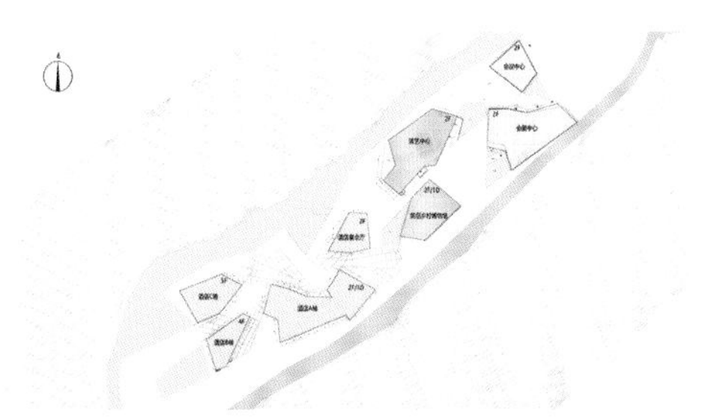

一块土地、一座建筑、一种生活状态。对于乡村发展而言，记忆中的棕墙、土瓦形象成了现实中的“海市蜃楼”。

建筑将长久地矗立在土地与阡陌间。让乡村的过去与未来在大地上不期而遇，是设计师努力实现的乡村愿景。

通过对轻盈的建筑材料与大面积透光材料的使用，建筑在逆光下散发晶莹剔透的质感，似光雾屏栖息于大山间。它是可以让乡村快速发展、实现美丽乡村理想的集结地。乡村发展不再是水平的，它已深入热爱这片土地的人的内心，是传统文化最好的传承者，也体现了这座建筑为绿水、青山、传承而服务。

兰州市第十一中学旧教学楼拆除重建项目

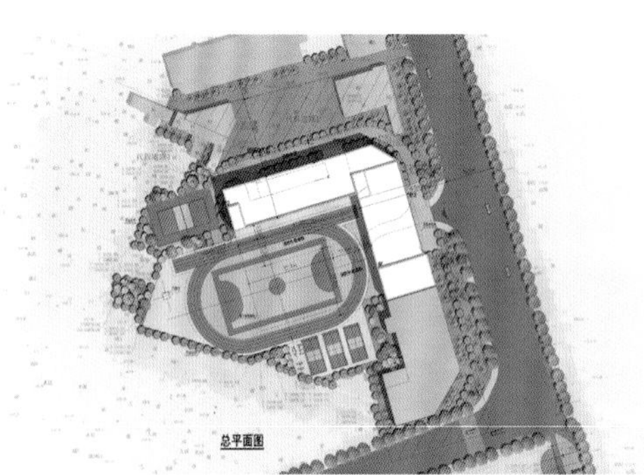

Demolition and Reconstruction of the Old Teaching Building of Lanzhou No. 11 Middle School

项目业主：兰州市第十一中学
建设地点：甘肃 兰州
建筑功能：教育、办公建筑
用地面积：9 092平方米
建筑面积：15 973平方米
设计时间：2020年
项目状态：建成
设计单位：甘肃省建筑设计研究院有限公司
主创设计：张宏颖、焦谷雨、邓晗光

项目场地狭小，为了提高场地利用率，设计师将建筑沿场地东北角，临两条道路布置成“L”形，与南侧原有的综合实验楼相接，这样利于学校开展教学工作。一层除了必要的交通空间，其余全部作架空处理，尽量扩大活动场地。从北方的气候特点出发，每层设置宽4.8米的室内走廊，让学生们在冬天依然能保证一定的室内运动。每层约200平方米的共享大厅为学生们提供交流和沟通的场所。

立面采用现代简洁的手法表达。考虑到与原有综合实验楼立面的协调性，沿平凉路的建筑东立面采用整齐划一的方窗来组织。沿规划路的建筑立面相对活泼一些，同样也是方形元素，但是处理得更加整体化。同时在一层架空层，植入“ELEVEN”的字母雕塑，增加人文气息，使学校建筑的生动性得以展现。

临夏州精神病人福利服务中心

Linxia State Mental Patient Welfare Service Center

项目业主：临夏回族自治州民政局
建设地点：甘肃 临夏
建筑功能：医疗建筑
用地面积：33 659平方米
建筑面积：12 450平方米
设计时间：2020年—2021年
项目状态：在建
设计单位：甘肃省建筑设计研究院有限公司
主创设计：焦谷雨

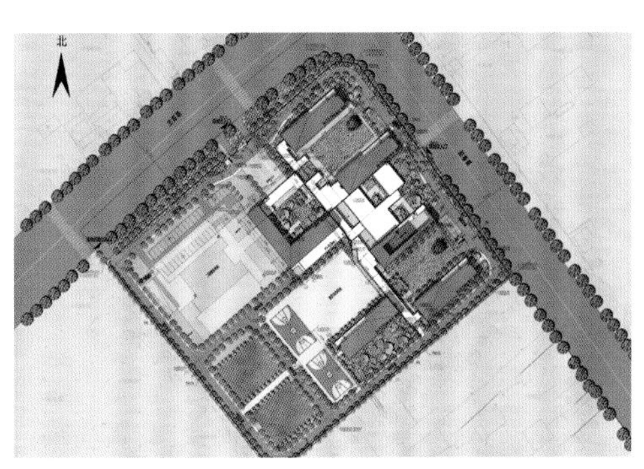

项目设计规模可容纳250张床，在规划设计中，设计师通过主入口处的门廊将康复疗养区的病人与办公后勤人员分开，流线清晰；同时行政办公与后勤功能结合布置于一栋楼内。康养区以每层两个疗养区为基本单元，采用家庭化生活模式的布局，每三间病房设一个公共活动室、餐厅、卫生间及护士站，既可增加病人之间的交流，又可减少看护人员的人力成本。康养区共设置5栋单体，建筑层数为2~3层。每个单体之间由连廊连接，单体之间形成大小不等的几组院落，既可丰富环境，又可供患者日常活动。

场地西南侧为耕种区，为病人提供多种多样的生活环境；西北侧沿兰郎路地块为预留发展用地，作为项目的二期工程，为园区进一步的发展做好规划。

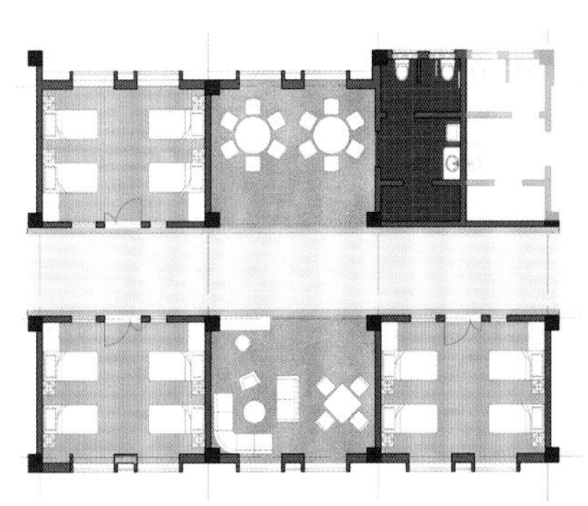

病区护理单元

甘谷县博物馆

Gangu County Museum

建设地点：甘肃 天水
建筑功能：文化建筑
用地面积：26 630平方米
建筑面积：24 846平方米
设计时间：2020年
项目状态：在建
设计单位：甘肃省建筑设计研究院有限公司
设计团队：冯志涛、党晓晖、方博闻、谢家辉、李建海

项目位于天水市甘谷县，用地北临康庄东路，西临冀城南路，用地为不规则多边形。设计以弘扬传承优秀文化、促进历史与当代有机融合为主旨，在充分弘扬中华文明、保护地方文化、传承城市血脉、融合低碳模式、强调绿色可持续发展的基础上，打造城市文化新名片——甘谷县博物馆。在总平面布局上，设计师通过充分挖掘地块自身价值以及对项目与核心区周边环境之间的关系研究，形成项目与核心区地块之间和谐互动、大气开阔的整体布局。方案借鉴天水传统民居的形式，结合传统的夯土墙面材料的使用，通过立体景观系统“公共景观—下沉庭院—屋顶平台”的设置，进一步丰富了建筑外部空间关系和景观环境的层次。

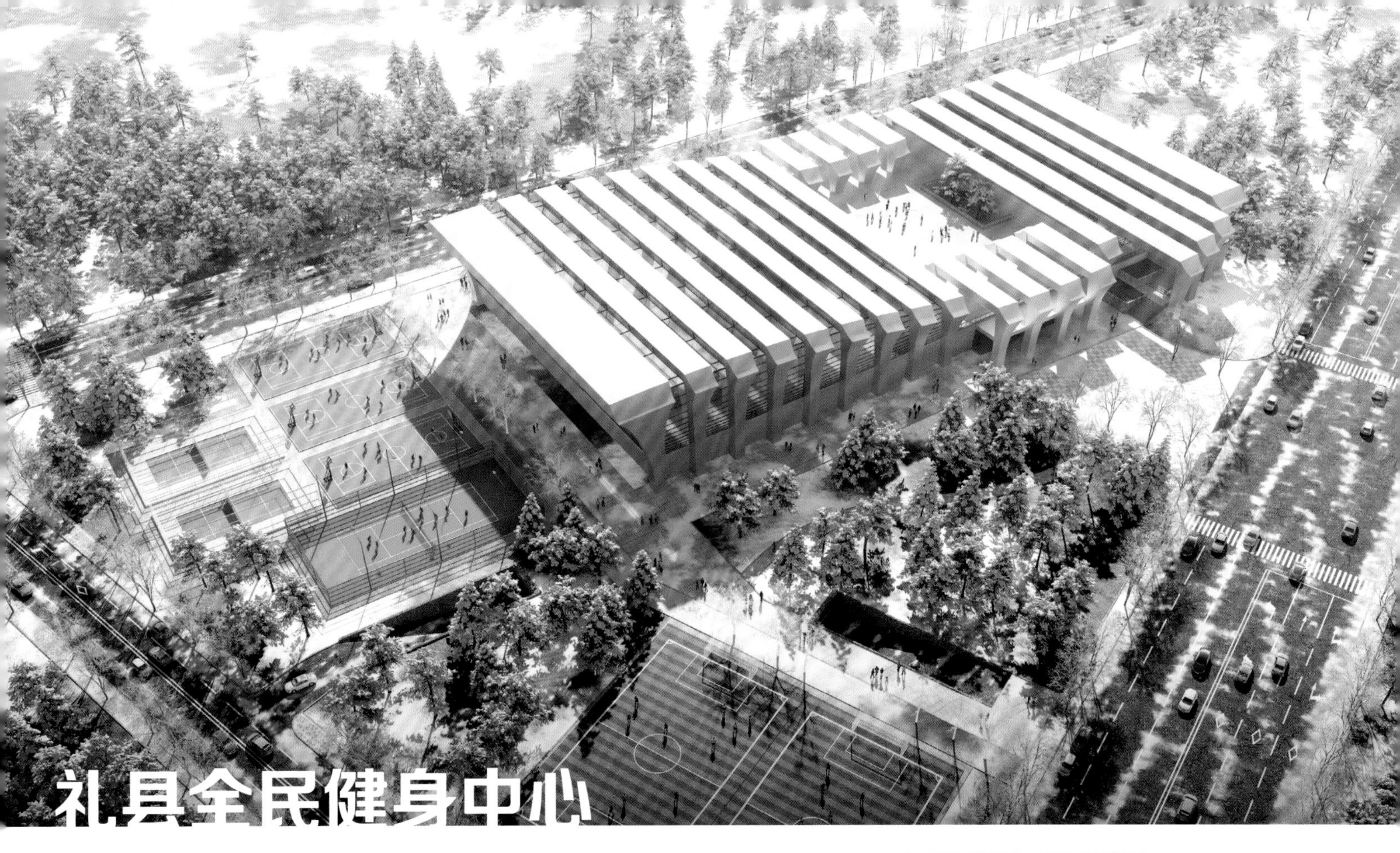

礼县全民健身中心

Lixian National Fitness Center

项目业主：礼县文体广电和旅游局
建设地点：甘肃 陇南
建筑功能：体育建筑
用地面积：31 086平方米
建筑面积：22 250平方米
设计时间：2021年—2022年
项目状态：在建
设计单位：甘肃省建筑设计研究院有限公司
主创设计：焦谷雨、安彬

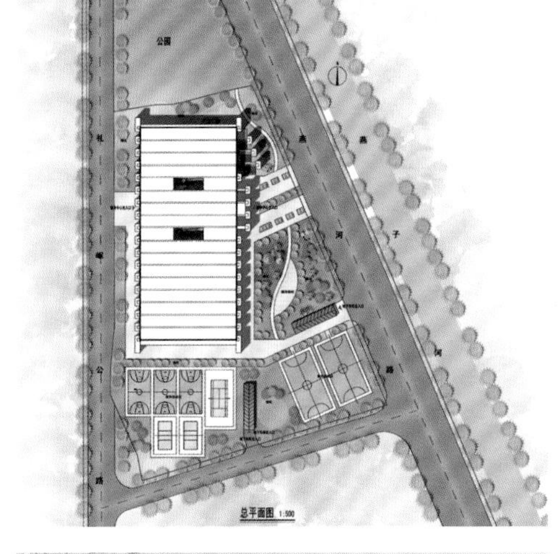

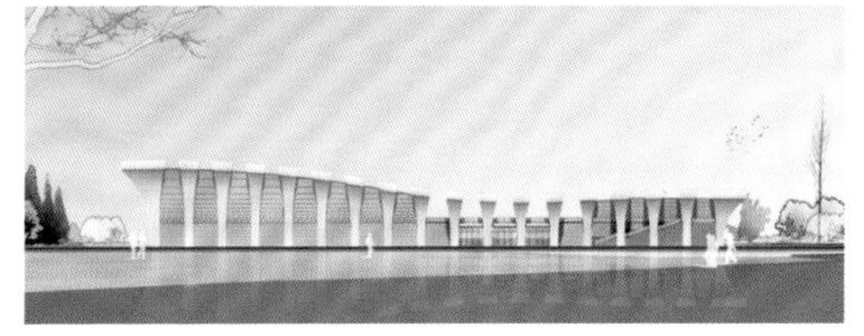

项目场地呈不规则的梯形，设计着重从健身场地的多样性及功能的齐全性考虑，力求在礼县建成一座标准化的全面健身中心。

项目与室外运动场相联系，游泳馆置于北侧，篮球馆、羽毛球馆位于南侧，健身房、办公区等层高要求较低的空间置于场馆中部。设计师通过活动隔断将篮球馆和羽毛球馆设计为可分可合的模式，平时隔断封闭，可展现出独立的篮球馆和羽毛球馆；根据功能需求可打开隔断，调整为大型会议模式、观演模式、展览模式等，提高场馆的利用率。同时布局设计以自然采光通风为主，尽量降低场馆运营成本。

立面设计以流线型为纲，以整体体块逻辑化、韵律化、整体性、秩序性为原则。大方简洁的立面元素，塑造出整体感强、统一大气的建筑形象。

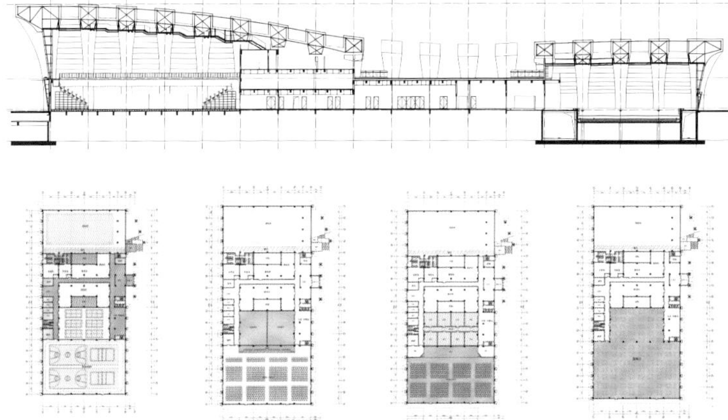

关午军

职务：中国建筑设计研究院有限公司
生态景观建设研究院副院长、
副总工程师
景观创研中心主持设计师
职称：教授级高级工程师

教育背景

1999年—2003年　天津大学环境艺术专业学士
2003年—2006年　重庆大学建筑城规学院风景园林硕士
2016年至今　天津大学建筑学院建筑学博士研究生

工作经历

2006年至今　中国建筑设计研究院有限公司

社会职务

国家科技部评审专家
中国公园协会规划设计委员会秘书长
北京土木建筑学会城市园林景观分会副秘书长
中国建筑学会、中国园林学会会员
天津大学、中央美术学院、北京林业大学、北京交通大学等高校硕士生导师
《景观设计》杂志编委

个人荣誉

参展文化部主办的首届“为中国而设计”大展
参展2020年深港城市建筑双城双年展
参展2020年北京国际设计周设计之旅“第三届当代国际水墨设计双年展”
光华龙腾奖第十一届中国设计业青年百人榜

主要设计作品

2022年北京冬奥会冬残奥会延庆赛区总体生态修复规划
北京京张铁路遗址公园
荣获：2020年国际竞赛优胜奖
2020年新加坡规划师协会（SIP）大奖
2021年城市设计遗产保护类金奖
天津拖拉机厂工业遗址区更新与再利用规划设计
荣获：2021年IFLA APR国际文化与城市景观类荣誉奖
北京世界园艺博览会景观规划设计
荣获：2018年IFLA国际最高奖规划分析类杰出奖
2019年中国风景园林学会规划设计一等奖
南宁国际园林博览会景观规划设计
荣获：2019年IFLA APR国际开放空间类荣誉奖
2019年中国风景园林学会规划设计一等奖
2021年北京市优秀工程勘察设计一等奖
海口市民游客中心景观设计
荣获：2019—2020年度中国建筑学会建筑设计一等奖
太原市滨河体育中心景观设计
荣获：2021年北京市优秀工程勘察设计一等奖
隋唐洛阳城遗址明教坊、宁人坊保护展示工程设计方案
荣获：2019年新加坡规划协会优秀规划设计奖
vivo总部景观设计
荣获：2021年北京市优秀工程勘察设计二等奖
长辛店棚户区辛庄D地块安置房项目
荣获：2019年IFLA APR国际居住区类荣誉奖

地址：北京市西城区车公庄大街19号
电话：010-88328820
传真：010-88377106
网址：www.cadg.com.cn
电子邮箱：34475362@qq.com

CCTC 中国建设科技集团 | 中国建筑设计研究院有限公司 CHINA ARCHITECTURE DESIGN & RESEARCH GROUP

中国建筑设计研究院有限公司（以下简称中国院）隶属于中国建设科技集团股份有限公司。中国建设科技集团是国务院国资委直属的大型骨干科技型中央企业，下设11家二级企业，其中“国字号”企业5家、境外企业1家。

中国院创建于1952年，前身为中央直属设计院。

路璐

职务：中国建筑设计研究院有限公司
　　　生态景观建设研究院副院长
　　　景观三所所长
职称：高级工程师

教育背景

2000年—2004年　天津大学环境艺术专业学士
2004年—2007年　重庆大学设计艺术学硕士

工作经历

2007年至今　中国建筑设计研究院有限公司

个人荣誉

中国建筑学会园林景观分会秘书长

主要设计作品

南宁国际园林博览会景观规划设计
荣获：2019年IFLA APR国际开放空间类荣誉奖
　　　2019年中国风景园林学会规划设计一等奖
　　　2021年北京市优秀工程勘察设计一等奖
北京雁栖湖生态发展示范区公共旅游基础设施建设工程
荣获：2019年北京市优秀工程勘察设计三等奖
嘉峪关世界文化遗产保护与展示工程核心区详细规划
荣获：2019年中国风景园林学会规划设计三等奖
成都天府农业博览园规划设计
荣获：中国城市规划协会优秀城市规划设计三等奖
厦门马銮湾新城过芸溪湿地公园景观设计
张家口市崇礼区南部片区景观概念规划设计
张家口市崇礼区南部片区景观提升工程设计
张家口市崇礼区冰雪博物馆景观设计
北京世界园艺博览会景观规划设计
汉长安城未央宫遗址考古遗址公园详细规划及展示工程设计

多年来，中国院秉承优良传统，始终致力于推进国内勘察设计产业的创新发展，以“建筑美好世界”为己任，将“成就客户、专业诚信、协作创新”作为企业发展的核心价值观，为中国建筑的现代化、标准化、产业化、国际化发展提供最为专业的综合技术咨询服务。目前，中国院已成为国内建筑设计行业中影响力较大、技术能力较强、人才汇聚较多、市场占有率较高的领军型设计企业。

2022北京冬奥会冬残奥会延庆赛区总体生态修复规划

Overall Ecological Restoration Plan for Yanqing Competition Area of 2022 Beijing Winter Olympic Games and Winter Paralympic Games

项目业主：北京北控京奥建设有限公司
　　　　　北京国家高山滑雪有限公司
建设地点：北京
建筑功能：生态修复
用地面积：2 140 000平方米
设计时间：2016年—2021年
项目状态：建成
设计单位：中国建筑设计研究院有限公司
主创设计：中国建筑设计研究院有限公司生态景观建设研究院

延庆赛区是北京冬奥会和冬残奥会三大赛区之一，具有面域大、海拔高的环境特点。规划核心区1 513.7万平方米，其中生态修复面积214万平方米，包括国家高山滑雪中心、国家雪车雪橇中心、延庆冬奥村、山地媒体中心、观众集散广场及市政配套设施区等。延庆赛区生态建设践行新时代生态文明思想，遵循自然生态规律，提出“近自然，巧因借”的总体规划理念，结合中国传统山水文化意境，形成系统的生态环境建设规划，成为北京高海拔地区生态修复的典范。

vivo 总部景观设计

Landscape Design of Vivo Headquarters

项目业主：东莞市运翎通信科技有限公司
建设地点：广东 东莞
建筑功能：办公园区
用地面积：180 000平方米
设计时间：2014年—2016年
项目状态：建成
设计单位：中国建筑设计研究院有限公司
主创设计：中国建筑设计研究院有限公司生态景观建设研究院

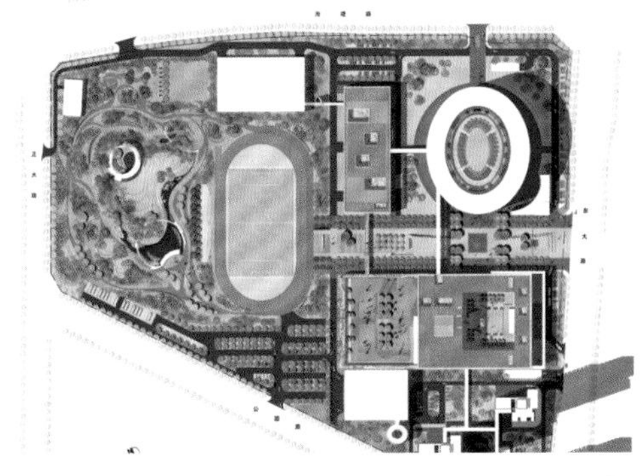

项目所在地东莞长安镇被称为世界的加工厂。vivo为满足企业发展的需要，建立一系列花园式总部办公园区，既提升了企业形象，也改善了研发人员、企业高层的办公环境。设计遵循vivo品牌“乐、享、非、凡”的企业文化，以营造自然舒适、人性化的理想办公环境为目标。vivo总部园区承载了几乎全部的生活场景，一系列景观空间场所共同组织成一个系统，它们既各自保持一定的独立性，又相互呼应，具有丰富而清晰的秩序感和富于张力的节奏感。

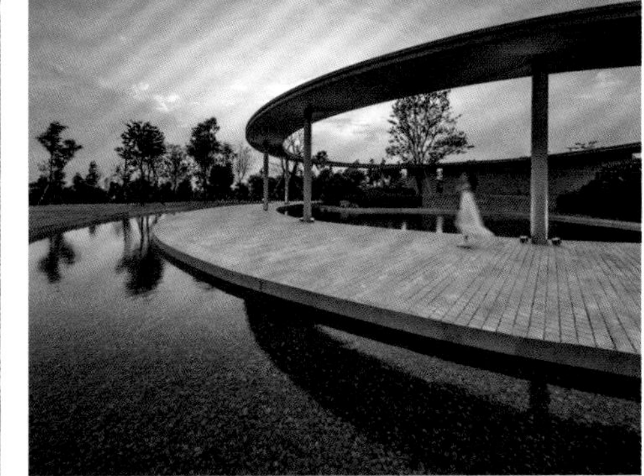

张家口市崇礼区南部片区景观提升工程设计

Design of landscape Improvement Project in the Southern area of Chongli District, Zhangjiakou City

项目业主：张家口市崇礼区住房与城乡建设局
建设地点：河北 张家口
用地面积：4 230 000平方米
设计时间：2019年—2021年
项目状态：建成
设计单位：中国建筑设计研究院有限公司
总设计师：李存东
景观设计：路璐、刘玢颖、邸青、冯然、张云璐、赵金良、任威、刘奕彤、孙雅琳、柏婧睿、魏晓玉、黄潇以、解爽、李得瑞、孟语、侯月阳、颜玉璞、徐瑞
光伏技术支持：泛在建筑技术（深圳）有限公司　徐宁

崇礼区作为2022年冬奥会雪上项目竞赛的主场地之一，在千载难逢的历史机遇中走上了世界舞台，但也面临着城市风貌与空间品质亟待改善的现状问题。项目立足于崇礼区的地域特征与发展困境，以“心象自然”为设计指导思想，通过适应性设计将景观融入自然。景观规划设计以提升改造主城区南部片区整体风貌为主，引进3D打印、太阳能光伏板等高新技术，打造绿色、科技、人文的小镇风貌。规划设计为崇礼区增设公园广场12万平方米，更新开放空间15万平方米，覆绿裸露山体20万平方米，栽植树木20 000余棵，使崇礼区呈现出生态友好的人居环境和城景交融的城市面貌，以及地域魅力和时代风采。

嘉峪关世界文化遗产保护与展示工程核心区详细规划

Detailed Planning for the Core Area of Jiayuguan World Cultural Heritage Protection and Exhibition Project

项目业主：甘肃省嘉峪关市大景区管委会
建设地点：甘肃 嘉峪关
景观面积：3 487 000平方米
设计时间：2011年—2012年
项目状态：建成
设计单位：中国建筑设计研究院有限公司
设计主持人：陈同滨、李存东、刘剑、赵文斌
景观设计：路璐、刘环、颜玉璞、孙文浩、张景华、刘子渝、徐新云、韩真元

项目范围为嘉峪关世界文化遗产保护与展示工程核心区，以嘉峪关关城为主体，并包含关城以东相关遗产环境。设计以真实完整地保护嘉峪关的遗产价值，实现遗产价值的可持续合理利用为根本目的。设计师根据保护规划和世界遗产保护要求确定规划范围、划定限定性分区，结合城市区位条件和周边情况明确功能分区与主要景观节点布局；分析嘉峪关遗产价值主题与载体，确定展示利用措施和景观设计策略；以历史地图、历史文献和考古研究成果为依据，确定道路走向、节点范围、植物配置等具体设计内容。通过景观设计将绿化、游览、科普、休憩等功能融入遗产公园，使遗产保护利用工程与生态环境保护、景观展示与示范相结合，最终实现嘉峪关遗产价值与环境景观生态建设两方面的可持续发展与合理利用。

龚毅

职务：桂林建筑规划设计集团有限公司
第六工作室所长
职称：高级建筑师
执业资格：国家一级注册建筑师

教育背景

2004年—2008年　武汉理工大学建筑与土木工程硕士

工作经历

1992年至今　桂林建筑规划设计集团有限公司

主要设计作品

中央红军长征突破湘江战役景区陈列馆
荣获：2015年广西优秀工程设计三等奖
荔浦县综合档案馆
荣获：2017年广西优秀工程设计二等奖
桂林市职业教育中心学校临桂分校图书科技馆
荣获：2017年广西优秀工程设计三等奖
荔浦县人民医院门诊住院综合楼、医技楼
荣获：2019年广西优秀工程勘察设计成果三等奖
贺州市职业教育中心体育馆
荣获：2019年广西优秀工程勘察设计成果一等奖
来宾新华实验幼儿园
荣获：2020年广西优秀工程勘察设计成果二等奖
全州县人民医院门诊住院综合楼
荣获：2020年桂林市优秀工程勘察设计二等奖
宝湖教育园区（一期）
荣获：2022年桂林市优秀工程勘察设计成果二等奖
桂林市中医医院城北院区
阳朔县新城区高中设计施工总承包项目
阳朔县福利镇初级中学设计施工总承包项目
阳朔县兴坪镇初级中学设计施工总承包项目
桂林市社会福利院老年养护楼
灵川县社会福利综合服务中心（一期）
龙胜各族自治县民政园区
北海市银海区社会老年服务中心
恭城县中医医院综合楼
凌云县中医医院改扩建设计施工总承包项目
桂林市民政精神病人康复中心
荔浦市妇幼保健院整体搬迁工程
桂林市体育中心
灵川县第三中学新校址
桂林市正阳东巷历史地段及解放东路（局部）旧城改造工程
桂林市千亩荷塘湿地工程旧住宅区改造

桂林建筑规划设计集团有限公司始建于1964年，坐落于美丽的榕湖畔，是广西首批获得甲级证书的综合性建筑设计院之一，现具有建筑行业（建筑工程）甲级、城乡规划编制乙级、工程咨询乙级、风景园林工程设计专项乙级、市政行业（给水工程、排水工程、道路工程）专业丙级等资质，2001年通过了ISO9001：2000质量体系认证。截至2020年，公司共获地市级以上优秀建筑及规划设计奖400余项，其中詹天佑奖1项、国家级奖3项、建设部奖17项、自治区奖200多项。公司业务范围遍布广西，辐射全国。

地址：桂林市象山区崇善路8号
电话：0773-2828491
传真：0773-2855664
电子邮箱：gl_jzy@sina.com

伍正康

职务：桂林建筑规划设计集团有限公司
第六工作室主任建筑师
职称：高级工程师
执业资格：国家一级注册建筑师
国家二级建造师

教育背景

1999年—2003年　桂林工学院艺术设计学士

工作经历

2003年至今　桂林建筑规划设计集团有限公司

主要设计作品

中央红军长征突破湘江战役景区陈列馆
荣获：2015年广西优秀工程设计三等奖
平果县人民医院住院大楼
荣获：2010年广西优秀工程设计三等奖
灵川县人民医院住院综合楼
荣获：2010年桂林市优秀工程勘察设计一等奖
荔浦县人民医院门诊住院综合楼、医技楼
荣获：2019年广西优秀工程勘察设计成果三等奖
全州县人民医院门诊住院综合楼
荣获：2020年桂林市优秀工程勘察设计二等奖
桂林市中医医院城北院区
阳朔县新城区高中设计施工总承包项目
龙胜各族自治县人民医院门诊楼、医技住院综合楼
阳朔县人民医院医技住院综合楼

廖靖

职务：桂林建筑规划设计集团有限公司
第六工作室主创设计师
职称：工程师

教育背景

2010年—2015年　广西科技大学建筑学学士

工作经历

2015年至今　桂林建筑规划设计集团有限公司

主要设计作品

平果县基层就业和社会保障服务设计
荣获：2017年广西优秀工程设计三等奖
桂林市职业教育中心学校临桂分校图书科技馆
荣获：2017年广西优秀工程设计三等奖
来宾新华实验幼儿园
荣获：2020年广西优秀工程勘察设计成果二等奖
全州县人民医院门诊住院综合楼
荣获：2020年桂林市优秀工程勘察设计二等奖
宝湖教育园区（一期）
荣获：2022年桂林市优秀工程勘察设计成果二等奖
阳朔县新城区高中设计施工总承包项目
阳朔县福利镇初级中学设计施工总承包项目
灵川县社会福利综合服务中心（一期）
桂林市正阳东巷历史地段及解放东路（局部）旧城改造工程

潘骞

职务：桂林建筑规划设计集团有限公司
第六工作室主创设计师
职称：工程师

教育背景

2010年—2015年　桂林理工大学建筑学学士

工作经历

2015年至今　桂林建筑规划设计集团有限公司

个人荣誉

2015年—2021年　集团公司年度优秀员工

主要设计作品

荔浦县人民医院门诊住院综合楼、医技楼
荣获：2019年广西优秀工程勘察设计成果三等奖
来宾新华实验幼儿园
荣获：2020年广西优秀工程勘察设计成果二等奖
北海市银海区社会老年服务中心
桂林市社会福利院老年养护楼
昭平县马圣生态养生养老服务中心
恭城县中医医院综合楼
桂林市中医医院城北院区
阳朔县新城区高中设计施工总承包项目

阳朔县福利镇初级中学设计施工总承包项目

Yangshuo County Fuli Town Junior Middle School Design and Construction General Contracting Project

项目业主：阳朔县教育局
建设地点：广西 桂林
建筑功能：教育建筑
用地面积：61 693平方米
建筑面积：32 910平方米
设计时间：2019年
项目状态：建成
设计单位：桂林建筑规划设计集团有限公司
设计团队：龚毅、刘剑、练桂芳、廖靖、王志成、潘骞、康水茵

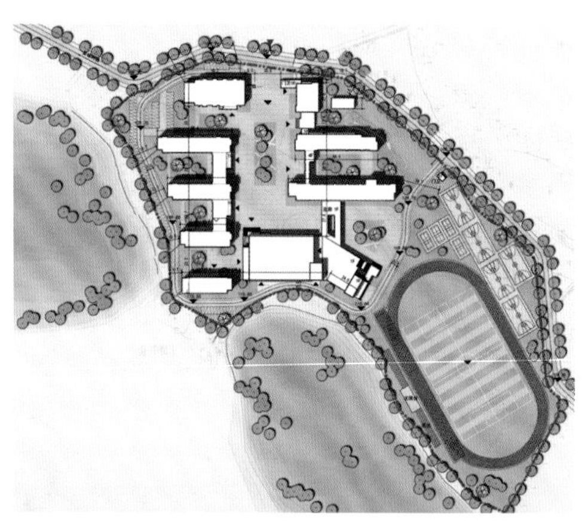

项目坐落于历史悠久、文人辈出的福利古镇。设计充分考虑当地传统文化和环境，将传统建筑空间进行合理转译，引入“书院文化”，采用围合式布局和有层次的空间变化，实现“框”“引”“藏”“廊”的中式布局空间。

校园采用“一轴、四区”的整体布局。“一轴”是以校园中心景观、食堂及风雨操场形成南北轴线；“四区”是在主轴两侧分别布置行政办公区、生活区、教学区及运动区。建筑风格以新中式为依托，既很好地保持了传统建筑的精髓，又融合了现代建筑手法。外墙装饰采用柔性饰面片材，以白墙、青砖为基础色调，点缀木格栅，并配以深蓝、灰色坡屋顶，从而使整个校园与周边秀丽的风景形成一幅和谐共生的山水画卷。

阳朔县新城区高中设计施工总承包项目

Yangshuo County Xincheng District High School Design and Construction General Contracting Project

项目业主：阳朔县教育局
建设地点：广西 桂林
建筑功能：教育建筑
用地面积：83 266平方米
建筑面积：63 526平方米
设计时间：2020年
项目状态：在建
设计单位：桂林建筑规划设计集团有限公司
设计团队：龚毅、刘剑、伍正康、廖靖、潘骞、王志成、练桂芳

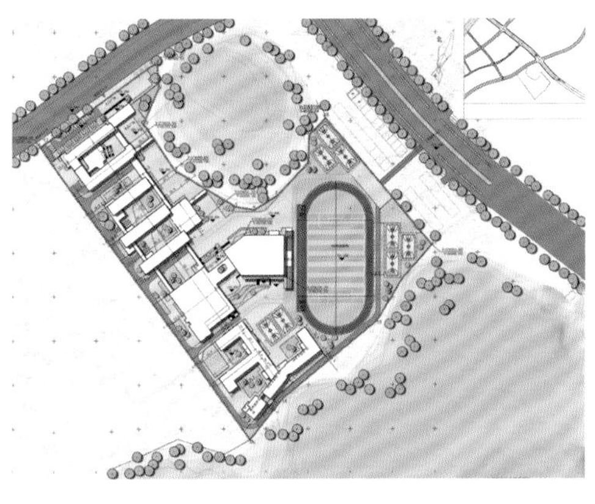

学校以“山水校园”为设计理念，整个校园采用整体式、一体化建筑布局，在建筑与环境边缘过渡空间安排休闲步道；同时根据地形设置下沉广场、屋顶看台、半室外学习角等，为师生创造可学、可游的多样化校园环境，让师生从进入校门的那一刻起，便可以透过架空层的柱廊看见从山脚下蔓延而来的绿色和山势。

规划设计依山就势，运用传统院落的布局手法，通过院落的组合形成不同功能空间，使校园空间丰富多彩。建筑单体设计采用阳朔当地建筑元素与现代技术相结合的新中式建筑风格，形成丰富的外部空间，创建一个与自然环境相协调的现代化校园，为师生创造一个高质量的学习生活环境和高层次的文化氛围。

北海市银海区社会老年服务中心

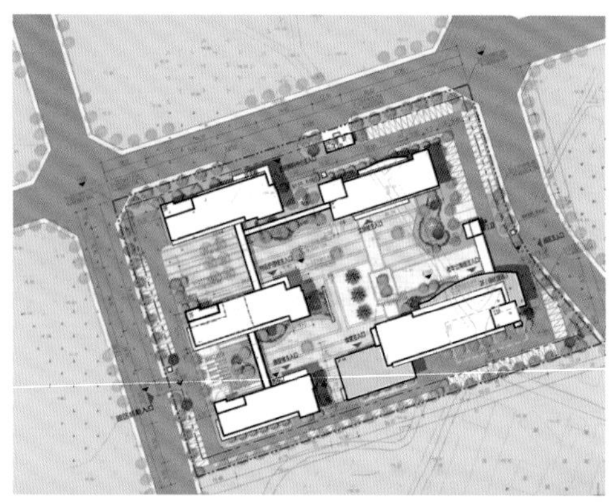

Beihai Yinhai District Social Elderly Service Center

项目业主：北海市银海区民政局
建设地点：广西 北海
建筑功能：康养建筑
用地面积：18 664平方米
建筑面积：29 999平方米
设计时间：2019年
项目状态：在建
设计单位：桂林建筑规划设计集团有限公司
设计团队：龚毅、刘剑、练桂芳、潘骞

项目是一个具有时代精神和人文关怀的养老社区，建筑功能分为院内居住区、院外照料区和服务行政区。在这里，老年人不仅能享受专业的护理服务，还能欣赏不同的园林景观。

规划设计以老年人活动场地为中心，建筑环绕其布置。建筑风貌以北海市整体风格为导向，单体建筑造型新颖，富有地方特色。根据功能需求，建筑采用了大面积的开窗，但考虑到北海常年阳光较为强烈，所以在窗户外增加了水平遮阳与竖向遮阳构件。竖向遮阳形状灵感来源于帆船，如同一片片帆船在海洋上航行。项目采用薄石材墙面、玻璃、铝合金等建筑材料，建筑形象简洁大方、尺度宜人、有传统文化内涵、富于时代特征。

桂林市中医医院城北院区

North Hospital District of Guilin TCM Hospital

项目业主：桂林市中医医院
建设地点：广西 桂林
建筑功能：医疗建筑
用地面积：51 100平方米
建筑面积：127 740平方米
设计时间：2017年
项目状态：在建
设计单位：桂林建筑规划设计集团有限公司
设计团队：龚毅、刘剑、伍正康、潘骞、康水茵、李宇清

项目的设计特点如下。

1. 营造安全的医疗环境。建筑功能布局合理，地块的中部为主体医疗区，南侧为门诊广场，西侧和北侧为未来发展区，实现了洁污分流、医患分流。

2. 人性化的设计手法。项目坚持“以人为本”的设计理念，为患者和医务人员分别提供了一个有利于康复的空间环境和舒适的办公环境。

3. 宜人的医疗环境。在景观布局上，创造丰富的有层次的绿色园林空间，将医院有机地融入基地整体自然环境中，为病人与医护人员创造一个优美的环境。

4. 尊重城市，协调周边环境。设计巧妙处理场地与市政道路之间的高差关系，基地内的绿地与周围环境相互渗透，很好地处理了建筑与城市的关系。

郭海鞍

职务：中国建筑设计研究院有限公司副总建筑师、城镇规划设计研究院副院长、苏州分公司常务副总经理
中国建筑学会理事
中国建筑学会村镇建设分会秘书长、常务委员
住建部农房与村镇建设专业委员会委员
天津大学兼职教授、硕士生导师
厦门大学兼职教授、硕士生导师
清华大学乡村振兴工作站专家委员

职称：教授级高级建筑师

执业资格：国家一级注册建筑师

教育背景

1997年—2002年　天津大学建筑学学士
2002年—2005年　天津大学建筑学硕士
2012年—2017年　天津大学建筑学博士

工作经历

2005年至今　中国建筑设计研究院有限公司

个人荣誉

北京市第十届青年规划师建筑师工程师演讲大赛一等奖
中国建设科技集团建筑改造、城市更新、村镇建设领军人物
2021年中国建筑设计院有限公司劳动模范

主要设计作品

南京国际建筑艺术实践展展品18#
荣获：2006年威海国际人居节优秀奖

济南泉城公园健身中心
荣获：2012年北京市优秀城乡规划设计二等奖
2013年全国优秀工程勘察设计三等奖

北京经济技术开发区数码科技园
荣获：2017年北京市优秀工程勘察设计二等奖
2017年全国优秀工程勘察设计三等奖

昆山西浜村昆曲学社
荣获：2016年住建部田园建筑优秀实例一等奖
2017年威海国际人居节优秀奖
2018年中国建筑学会综合类银奖

锦溪镇祝家甸村古窑文化馆
荣获：2016年住建部田园建筑优秀实例一等奖
2017年威海国际人居节铜奖
2018年中国建筑学会综合类金奖
2009—2019年度中国建筑学会创作大奖
2019年全国优秀工程勘察设计一等奖

锦溪镇宿盟民宿学校
荣获：2018年中国建筑学会田园建筑一等奖

安顺古城历史文化街区保护及提升修缮项目A-1片区
荣获：2020年中国建筑设计研究院方案二等奖

昆山西浜村农房改造工程
荣获：2020年中国建筑学会建筑设计一等奖
2020年江苏省优秀工程勘察设计一等奖

德化红旗瓷厂历史风貌区保护提升工程一期
荣获：2021年新加坡规划师协会国际金奖

福州市晋安区试点村规划设计
荣获：福建省住建厅试点项目
2021年中国建筑学会建筑设计二等奖

长春南部都市经济开发区规划提升及八一水库片区城市设计
荣获：2021年吉林省优秀城乡规划设计二等奖

昆山市鑫源电厂更新设计
荣获：2021年北京市优秀城乡规划设计三等奖
2021年中国建筑设计研究院方案一等奖

RURAL CULTURE D-R-C
乡土创作中心

中国建筑设计研究院有限公司（简称中国院）乡土创作中心成立于2018年，依托于中国院城镇规划设计研究院和中国院苏州分公司，由崔愷院士的博士、教授级高级建筑师郭海鞍主持工作，致力于中国乡土文化的研究和当代中国新乡土建筑的设计。中国院乡土创作中心以中国新乡土建筑、地域城市、特色风貌、遗存改造、历史街区及城乡更新为主要设计和研究领域，承担了多项国家、省部级相关课题，获得过多项全国行业、省部级重要奖项。中国院乡土创作中心在崔愷院士、中国建设科技集团和中国院领导的大力支持下，依托中国院设计资源平台，力争上游，不断进取，以中国建筑之传承发展为己任，推陈出新，开拓未来。

当代中国，无论城市还是乡村，都面临着风貌趋同、千城/村一面、特色丧失的窘境。一脉相承的中国乡土文化在历经沧桑变化后，变得衰微与脆弱。尝试一种以乡土文化解读和营造为线索的设计方式，重现中国乡土属性和意境，从而获得一种基于中国传统乡土文化的本质再现，对于理清中国建筑的脉络非常重要。坚持基于中国乡土文化而创作，使中国城市与乡村存续自身特色，使当代建筑设计的发展无愧于历史与未来是乡土创作中心的历史使命。

中国院乡土创作中心目前拥有多位国家一级注册建筑师、一级注册规划师，海内外知名高校博士、硕士，技术力量雄厚，先后承担国内多座超高层建筑、大型体育场馆、观演建筑、标志性文化建筑、大型产业园区和重大建筑改造工程，在城市更新、既有建筑改造、超高超限建筑设计方面形成了自己的鲜明特色。

地址：北京市西城区车公庄大街19号
电话：010-88983771
网址：www.cadg.cn
电子邮箱：36120099@qq.com

昆山西浜村昆曲学社

Kunqu Opera Society in Xibang Village, Kunshan

项目业主：昆山城市建设投资发展集团有限公司
建设地点：江苏 昆山
建筑功能：教育建筑
用地面积：2 775平方米
建筑面积：1 406平方米
设计时间：2014年—2015年
项目状态：建成
设计单位：中国建筑设计研究院有限公司
设计团队：崔愷、郭海鞍、沈一婷、冯君、向刚

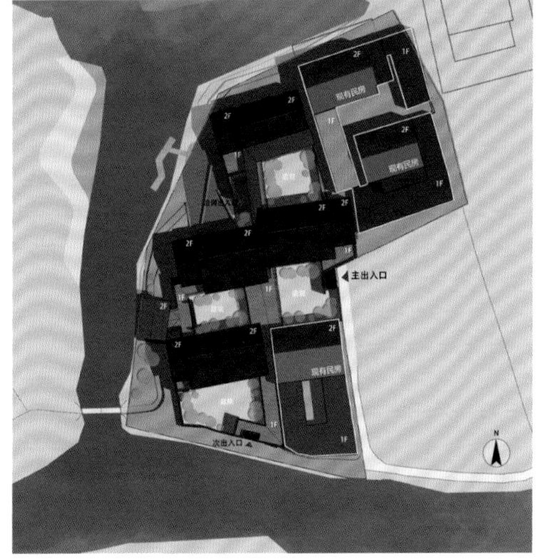

项目位于昆山西浜村的西南角，由四套原有院落组成，紧邻两套尚未拆迁的院落。其中最北侧的宅院基本结构框架尚存，主要采取改造的方式；其余三套院落基本上已经拆除，主要采用新建的方式。学社严格尊重原有村庄肌理，仅在滨水侧设置了一些新的构筑物，既体现了新的生长，又与周边的民居、水系和谐统一。交通、空间及景观都按照原来的肌理发展，完全有机地融入场地。为了带动昆曲文化发祥地西浜村的乡村复兴，将村中的四座老宅院修复改造为昆曲学社（一期），通过粉墙和竹墙围合成梅、兰、竹、菊四院，并结合水系设计了戏台，通过两层游廊的穿插，形成一个空间丰富的昆曲研习场所。

锦溪镇祝家甸村古窑文化馆

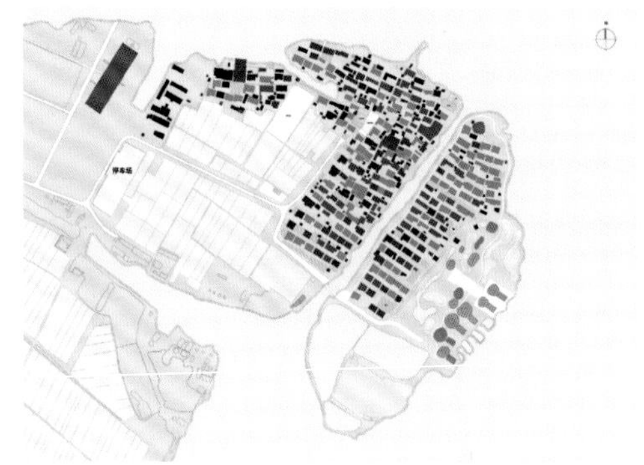

Jinxi Town Zhujiadian Village Ancient kiln Cultural Center

项目业主：昆山南部投资发展有限公司
建设地点：江苏 昆山
建筑功能：文化建筑
用地面积：22 000平方米
建筑面积：4 876平方米
设计时间：2016年
项目状态：建成
设计单位：中国建筑设计研究院有限公司
设计团队：崔愷、郭海鞍、张笛、宁昭伟、孟杰、沈一婷

项目位于昆山南部水乡，隶属锦溪镇。这里史称“陈墓”，与姑苏“陆墓”一样是紫禁城地面金砖的产地，至今还保留着大量的明清古窑。近年来，随着经济的发展，村民大多已经不再烧窑，而是外出务工，有些已经在城里定居，村庄日益凋零，空心化问题严重。为了振兴和恢复乡村建设，继续传承和发展金砖文化，建筑师将村口的一座20世纪80年代的大砖厂加以改造，使之成为一座展示金砖文化、记述村庄历史的小展馆，以此加强乡村的凝聚力和文化传承，利用乡村传统文化的复兴带动乡村的发展。建筑采用安全核植入的方式，最大限度地保留原来的风貌，创造隐喻过去的新室内空间。

九峰乡村会客厅

Jiufeng Village Reception Hall

项目业主：福州市晋安金融投资有限公司
建设地点：福建 福州
建筑功能：接待游客和服务村民的公共空间
用地面积：1 200平方米
建筑面积：756平方米
设计时间：2018年
项目状态：建成
设计单位：中国建筑设计研究院有限公司
设计团队：崔愷、郭海鞍、向刚、刘海静、范思哲、何蓉、刘慧君、孟杰

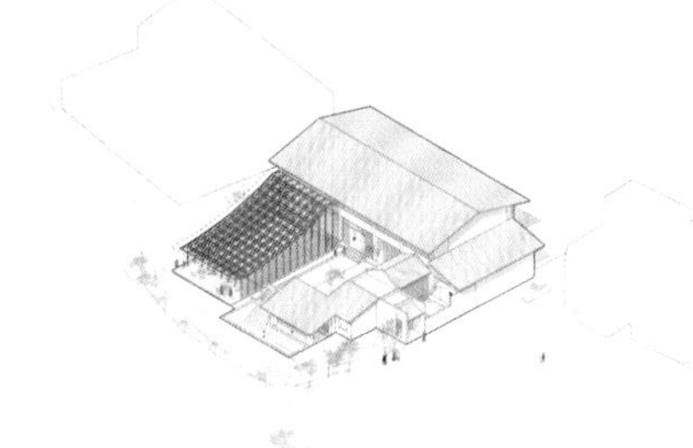

项目位于福州的“后花园”北峰之上，四面环山，中有溪流，环境优美，风景如画。为了让更多的村民认识到老宅的价值和魅力，设计师对原有老宅采取了保留和加固的设计方法，并在宅子后面新设了现代舒适的卫生系统。对于破损的砖柱，采取了“偷梁换柱”的方法，先支住屋架，拆掉旧的柱子，再重新砌筑新的柱子。对于弯曲的木梁和地板，采取了加大密度的方法，将木梁增加了一倍，进行调直和加固处理。老墙基本未作改变，保持了福州民居特有的开敞模式。整个改造的核心在于创造一个大体量的“会客厅”，能够接待来客、开会、培训或者喝茶小聚。为了不遮挡老宅，设计师选择将离入口最远的两间房间设计成一个大空间；为了降低造价同时便于施工，竹结构成为优选方案。

昆山小桃源

Small Land of Peach Blossoms in Kunshan

项目业主：昆山城市建设投资发展集团有限公司
建设地点：江苏 昆山
建筑功能：文化建筑
用地面积：16 913平方米
建筑面积：4 124平方米
设计时间：2017年
项目状态：建成
设计单位：中国建筑设计研究院有限公司
设计团队：崔愷、郭海鞍、孟杰、沈一婷、向刚

项目位于昆山市，是一座新江南乡野园林，是以再现《玉山雅集》意境为主题的昆山文化复兴基地，也是一场基于乡土文化传承的城乡更新实践。小桃源包括玉带桥、拜石坛、寒翠所、来归轩、可诗斋、听雪斋、芝云堂、钓月轩、秋华亭和小码头等建筑群，除玉带桥和小码头，其他均是根据《玉山雅集》中相关景致的诗词描述对现有建筑物进行的改造。这里原本是一座医院，通过最大限度地保留树木和湿地、小心翼翼地进行原址修复和对历史情境进行文本解读，展现了一座有故事、美好、生机盎然的新时代江南园林及田园建筑。

北京通州张家湾智汇园

Zhangjiawan Zhihui Garden, Tongzhou, Beijing

项目业主：北京经开投资开发股份有限公司 建设地点：北京
建筑功能：工业建筑 用地面积：127 485平方米
建筑面积：280 500平方米 设计时间：2013年—2014年
项目状态：建成
设计单位：中国建筑设计研究院有限公司
设计团队：崔愷、郭海鞍、周力坦、冯君、付轶飞、
孟杰、鲍伟丽、杨洋、金健、许士骅、
石小飞、李可溯、高强、高洁、关若曦

项目位于通州经济开发区西区。在规划布局上，设计师将大、中体量建筑沿着四周布置，如同城郭，充分展现工业园区的整体形象；建筑采用灰色混凝土纤维挂板，形成完整的立面形象，如同城墙。小体量建筑设计采用寓意南北方的灰砖、白砖和红砖，小尺度的砌块与内部庭院形成了浑然一体的景观空间。流动的环路曲径通幽、步移景异，造就了园林一般的产业园区。设计师秉承低碳高品质工业园区的设计宗旨，大量地采用屋面绿化、垂直绿化、雨水综合利用等设计手段，以体现园区的田园特色与绿化品质。园中的水系采用浅水循环系统，利用雨水循环，既能灌溉植物，又能美化园区。

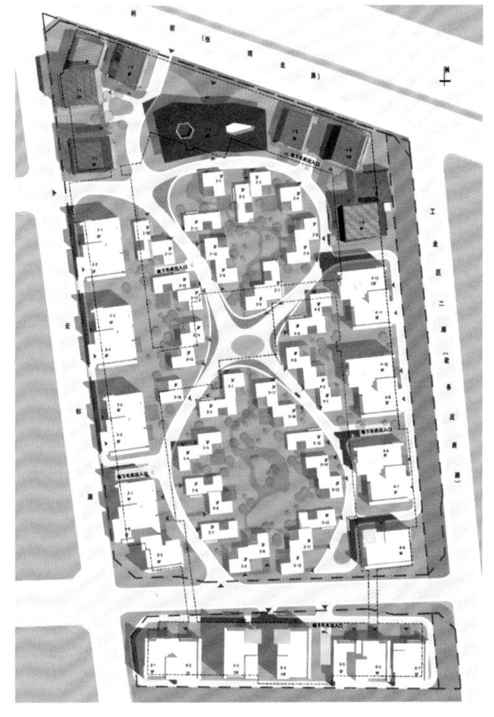

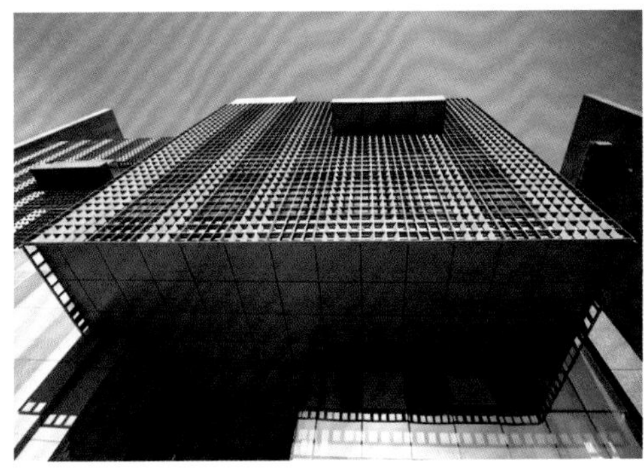

何锦晖

职务：加拿大宝佳国际建筑师有限公司（中国区）
总裁、总建筑师
建华建筑设计合资有限公司总经理
职称：高级工程师
职称：国家一级注册建筑师

教育背景
1991年—1995年　大连理工大学建筑学学士

工作经历
2011年至今　加拿大宝佳国际建筑师有限公司

个人荣誉
北京市优秀勘察设计奖评审组成员

主要设计作品
北京未来科学城未来中心
荣获：2021年北京市优秀工程勘察设计三等奖
大连光通信产业园总部基地
大连理工大学城市学院图书馆
大连金州安盛休闲购物广场
鞍山国际名都大厦
黑河市青少年宫
长春诺瑞德国际商务广场
北京科净源K20总部基地
三亚海棠湾上工谷中医药康养小镇
海口美安互联网+总部经济区&众创产业园区
山西平陆中医药产业基地
陕西水务科创园总部经济综合体
山西左权文化中心

团队成员

邓钢

职务：建华建筑设计合资有限公司副总经理
职称：建筑师

教育背景
1997年—2002年　河北建筑工程学院土木工程学士

工作经历
2017年至今　建华建筑设计合资有限公司

主要设计作品
老挝万象赛色塔综合开发区
荣获：2020年海外安全发展优秀项目
北京马家堡搜宝商务中心
北京邮件综合处理中心
绥中县万家昆仑酒店
威海市心悦海天住宅区
北京邮政速递处理中心
菏泽市民文化中心
许昌市荣城尚府

任帅

职务：建华建筑设计合资有限公司建筑专业负责人
职称：建筑师

教育背景
2000年—2004年　北京建筑大学建筑学学士

工作经历
2009年至今　建华建筑设计合资有限公司

主要设计作品
北京未来科学城未来中心
荣获：2021年北京市优秀工程勘察设计三等奖
东都酒店
包头正翔国际城市综合体
河北燕郊富地广场
河北燕郊夏威夷蓝湾公寓
北京家乐汇养生苑康养社区
呼和浩特鼎盛华二期改造
海口美安互联网+总部经济区&众创产业园区

侯立炎

职务：建华建筑设计合资有限公司主创建筑师
职称：高级工程师

教育背景
2003年—2008年　河北大学建筑学学士

工作经历
2017年至今　建华建筑设计合资有限公司

主要设计作品
北京未来科学城未来中心
荣获：2021年北京市优秀工程勘察设计三等奖
吉林四平万邦富春山居小区
唐山市小集镇总体规划
陕西水务科创园总部经济综合体
西安泰丰盛合总部基地

欧阳

职务：建华建筑设计合资有限公司项目负责人
职称：高级工程师

教育背景
2007年—2011年　西南大学建筑学学士

工作经历
2017年至今　建华建筑设计合资有限公司

主要设计作品
北京未来科学城未来中心
荣获：2021年北京市优秀工程勘察设计三等奖
陕西宝鸡市城市规划展览馆
陕西宝鸡市五洲国际花园综合体
湖北襄阳本昌建材城
重庆开县第八中心小学
重庆两江新区创意产业园区
呼和浩特市六中前街改造

阚全军

职务：建华建筑设计合资有限公司建筑师
职称：工程师

教育背景
2006年—2011年　内蒙古科技大学城市规划学士

工作经历
2019年至今　建华建筑设计合资有限公司

主要设计作品
新建鞍山师范学院
贵州惠水百鸟河数字小镇大数据互联网营销基地
上饶市华熙上旅城雅尚
天津市金融街逸湖
陕西水务科创园总部经济综合体

袁照航

职务：加拿大宝佳国际建筑师有限公司（中国区）总规划师

职称：高级工程师

执业资格：国家注册城乡规划师

教育背景

2002年—2005年　哈尔滨工业大学城市规划与设计硕士

工作经历

2007年至今　加拿大宝佳国际建筑师有限公司

主要设计作品

沈阳市满融经济区领事馆地区概念性规划及城市设计

荣获：2014年全国人居经典建筑规划设计方案竞赛规划金奖

南通市小洋口滨海健康旅游城概念性规划

荣获：2014年全国人居经典建筑规划设计方案竞赛规划金奖

赤峰市兴安街北燕山街南住宅小区修建性详细规划

荣获：2014年赤峰市兴安街项目国际竞赛第一名

2014年全国人居经典建筑规划设计方案竞赛规划金奖

呼和浩特市鸿盛科技园概念性规划设计

荣获：2016年呼和浩特市鸿盛科技园项目竞赛中标

信阳市高铁站片区概念性规划及城市设计

荣获：2020年信阳市高铁站片区国际竞赛优胜方案

北京市密云县华润・希望小镇修规及建筑方案设计

北京市海淀区翠湖科技园授权地块城市设计

上海市奉贤区南桥新城概念性总体规划

邯郸市永年县广府古城及南大街城市更新

廊坊市香河县爱晚国家养老产业示范基地

三亚市海棠湾上工谷中医药康养小镇

张俊波

职务：加拿大宝佳国际建筑师有限公司（中国区）总产业设计师

教育背景

2003年—2005年　中国科学院大学工程管理硕士

工作经历

2005年至今　宝佳国际建筑设计集团产业规划公司

主要设计作品

北京未来科技城核心区产业规划

北京旧宫片区整体改造产业规划

北京密云希望小镇产业设计

广州市南沙区全球商品交易中心产业设计

昆明市官渡区五里中央商务（CBD）产业发展设计

平安银行・河北永清智慧商贸物流园产业发展研究

青岛平度西部新城产业发展规划

天津西站城市副中心产业设计

石家庄钢铁厂改造

沈阳蓝海东北创造中心产业设计

沈阳数字商务园区

沈阳中关村科学城产业设计

重庆东温泉产业发展规划

内蒙古大学城产业发展规划

通辽西辽河滨水地区产业发展规划

邯郸广府古城保护及新城发展产业设计

辽宁西丰生命健康产业设计

香河爱晚养老示范基地产业设计

CRANG & BOAKE

加拿大宝佳国际建筑师有限公司（以下简称宝佳国际）成立于1952年，已成为加拿大历史上最具规模及影响力的大型国际化建筑设计公司之一，总部设在多伦多，在中国北京及世界多地设有分公司。70年来宝佳国际设计了数以千计的大中型民用与工业建筑，在一系列标志性作品中，多伦多国际会议中心、英国皇家银行伦敦分行、上海第一百货公司、北京未来科学城未来中心、老挝万象赛色塔综合开发区等项目均受到当地政府的高度重视与肯定。

1996年1月宝佳国际驻中国代表处在北京成立，开启了宝佳国际服务中国的新纪元。宝佳国际凭借紧跟时代的创新理念和精湛的创作技艺，在城市规划、建筑设计、景观设计、产业咨询等领域做出了巨大的成绩，其服务轨迹遍布全国各地。

建华建筑设计合资有限公司成立于1985年，是宝佳国际在中国的全资子公司，拥有住房和城乡建设部颁发的建筑行业（建筑工程）甲级资质证书。37年来建华建筑设计合资有限公司完成了大量的规划及建筑工程设计任务，获得了政府、业主的高度评价，为中国的建筑事业发展贡献了自己的力量。

地址：北京市东城区东兴隆街56号
北京商界A段401室

电话：010-67027510-675

传真：010-67019957

网址：www.acbi.com.cn

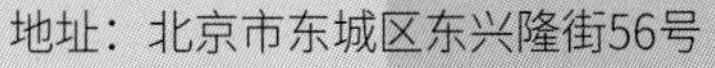

微信公众号：宝佳建筑天下

海口美安互联网＋总部经济区＆众创产业园区

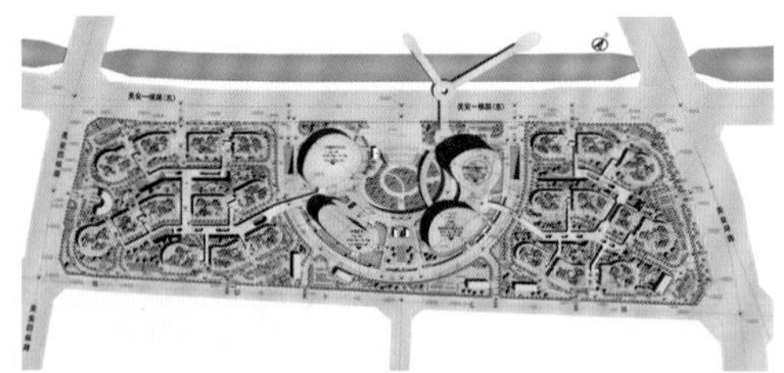

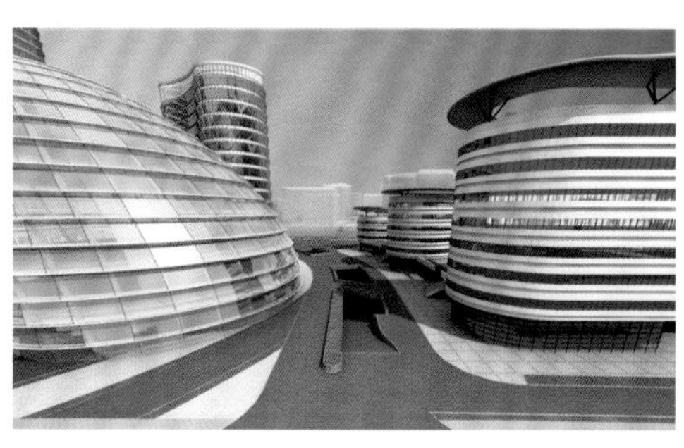

Haikou Mei'an Internet + Headquarters Economic Zone & Mass Innovation Industrial Park

项目业主：海口国家高新区发展控股有限公司
建设地点：海南 海口
建筑功能：办公、酒店建筑
用地面积：114 067平方米
建筑面积：328 700平方米
设计时间：2016年
项目状态：部分已竣工
设计单位：建华建筑设计合资有限公司

项目以“引领、绿色、共享、开放、协调”五大设计理念为主题，围绕“公园共享、交通疏解、价值提升”三大要素展开。

项目规划设计：上下双层弧形车道将项目用地完美地切分成三个区域，形成“中心开花、两翼齐飞”的规划格局。中心区通过中央的市民广场联系两侧超高层写字楼、五星级酒店及政务中心，共同围合成尺度适宜、开放和充满活力的区域核心，同时又与北侧的城市公园紧密地联系成一个有机整体。

市民广场是全体园区人活动、娱乐、购物的中心，也是新区政府为园区企业和个人服务的开放性平台。

项目的两翼是相对私密的企业办公区，由独栋办公、集中办公两种形态组成。企业办公区呈共享花园的组团式布局，安静、高效、优美，有效缓解了现代商务人群的心理压力。

陕西水务科创园总部经济综合体

Headquarters Economic Complex of Shaanxi Water Science and Technology Innovation Park

项目业主：陕西省水务集团
建设地点：陕西 西安
建筑功能：办公、酒店、会展建筑
用地面积：47 906平方米
建筑面积：326 112平方米
设计时间：2021年
项目状态：在建
设计单位：建华建筑设计合资有限公司

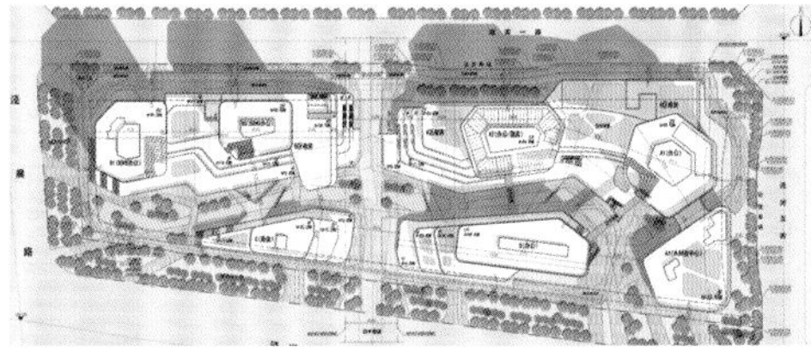

项目设计延续泾河新城总体规划的城市肌理，回应陕西省水务集团的企业特质。项目总体以“山水城市、立体城市、科技城市、公园城市、水城市、智慧城市”六大理念为主要设计宗旨，倡导人文形态与自然形态在城市及景观规划上的巧妙融合，使城市的自然风貌与人文景观融为一体。

项目设计的立意源于尊重自然生态环境，追求与之相契合的山环水绕的形象意境，在继承了中国城市发展的特色和传统的同时，坚持“竖向发展、大疏大密、 产城一体 、资源集约、 绿色交通 、智慧管理”六大规划策略，完善城市化布局和形态，改善城市的低密度、分散化倾向，提升城市空间密度。

项目将多重城市生活空间进行组合，并在各部分间建立一种相互依存、相互助益的能动关系，从而形成一个多功能、高效率、绿色生态、复合共享的新型城市综合体。

西安泰丰盛合总部基地

Xi'an Taifeng Shenghe Headquarters Base

项目业主：陕西泰丰盛合发展实业有限公司
建设地点：陕西 西安
建筑功能：办公、商业、酒店建筑
用地面积：79 191平方米
建筑面积：464 628平方米
设计时间：2022年
设计单位：建华建筑设计合资有限公司

设计使建筑与自然有机结合，同时使绿地空间成为工作区的扩展，连接各个功能区块和室内工作空间，给业主提供了一个融合山水的智能、海绵办公区。

项目吸引科技从业人员和爱好者聚集于此，为知识的集聚孵化提供了优质的温床。设计师为社区内建筑营造多样化的未来活力区域，丰富城市人群的生活，促进综合功能区的开发。

设计以公共交通为导向，以城铁、公交干线等枢纽站点为中心，将出行、居住、工作、购物、休闲、娱乐等功能集于一体，实现地下、地面、空中的室内外公共空间的一体化衔接，形成高效、集约、舒适、绿色的城市空间。基地二层架设空中连廊，丰富整体立体交通网络；空中网络系统在加强基地通行便利性的同时，丰富了竖向空间结构，使得区域空间层次感更强，激发区域整体社交活力。

北京科净源 K20 总部基地

Beijing Kejingyuan K20 Headquarters Base

项目业主：北京科净源科技股份有限公司
建设地点：北京
建筑功能：商务办公、酒店建筑
用地面积：26 853平方米
建筑面积：72 140平方米
53 415平方米（地上）
18 725平方米（地下）
设计时间：2015年
设计单位：建华建筑设计合资有限公司

这是一项引进全套德国最新节能建筑的样板工程。项目位于北京市顺义区赵全营镇兆丰产业基地，是一座科技化、智能化、生态化的总部办公区，它拥有六大科技系统。

1．地道风展示系统：对地道风的流量、温度、湿度进行采样、统计和计算，并在终端的显示屏中显示出来。

2．光导系统展示系统：显示每个光导系统的状况和状态，同时实际测量通风量，并将信号传输到后台，经过计算后显示每个光导管的换风量及总计换风量。

3．空气监测展示系统：数据经过后台处理后生成统计数据，并通过直方图来显示其空气质量的变化规律。

4．景观水的水质监测展示系统：能监测水温、溶解氧、pH值、浊度这4个指标，并定期化验水样检测氨氮。

5．蓄冷蓄热水池监测展示系统：对其容积、蓄冷量、蓄热量进行实时统计。

6．能源运维管控系统：生成系统运营的逻辑图纸，显示关键的节点，统计出每栋楼的能耗状态。

北戴河数据产业园二期——科创基地

Beidaihe Data Industrial Park Phase II—Science and Technology Innovation Base

项目业主：河北北戴河经济开发区管理委员会
建设地点：河北 秦皇岛
建筑功能：办公、科研建筑
用地面积：28 983平方米
建筑面积：12 923平方米
设计时间：2022年
项目状态：在建
设计单位：建华建筑设计合资有限公司

项目改造的核心问题是为旧厂房定义新空间，赋予使用者更新鲜的活动方式。

设计从垂直和水平两个维度进行。垂直维度上增加了科普展示层，利用天窗及中庭将自然光线引入室内首层，并依托天光，在室内设置共享的环形空间，用以布置科普教育、共享办公、产品展示等功能业态。使用者可以在这里聚集，建筑的各功能模块在这里有效地串联起来。

水平维度上基于原有建筑外皮，进行了退让处理，置换出室内外的过渡空间——观景外廊，并在外廊上设置精巧的立体景观区，营造出优质的室内延伸空间，为使用者创造出惬意的交流、休息、观景的场所。

设计师认为空间是由其中的物体、人和事件来塑造的；脱离这些，空间没有任何意义。为人们创造优质的空间界面，才是人文设计的出发点。

北京市龙祥凤和文化旅游综合服务基地

Beijing Longxiang Fenghe Cultural Tourism Comprehensive Service Base

项目业主：海口国家高新区发展控股有限公司
建设地点：北京
建筑功能：文化建筑
用地面积：16 817平方米
建筑面积：24 333平方米
19 313平方米（地上）
5 020平方米（地下）
设计时间：2017年
设计单位：建华建筑设计合资有限公司

项目位于妙峰山镇域浅山地带、永定河西岸，依山傍水，自然环境独特。项目所在地原为废弃矿山，项目建设以建筑物的形式来进行矿山修复，创造一个废旧矿山修复的典型性示范项目。设计团队在深入研究艺术及文化创意产业的深层需求的基础上，以“创意为根、艺术为本”，意在通过生态、生产、生活“三生融合”的经营模式，打造一个集艺术培训、创作、孵化、展示、交流与交易于一体的文化园区和艺术小镇。建成后的项目将成为以“艺术在西山自然成长”为核心理念的门头沟地方文化传承与保护、展示与交流的窗口，成为门头沟区域创意经济聚集和发展基地，成为以文化艺术为主题的旅游目的地。

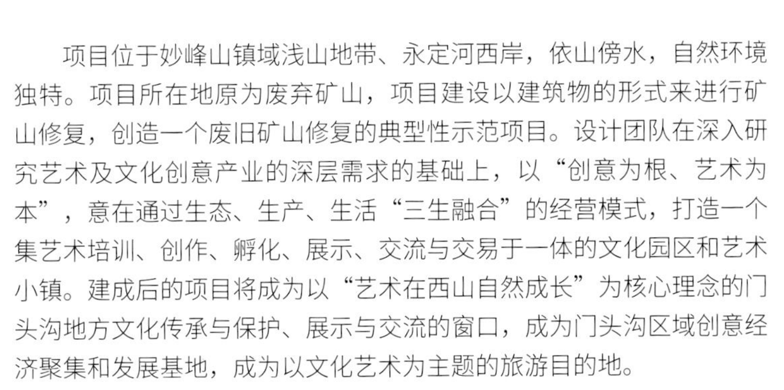

上海市奉贤区南桥新城概念性总体规划

Conceptual Master Plan of Nanqiao New Town, Fengxian District, Shanghai

项目业主：上海奉贤南桥新城建设发展有限公司
建设地点：上海
建筑功能：办公建筑
用地面积：11 600 000平方米
门户区用地面积：1 339 000平方米
门户区建筑面积：1 300 000平方米
设计时间：2011年
项目状态：方案阶段，部分已经建成
设计单位：加拿大宝佳国际建筑师有限公司
主要设计人：高志、袁照航、刘震宇、刘震、徐纯静、刘欣岩、杨海成

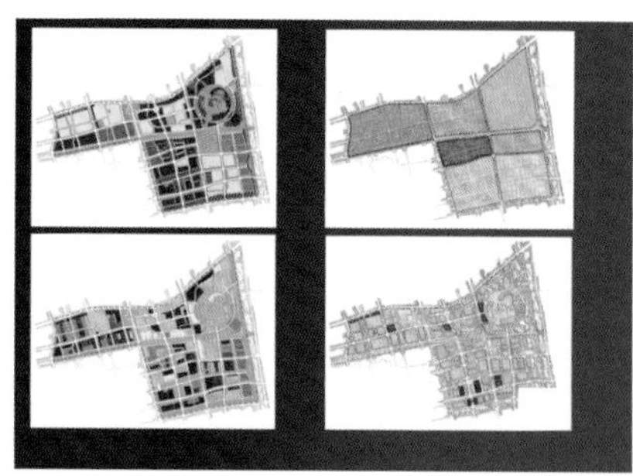

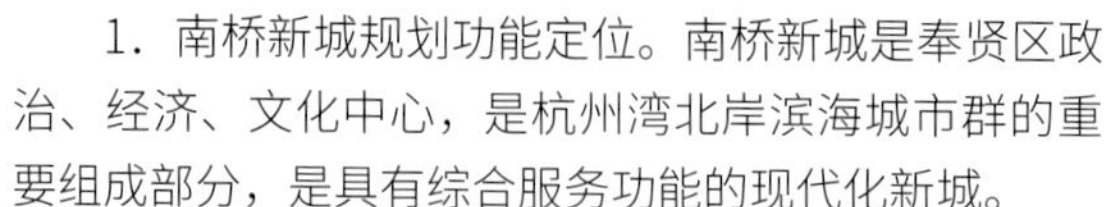

1．南桥新城规划功能定位。南桥新城是奉贤区政治、经济、文化中心，是杭州湾北岸滨海城市群的重要组成部分，是具有综合服务功能的现代化新城。

2．新城规划道路系统。南桥新城将充分利用地理和区位优势，形成水路交通、陆路交通与轨道交通相结合的完善的道路交通系统；以轻轨5号线及站点为开发导向，以新城内水系为空间开发的依托，形成紧凑型、多功能的水网城区。

3．南桥新城重点建设。按照《南桥新城总体规划》及奉贤区委、区政府的战略部署，南桥新城重点建设区域主要包括东部新区9、10、11 号地块和东北新区7、8 号地块和北部新区的4 号地块，功能分别为行政商务办公区、教育产业配套区、中小企业服务基地、生态居住区、“上海之鱼”休闲度假中心、交通门户、示范区和休闲旅游区。

青岛平度西部新城产业发展规划

Industrial Development Planning of Pingdu Western New Town in Qingdao

项目业主：青岛城市建设投资有限公司
建设地点：山东 青岛
建筑功能：城市规划
用地面积：14 362 000平方米
设计时间：2021年
项目状态：在建
设计单位：宝佳国际建筑设计集团
主创设计：张俊波

项目位于青岛市平度西部，项目内部既有较早规划布局的工业园区，也有自发形成的“八大市场”，但其产业形态较为初级、附加值低。随着城市的发展，平度在空间布局上，东北南部均有明确的产业定位，但是西部新城在定位上略显不清。设计师在产业发展规划中，首先明确平度未来的发展定位。

1．由依赖青岛的“强依附”到能离心的“自发光”产业体系。

2．由近距离感知大城市动态的“高感应”到小轨道范围内“高能量”城市发展定位。

3．由接收大城市的资源辐射“能吸附”到实现对周边资源的“自聚集”。

其次，根据城市整体发展差异化定位，并根据自身的产业基因，提出未来西部新城发展的定位：城市未来蓄能区、现代商贸荟萃区、智慧低碳先导区、城市活力宜居区。

最后，根据定位，选择产业吸引力可行性模型，筛选经济拉动强、附加值高、环境友好型的产业进行区域布局。

沈阳市满融经济区领事馆地区概念性规划及城市设计

Conceptual Planning and Urban Design of Consulate Area in Shenyang Manrong Economic Zone

项目业主：沈阳满融经济区管理委员会
建设地点：辽宁 沈阳
建筑功能：办公、教育、居住、酒店、商业建筑
用地面积：11 540 000平方米
建筑面积：2 400 000平方米
设计时间：2014年
项目状态：方案阶段
设计单位：加拿大宝佳国际建筑师有限公司
设计团队：高志、袁照航、徐纯静、庄会明、张子丰、刘欣岩、杨海成

沈阳市领事馆区的开发作为区域的发展触点，催化和带动城市会展、金融、文化、居住等产业的发展，并将能量传递到更大的城市区域，将蓝海经济区打造成为东北创造中心。

建设内环道路和步行系统。区域内部形成环路串联领事馆区、国际居住区、产业区及滨水休闲区，加强了规划区域内各功能区的联系。建设连续的步行道，加强了领事馆区与各个产业区的联系。

打造南北景观轴线。景观轴线连接领事馆配套服务区与产业区，通过国际学校、国际俱乐部、国际医院、蓝海创造中心、特色精品酒店、金融商务中心、会展中心等标志节点设计，增强区域的可识别性。

连通水系。设计整合连通现状水系，并与浑河水系贯通，形成连续的环形水体景观，增加了滨水景观界面，提升沿河土地价值。沿河道两侧规划滨水酒吧街，塑造滨水区特色，提升居住环境品质。

未来的沈阳蓝海创造中心，将成为高端人才聚集、经济高速发展、环境生态良好的现代化、国际性创智中心。

石家庄钢铁厂改造

Shijiazhuang Steel Plant Transformation

项目业主：石家庄亿博集团
建设地点：河北石家庄
建筑功能：城市更新
用地面积：570 000平方米
建筑面积：1 160 000平方米
设计时间：2021年
项目状态：在建
设计单位：宝佳国际建筑设计集团
主创设计：张俊波

项目位于石家庄市长安区二环内。基地原为石家庄钢铁厂主厂区，曾记载了城市的工业辉煌史。在城市发展空间中，该项目是城市新旧动能转化带上的重要节点。基于此，项目的改造实质是城市更新，其首要任务不仅要解决“壳”的问题，还要解决“瓤”的问题。“壳”的改造可归纳为：更新旧的城市形象，改变旧的城市面貌，唤醒空间功能，激活建筑物。“瓤”的改造可归纳为：更新旧的经济模式，寻找新的经济结构，迭代产业方向，吸引年轻人留下。

项目以数字经济为定位方向，以经贸发展为支撑，以数字商贸、数字媒体、数字教育等数字产业为主导。项目重塑城市记忆，实现改造旧经济体系的核心诉求。

胡晨

职务：SEA东南设计共生建筑事务所联合创始人

教育背景

2015年—2017年　建筑联盟学院（Architectural Association School of Architecture）建筑学硕士

工作经历

2013年—2015年　GOA大象设计
2017年—2019年　AECOM 艾奕康环境规划设计（上海）有限公司
2019年至今　SEA东南设计

胡晨女士擅长参数化设计、超高层设计，始终保持建筑设计前沿探索与思考的敏锐性，梳理了计算机开发与建筑的关系，利用参数化建筑设计为建筑选型提供更多的选择，使用计算机协助完成方案设计，并且把计算机的设计逻辑融入设计理念当中，提高了设计的质量与速度。
她认为，参数化设计只是技术，建筑师的设计思维才是一座建成伟大建筑的真正源泉。未来，她将继续用参数化设计结合设计灵感实现建筑的戏剧性变化，增加建筑设计的多样性。

主要设计作品

白领氏环球中心
绿地昆明428米超高层
武汉王家墩商务区300米超高层
深圳澳康达550米超高层地标
成都独角兽岛规划设计
深圳第三人民医院改扩建工程
成都悦动新城市民中心
钱塘湾未来总部基地
上虞e游小镇产业园
许村布料图书馆
宁波鄞州区甬江之门超高层商业办公项目
南太湖未来社区
采荷未来社区文化中心
兰溪金兰创新城超高层

SEA东南设计

SEA东南设计始建于1998年，具有建筑甲级、园林甲级、规划乙级、市政乙级、工程咨询乙级等资质，经过20多年的积淀，已形成由建筑、结构、机电、规划、景观、室内、幕墙、BIM技术等多专业协同、多领域共享的产业体系，目前拥有专业设计师400多名，已完成3 000多个项目，案例遍布全国100多个城市。

专业是核心竞争力，创新是发展驱动力。居住建筑、酒店建筑、商业建筑、办公建筑、产业园区是SEA东南设计的设计所长。今后SEA东南设计还将重点把握特色小镇、未来社区等城市建设新趋势，进行设计探索，突破和丰富学术理论和思维体系，研究实践建筑参数化设计、高密度城市规划设计等。同时，SEA东南设计与香港大学、中国美术学院、浙江大学等院校及其研发机构建立创新技术同盟，构建人才培育、学术

地址：浙江省杭州市西湖区双龙街119号
东南设计大厦
电话：0571-85880606
传真：0571-85822500
网址：www.seadesign.cn
电子邮箱：brand@seadesign.cn

苏晓辰

职务：SEA东南设计共生建筑事务所联合创始人

教育背景

2008年—2013年　浙江大学建筑学学士

工作经历

2013年—2016年　GOA大象设计
2017年—2019年　GLA六和设计
2019年—2021年　汉嘉设计集团股份有限公司
2021年至今　SEA东南设计

苏晓辰先生擅长高端住宅、公寓、酒店、办公、文化、城市更新、商业、城市设计等众多类型的建筑设计，有工程设计全过程设计经验。

他秉承“创意赋能设计、设计创造价值”的理念，致力于创作商业价值与场所精神兼备的作品。同时他善于突破复杂环境的限制，注重挖掘每个项目的独特精神，以适度又充满张力的形式语言创造和谐共生的空间体验。

主要设计作品

西杨经合社留用地项目
舟山市新城科创园东区
杭州太阳能园区改建工程
上海正泰科沁苑立面改造
嘉兴经济技术开发区180米超高层商业办公项目
兰溪金兰创新城超高层

交流、产品转化的协同机制，推动理念升级、技术创新和行业进步。

东南引领设计，设计营造未来。SEA东南设计将继续以谦逊的姿态深耕建筑设计领域，坚持“把技术变成艺术，让产品变成作品”的企业使命，逐步实现从单一到多元的全方位衍生。

SEA东南设计共生建筑事务所成立于2019年，是SEA东南设计旗下专注于高品质公共建筑的设计团队。自成立以来，团队致力于提供专业、多元、国际化视野的设计服务，凭借优秀的设计创作能力以及深度参与工程项目全过程的严谨态度，深耕商业开发、公建设施、文化教育、超高层建筑等多个领域，在全国范围内已完成诸多佳作。

宁波鄞州区甬江之门超高层商业办公项目

总平面图

Yongjiang Gate Super High Rise Commercial Office Project, Yinzhou District, Ningbo

项目业主：宁波品盛房地产开发有限公司
建设地点：浙江 宁波
建筑功能：商业、办公建筑
用地面积：41 858平方米
建筑面积：150 520平方米
设计时间：2021年
项目状态：在建
设计单位：SEA东南设计
设计团队：胡晨、苏晓辰、王洵佳、金正阳、李孝、孔丹、施继民、马梦茜、杨坚炜、王洪清、汤展彬、凌祎文

项目注重挖掘地块的自然资源，通过打造公共景观，给人们创造更多的社交空间，提高整个园区的活跃性。地块以使用功能为导向、人流需求为重点，着力打造一个开放、先进、共享的办公园区，让景观穿插其中，给人以舒适、宁静的空间感受。在系统分析项目状况的基础上，设计师充分整合项目内外优势资源，运用先进的设计理念和手法，通过创新能力的发挥，设计出规划布局合理、各项功能完善、空间组合完美、建筑风格简洁现代、环境景观优美，同时又能突显集约型、舒适型、健康型、生态型、最大限度地满足人们的心理需求的人居产品及办公园区。方案设计符合高品质、人性化服务的物业运作模式，也满足“创新、和谐、健康、舒适”的设计理念。

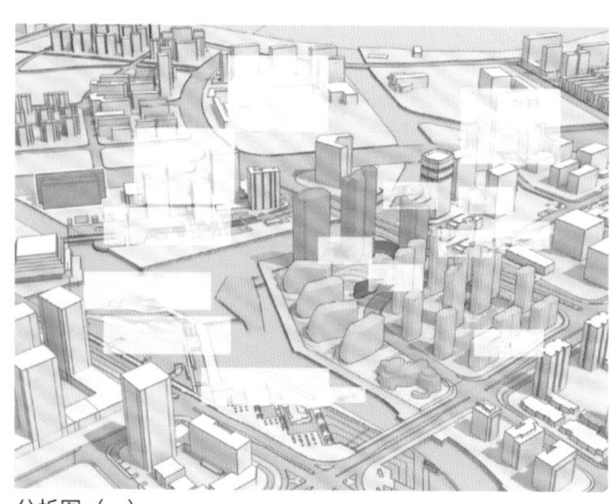
分析图（一）

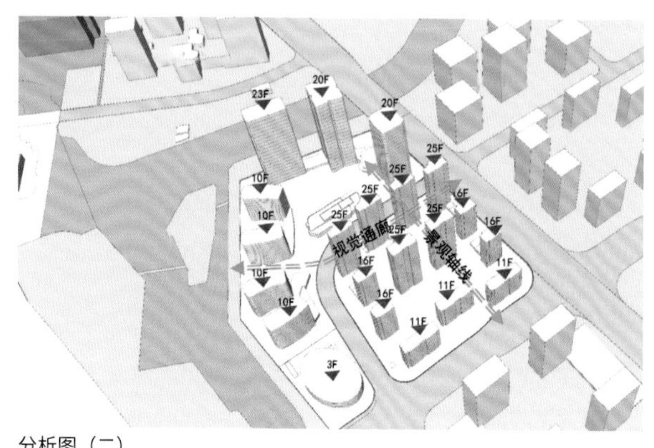

分析图（二）

功能分析图

CZBANK

白领氏环球中心

BLS Global Center

项目业主：白领氏集团有限公司
建设地点：浙江 海宁
建筑功能：酒店、办公建筑
用地面积：39 586平方米
建筑面积：182 930平方米
设计时间：2020年
项目状态：在建
设计单位：SEA东南设计
设计团队：胡晨、李小兰、邬征宇、王洵佳、盛婷、刘忠卫、施继民、郁世君、李和刚、林初忠、王欣、吴杰、丁春、赵统、刘劲楠

项目位于海宁市核心区，采用地标导向型开发模式，旨在打造一个引领国际潮流的建筑体系，创造有活力的城市界面，激活新城区域发展。

268米高的地标高塔设计旨在创造华东地区最独特的办公空间和提供豪华酒店功能，并通过在海宁天际线上的强大影响力来提升海宁地区的繁荣兴盛。独特典雅的造型设计由子弹腾飞产生的动势启发所产生，象征着海宁经济的飞速发展。

项目由塔楼和裙房组成。塔楼共51层，主要功能为办公写字楼和五星级酒店。酒店采用空中大堂接待模式，配套功能布置于塔楼高处，在高222.8米处设置城市观光大堂，提供当地最高的360度全景观光体验。裙房由商业空间、会议中心和传媒中心组成，形成生态、产业、旅游、休闲等多种功能复合的文化商务中心。

舟山市新城科创园东区

Zhoushan Xincheng Science and Technology Innovation Park East Block

项目业主：荣盛房地产发展股份有限公司
建设地点：浙江 舟山
建筑功能：办公建筑
用地面积：13 031平方米
建筑面积：130 000平方米
设计时间：2022年
项目状态：方案设计
设计单位：SEA东南设计
设计团队：胡晨、苏晓辰、王洵佳、金正阳、杨国湖、李孝、王祖成、贺芸绮、张曦、童伟

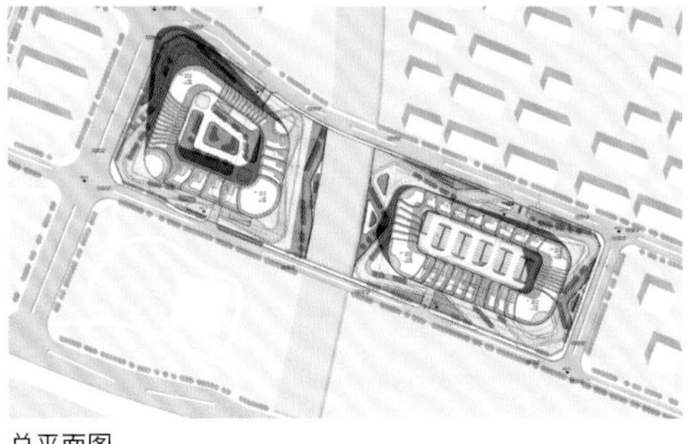

总平面图

海洋文化谱写了舟山的历史，也点亮了舟山的未来。建筑以大跨度结构形成标志性入口空间，打造舟山新门户。高层建筑形态如同海上的帆船，乘风破浪，扬帆起航，寓意舟山开拓进取的海洋文化精神。建筑屋顶以“退台”为设计亮点，创造舒适宜人的露台空间，提升办公人群的体验。舟山作为一个群岛城市，拥有丰富的岛屿资源。建筑形体如同两座秀丽的岛屿，错落有致，意在打造舟山新地标。

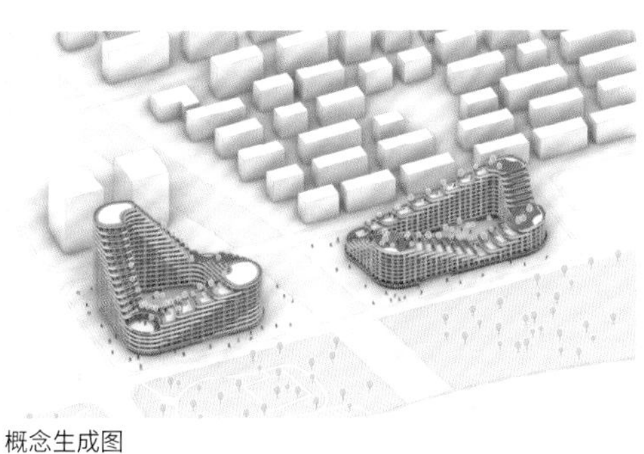

概念生成图

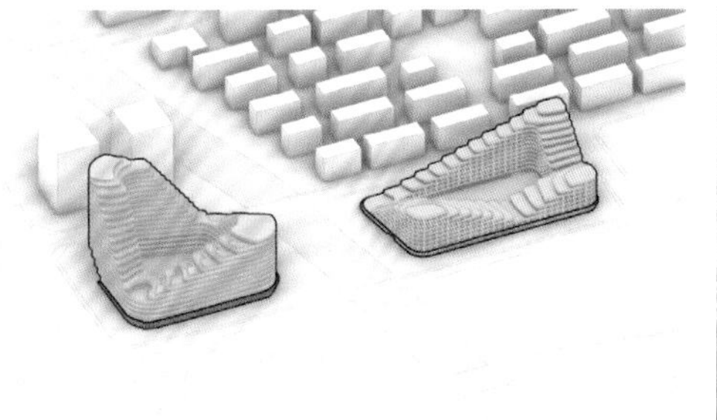

功能分析图

胡清波

职务：中机国际工程设计研究院有限责任公司
副总建筑师、医疗建筑设计研究所所长
职称：教授级高级工程师
执业资格：国家一级注册建筑师
注册城乡规划师

教育背景

1996年—2001年　合肥工业大学建筑学学士
2003年—2006年　深圳大学建筑学硕士

工作经历

2001年至今　中机国际工程设计研究院有限责任公司

主要设计作品

邵阳市中心医院东院
荣获：2019年湖南省优秀工程勘察设计一等奖
2018年机械工业优秀工程勘察设计奖
电子商务产品创新基地
荣获：2018年湖南省优秀工程勘察设计二等奖
长沙县妇幼保健院
荣获：2017年湖南省优秀工程勘察设计二等奖
双峰县第一中学
荣获：2017年湖南省优秀工程勘察设计三等奖
娄底文化中心
荣获：2015年湖南省优秀工程勘察设计一等奖
娄底华天城
荣获：2016年湖南省优秀工程勘察设计三等奖
湖南理工大学综合实验楼
荣获：2011年湖南省优秀工程勘察设计二等奖
湖南省建设银行档案馆
荣获：2010年湖南省优秀工程勘察设计二等奖
岳阳市妇幼保健院及儿童医院
湖北公安县妇幼保健院
韶关市妇幼保健院
衡阳县妇幼保健院
汉寿县人民医院
南县人民医院
宁乡市人民医院
平江县人民医院
涟源市人民医院
怀化市第一人民医院
怀化市第二人民医院
怀化市第二人民医院靖州分院
桃源县人民医院改扩建
始兴县人民医院
翁源县第二人民医院
乐昌县第二人民医院
衡阳县中医院
肯尼亚莫伊教学与转诊医院
赞比亚钦萨利医院
印尼泗水医院
邵阳市第一中学

中机国际工程设计研究院有限责任公司
China Machinery International Engineering Design & Research Institute Co., Ltd.

中机国际工程设计研究院有限责任公司（简称中机国际，英文简称CMIE），即原机械工业部第八设计研究院，创建于1951年。中机国际是我国最早组建的大型综合性设计单位之一，是集工程勘察、工程咨询、工程设计、工程总承包、项目管理、工程监理、工程施工、专用设备设计与制造、设备成套和工程技术研究于一体的高新技术企业，总部设在长沙，隶属于世界500强企业中国机械工业集团有限公司(简称国机集团)，是中国机械设备工程股份有限公司（英文简称CMEC）的全资子公司。

经过70多年的风雨历程，中机国际已发展成为工程设计行业具有较高声誉和竞争实力的科技型企业。中机国际具有机械、建筑、市政、军工、冶金、轻纺、风景园林、环境工程等行业甲级设计资质；具有电力、电子通信广电、化工石化医药、农林、商物粮、石油天然气等行业乙级设计资质；具有机械、建筑、电子、有色冶金、火电、生态建设与环境工程、市政公用工程等行业甲级咨询资质；具有城乡规划编制、工程造价咨询和工程监理等甲级资质以及施工图审查一类资质；具有压力管道GA、GB、GC、GD四类设计资质以及环境影响评价乙级资质；具有进出口企业和对外承包工程经营资格；具有市政公用工程施工总承包一级资质以及建筑装饰工程、机电安装工程、建筑智能化工程、环保工程、送变电工程和园林绿化施工专业承包资质。

中机国际秉承湖湘文化的深厚底蕴，建设“合作、共建、共创、共赢、共享”的企业文化，培育开拓创新的企业精神，不断激励发挥公司员工的创造性和服务精神，以高度的责任感向社会负责、为顾客服务。

地址：湖南省长沙市雨花区
韶山中路18号
电话：18684922009
传真：0731-85383456
网址：www.cmie.cn
电子邮箱：250389912@qq.com

岳阳市妇幼保健院及儿童医院

Yueyang Maternal and Child Health Care Hospital and Children's Hospital

项目业主：岳阳市妇幼保健院
建设地点：湖南 岳阳
建筑功能：医疗建筑
用地面积：84 016平方米
建筑面积：170 000平方米（一期）
设计时间：2017年
项目状态：在建
设计单位：中机国际工程设计研究院有限责任公司
主创设计：医疗建筑设计研究所

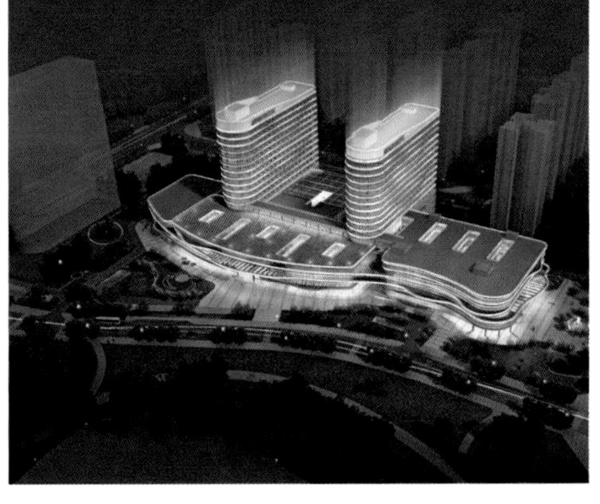

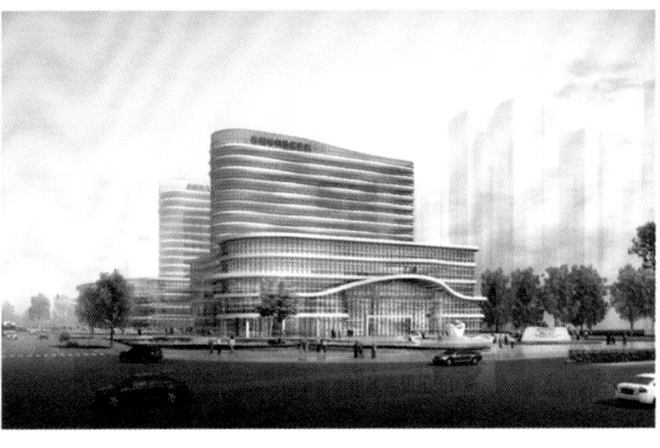

设计旨在塑造通透流畅的建筑形象，通过设置天井、采光天窗、屋顶空中花园、遮阳挑檐等实现自然通风、自然采光、节约能源，以及建筑的可持续性。总平面布局通过三个广场的设置，很好地将儿童、妇女孕产人群分流，将后勤服务区的人流、车流与物流巧妙布局，形成合理的医疗流线、住院流线和污物流线等。良好的通风与日照也为避免交叉感染提供了保障。设计将就诊区按照人群划分为妇女孕产就诊区和儿童就诊区，同时将配有大型设备的医技科室集中设置在妇女孕产就诊区与儿童就诊区的中间部位，通过一条医疗主街贯穿成人与儿童不同的就诊区，方便联系，提高就诊检查效率。

长沙县妇幼保健院

Changsha County Maternal and Child Health Care Hospital

项目业主：长沙县妇幼保健院
建设地点：湖南 长沙
建筑功能：医疗建筑
用地面积：44 679平方米
建筑面积：54 439平方米（一期）
设计时间：2012年
项目状态：建成
设计单位：中机国际工程设计研究院有限责任公司
主创设计：医疗建筑设计研究所

项目设计流线组织明确，道路系统呈网状布置，做到人车分流、洁污分流、健康人群与患者分流。景观规划以人为中心，为患者创造优美的就医环境，为医务工作人员创造良好的工作条件。设计以“患者行动最小化、员工效率最大化、建筑效益最大化、绿色节能持续发展”为原则，以科学合理的医疗功能为引导，以新的技术手段充实医疗功能，并注入可持续发展的理念。项目围绕儿童保健中心、围产医学中心、妇女健康中心来打造，将服务体系的“按功能划分”改为“按人群划分”。建筑造型新颖现代、色彩明亮，充分考虑了妇女儿童的人群特点，体现人文关怀。

南县人民医院

Nan County People's Hospital

项目业主：南县卫生局
建设地点：湖南 益阳
建筑功能：医疗建筑
用地面积：97 661平方米
建筑面积：138 424平方米
设计时间：2015年
项目状态：建成
设计单位：中机国际工程设计研究院有限责任公司
主创设计：医疗建筑设计研究所

设计紧密结合现代医院的建筑发展动态，贯彻“高起点、高标准、高水平”的规划原则，既体现超前意识，又充分考虑现实可行性，厉行节约、节能、生态、以人为本。本方案的医疗街不同于传统医疗街一通到底的直线型，而是由一条弧线和一条直线组合而成，在与病房楼相接处分开形成天井。弧线医疗街主要组织医技部分的交通，直线医疗街主要组织门诊部分的交通。在首层，弧线医疗主街继续向外延伸，与椭圆形的会议中心连成一体，自然地形成具有很强引导性的主入口。弧线医疗主街反映到外部上，是功能与形体的有机结合。

汉寿县人民医院

Hanshou County People's Hospital

项目业主：汉寿县人民医院
建筑功能：医疗建筑
建筑面积：138 000平方米
项目状态：建成
设计单位：中机国际工程设计研究院有限责任公司
主创设计：医疗建筑设计研究所

建设地点：湖南 常德
用地面积：133 000平方米
设计时间：2014年

项目包含医疗综合楼（门急诊医技部、外科住院楼、内科住院楼、妇儿住院楼）、公寓综合楼、感染楼、液氧站、污水处理站、垃圾处理站等。建筑整体布局由一条南北向贯穿医疗区及办公生活区的空间轴线来组织，轴线从北向南依次串联起住院入口广场、医疗综合楼、中心广场、公寓综合楼。医疗综合楼为院区的核心，布置于空间轴线的中心位置；公寓综合楼位于轴线的最南侧。感染区由于其功能与接待人群的特殊性，被设计成相对独立的区域，四周以围墙和绿化带与其他空间隔离。

黄晓群

职务：中国中元国际工程有限公司总建筑师
医疗建筑设计研究院副院长
职称：教授级高级工程师
执业资格：国家一级注册建筑师

教育背景

1997年—2002年 朝鲜平壤建设建材大学建筑学

工作经历

2003年至今 中国中元国际工程有限公司

个人荣誉

2012年中国建筑学会青年建筑师奖
2016年首届“环亚杯”全国十佳医院建筑设计师
2016年国机集团劳动模范荣誉称号

主要设计作品

北京朝阳医院东院
宁夏宝丰医院及养护院
北京积水潭医院回龙观院区二期工程
北京同仁医院经济技术开发区院区二期工程
山西省儿童医院新院
中国气象局气象科技大楼
荣获：2005年机械工业优秀工程勘察设计二等奖
北京朝阳医院门急诊及病房楼
荣获：2006年首届全国医院建筑十佳奖
2009年北京市第十四届优秀工程设计一等奖
2009年全国优秀工程勘察设计二等奖
粤北人民医院住院大楼
荣获：2007年机械工业优秀工程勘察设计二等奖
2009年全国优秀工程勘察设计二等奖
乐山市人民医院综合住院大楼一期
荣获：2010年第二届中国医院建筑设计十佳奖
苏州大学附属第二医院病房楼
荣获：2012年机械工业优秀工程勘察设计三等奖
粤北人民医院门急诊医技综合楼
荣获：2016年机械工业优秀工程勘察设计三等奖
中国检验检疫科学研究院
荣获：2016年机械工业优秀工程勘察设计一等奖
北京爱育华妇儿医院
荣获：2019年北京市优秀工程设计二等奖
2019年全国优秀工程勘察设计二等奖

中国中元国际工程有限公司

中国中元国际工程有限公司（简称中国中元）是集工程咨询、工程设计、工程总承包、项目管理、设备成套、装备制造和技工贸为一体的大型工程公司。

中国中元具有工程设计综合甲级、建筑工程施工总承包一级、专业承包一级（电子与智能化工程、建筑装修装饰工程、消防设施工程、建筑机电安装工程）及对外承包工程等资格证书及其相关资质，可以承接全行业、各等级的工程设计业务和从事工程设计资质标准划分的建筑、机械、医药、船舶、兵器、市政、商业、化工、能源、建材、轻工等21个行业的工程总承包、项目管理及境外工程承包等业务，也可以承接建筑工程施工总承包一级资质范围内的施工总承包、工程总承包和项目管理业务。

中国中元具有城乡规划编制、工程监理、工程咨询、工程造价咨询甲级资质，具有压力管道设计资格，具有独立的进出口经营贸易权、对外经济合作资格证书、进出口企业资格证书、自理报关单位注册登记证书、工程招标代理机构资质证书、施工图设计文件审查许可证书及建筑装饰工程设计与施工资质证书，中国中元具有市政行业（载人索道）工程甲级设计资质证书、工程咨询单位（索道工程）及索道工程项目管理和索道工程评估咨询资格证书。

中国中元现拥有各类人员3 000余人，其中享受国务院政府特殊津贴人员30人、国机集团首席专家2人、各学科博士及硕士研究生750余人、高级工程师以上人员760余人。中国中元设置有13个直属生产单位、3个技术支撑部门、10个职能管理部门，在北京、海口、厦门、上海、长春、南京设有10个二级法人单位，在广东、安徽、青海、四川、浙江、深圳、西安等地设有分公司。因境外业务发展的需要，中国中元先后设立了驻乌兹别克斯坦、柬埔寨、多米尼加、古巴等境外办事处。

中国中元秉承“质量是生命，精心设计、创优工程、诚信服务，保护环境、珍爱生命，是我们对顾客、社会、员工始终不渝的承诺”的管理方针，质量、环境、职业健康安全管理体系健全，数十年来一直跻身全国勘察设计综合实力、工程承包和项目管理百强单位的行列。

中国中元历年均被评为中国十大建筑设计公司，在众多设计领域创造了大量的精品，确立了在行业中的领先地位。始于设计，中国中元通过前后业务的延伸，已成为国内医院建设全过程咨询最大的服务团队，引领着该领域技术进步及发展，为客户提供从前期咨询、工艺咨询、工程设计，到项目管理、工程建设、设备代购等全方位的服务工作。中国医院百强榜单上，超过1/4的设计来自中国中元；99项国家和省部级奖项，21本国家卫生建设的规范、标准、图集，600余座医院建筑，是对中国中元发展历程的记录。创新是中国中元不变的追求！

地址：北京市海淀区西三环北路5号
电话：010-68732688
传真：010-68732688
网址：www.ippr.com.cn
电子邮箱：office@ippr.net

苏州大学附属第二医院病房楼

Ward Building of Second Affiliated Hospital of Suzhou University

项目业主：苏州大学附属第二医院
建设地点：江苏 苏州
建筑功能：医疗建筑
用地面积：58 200平方米
建筑面积：82 720平方米
设计时间：2014年—2015年
项目状态：建成
设计单位：中国中元国际工程有限公司
设计团队：黄晓群、刘涵、周兆发、罗浩原

项目建设于该医院老院区的一片不规则用地上，是老院区整体更新、分步实施规划的第一步。布局上考虑到老院区建筑需暂时保留，医院在建设中需继续运营，将门诊、医技楼平行布置于南侧沿街面，本期与二期两栋病房楼后退并最终围合成院区中心花园。医疗街南北贯通，门诊入口处的顶篷跨过整个门诊大厅，与医疗街平行延伸至二期，贯穿并联络整个医疗功能区，具有引导性，成为设计亮点。一期建设用地较为紧张，为扩大前广场空间，将裙楼底部架空，使顶部四个形体形成富于特色的沿街立面。梭形柱是立面元素的重要组成部分。外观设计上，考虑到丝绸之乡的特色，追求线条柔美、动感的表达。

中国检验检疫科学研究院

China Academy of Inspection and Quarantine

项目业主：中国检验检疫科学研究院
建设地点：北京
建筑功能：科研、办公建筑
用地面积：29 035平方米
建筑面积：91 343平方米（一期43 630平方米）
设计时间：2007年—2009年
项目状态：建成
设计单位：中国中元国际工程有限公司
设计团队：黄晓群、黄强、刘海宁、俞琪、李欣

中国检验检疫科学研究院整体搬迁项目位于北京亦庄经济技术开发区的核心区域。长方形用地内，一、二期建筑呈围合布局，共享一个巨大的中央花园。

项目涵盖多种特殊实验室和大型实验设备室。特殊实验室包括生物安全三级和二级实验室、二噁英实验室、纳米实验室、动物房以及化妆品功效实验室等。设计师充分考虑这些实验室对环境的影响以及科研领域的不断拓展、科研设备的不断更新、实验室的需求在不断变化等因素进行功能布局及设计，将办公、生活及普通实验区临城市主路布置，将特殊实验室集中布置于用地一角，以尽量减小对环境的影响。建筑形象上，以敦实的石材、厚重的风格体现国家级科研建筑的严谨、求实。

北京朝阳医院门急诊及病房楼

Beijing Chao-yang Hospital Outpatient Emergency and Ward Building

项目业主：北京朝阳医院
建设地点：北京
建筑功能：医疗建筑
用地面积：50 726平方米
建筑面积：84 000平方米
设计时间：2002年—2004年
项目状态：建成
设计单位：中国中元国际工程有限公司
设计团队：黄锡璆、黄晓群、刘海宁、黄强、周超

项目用地十分紧张，涵盖一栋少有的10层高门诊楼和与既有病房楼无缝衔接的13层病房楼。规划布局上，结合院区情况进行建筑空间梳理和医疗流程再造。方案设计上，为改善城市中心区医院用地紧张状况，将门诊楼东侧沿街主入口处架空，作为医院室外前广场的一部分，并成为建筑与城市道路之间的缓冲区域。同时，将急诊部布置于地下一层，并合理组织人行、车行及急救车等各种流线。

虽然建筑密集，但内部空间极具通透性。新老病房楼层高不同，用坡道和台阶使每层相连通，并利用5层高现状医技楼的顶部空间，围合成天井，使交通空间自然采光通风。门诊区域通过大尺度天井使内部空间充满阳光。

外观设计追求朝阳医院自身特色，探索现代医院特质，与所处城市氛围相融合。项目建成后，成为老旧医院改造的经典案例。

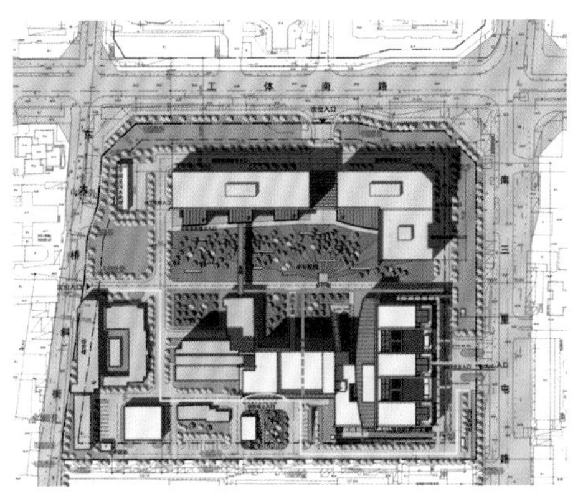

重庆市设计院在重庆核心商圈——解放碑部分项目

重庆科技馆

重庆渝州宾馆

“两江四岸”总体规划

长嘉汇弹子石老街

重庆来福士广场

嘉华大桥南延伸段

环球金融中心

重庆市设计院有限公司

CQADI ChongQing Architectural Design Institute Co., LTD.

重庆市设计院有限公司发轫于20世纪20年代，在重庆早期城市建设中承担了大量勘察、规划与设计（市政、建筑、园林）工作。1950年，原重庆工务局、怡信工程司、重庆建筑公司设计部、重庆市下水道工程处等部分技术力量整合组建了重庆市人民政府建设局设计部，其在百废待兴的重庆大地上设计了多项重要的文化、体育、办公及市政基础设施。1955年，重庆市人民政府建设局设计部正式命名为“重庆市设计院”。2002年，重庆市设计院由事业单位转为市属重点科技型企业。2020年，重庆市设计院更名为“重庆市设计院有限公司”。

经过数十年持续耕耘，重庆市设计院有限公司已发展成为底蕴深厚、特色突出、全国领先的综合性工程设计咨询企业，拥有建筑工程、市政（燃气工程、轨道交通工程除外）、城镇燃气工程、风景园林、城乡规划编制、工程咨询、工程勘察（岩土工程）等甲级资质，能优质高效地为社会提供建筑工程、市政公用、城乡规划、风景园林、智能化设计、工程勘察、工程咨询、工程造价咨询、施工图审查等全产业链服务。重庆市设计院有限公司现有职工1 900余人，拥有重庆市勘察设计大师、重庆市突出贡献中青年专家、享受国务院政府特殊津贴专家、中国青年建筑师奖获得者、重庆市优秀青年设计师及建筑师等高层次专业人才近百人，高级以上职称专业人才500余人，注册工程师近400人，为重庆乃至西南地区设计行业重要的人才基地。

重庆市设计院有限公司立足重庆，积极拓展，在山地建筑、城市设计、超高层建筑、医疗建筑、文教建筑、商业文旅建筑、城市更新、乡村振兴等领域具有较为深厚的积淀与优势，先后取得国家级、省部级优秀工程设计奖、科技进步奖500余项；主编及参编近百项国家、行业及地方标准；先后荣获“全国政府放心、用户满意先进单位”、全国建筑设计行业先进单位、重庆市“五一劳动奖状”、全国勘察设计行业创新型优秀企业、当代中国建筑设计百家名院等数百项荣誉称号。

重庆市设计院有限公司坚持“文化塑造灵魂，科技实践价值”的理念，秉持“以质量赢得尊重，以创新赢得价值，以特色赢得市场，以奋斗赢得未来”的核心价值观，正在追寻中国设计之梦、勾画大国建筑蓝图的发展道路上奋勇前行。

地址：重庆市渝中区人和街31号
电话：023-63854124、023-63619826
传真：023-63856935
网址：www.cqadi.com.cn
电子邮箱：CQADI@cqadi.com.cn

重庆铁路口岸创新中心

Chongqing Railway Port Innovation Center

项目业主：重庆铁路口岸物流开发有限责任公司
建设地点：重庆
建筑功能：办公、展览建筑
用地面积：199 500平方米
建筑面积：297 100平方米
设计时间：2019年
项目状态：建成
设计单位：重庆市设计院有限公司
设计团队：黄非疑、李剑、董小路、冯睿、陈容华、罗长生、蔡望、王芳、陈子军、陈思源

项目位于重庆市沙坪坝区西部物流园西永组团，共分为两期：一期为展示中心，二期为产业园。它是重庆首个辐射西南地区的EOD创新中心。

设计以“开放的街区、创新的办公、生态的环境”三个核心主题为出发点，将办公、休闲、生态、运动、配套等多种元素有机串联。设计以塑造“多元、共享、绿色”的园区环境为设计目标，结合建筑空间布局，以纵向绿轴为骨架串联办公组团，合理布置公共广场及休闲设施，引入立体绿化构思、生态环保技术，将利用自然光、节省水资源、能源回收、雨水收集等一系列节能措施融入整体设计之中，打造更加现代、开放、生态、活力的新型园区。

黄非疑

职务： 重庆市设计院有限公司分院副总建筑师
职称： 正高级工程师
执业资格： 国家一级注册建筑师

教育背景

1992年—1997年　重庆建筑大学建筑学学士

工作经历

1997年至今　重庆市设计院有限公司

主要设计作品

万州·天湖世家工程
获得：2017年重庆市优秀工程勘察设计三等奖
重庆市第九人民医院两江分院
重庆铁路口岸创新中心
重庆植恩创新与先进药物制造中心
青凤高科创新孵化中心
重庆市中医院住院综合楼
宁夏回族自治区中宁县体育中心
巫山摩天岭壹号
开县规划馆、开县博物馆工程
城南未来三期
重庆市沙坪坝区陈家桥公共租赁住房
重庆宝嘉大学城项目
重庆市渝中区“一岸一线”环境综合整治项目

刘扬

职务：重庆市设计院有限公司分院院长
职称：高级建筑师

教育背景
1998年—2003年　解放军后勤工程学院建筑学学士

工作经历
2003年—2005年　机械工业第三设计研究院
2005年—2007年　广东华城建筑设计有限公司重庆分公司
2007年至今　重庆市设计院有限公司

个人荣誉
2021年被评为重庆市住房城乡建设委员会优秀共产党员

主要设计作品
北碚南京路片区城市更新
荣获：2021年重庆市优秀工程勘察设计一等奖
解放碑—朝天门步行大道品质提升综合整治工程
荣获：2021年中国城市更新和既有建筑改造优秀案例
2022年金瓦奖“城市更新与既有建筑改造”银奖
重庆市第十八中学高中部迁建工程
荣获：2015年全国优秀工程勘察设计三等奖

北碚南京路片区城市更新

Urban Renewal of Beibei Nanjing Road Area

项目业主：重庆市北碚区新城建设有限责任公司
建设地点：重庆
建筑功能：公共、居住建筑
用地面积：65 000平方米
建筑面积：180 000平方米
设计时间：2016年
项目状态：建成
设计单位：重庆市设计院有限公司
设计团队：徐千里、王凯、刘扬

项目位于北碚老城区，在保证居民正常生活的情况下，对北碚南京路片区的区域交通、市政配套设施、商业和居民楼等进行更新改造。设计通过对该片区城市公共空间环境的升级改造，使其原有的城市问题得到解决，促进当地居民生活品质得到提高、社区活力与文化优势得到释放，重塑街头街尾的城市花园，让更开敞优美的公共空间供市民使用。将过往车辆较多的滨江路改为下穿道，有效改善了区域交通环境。

重庆江北嘴金融城3号

No. 3, Jiangbeizui Financial City, Chongqing

项目业主：重庆市江北嘴置业有限公司
建设地点：重庆
建筑功能：办公、商业建筑
用地面积：19 954平方米
建筑面积：263 424平方米
设计时间：2011年—2012年
项目状态：建成
设计单位：重庆市设计院有限公司
合作设计：久米设计株式会社

项目位于重庆市江北区江北嘴A02地块，处于长江、嘉陵江交汇处，与渝中区解放碑、朝天门隔江（嘉陵江）相望。项目的地上建筑物由3栋超高层办公大楼组成，采用“风车形”建筑布局，在体现设计个性特点的同时，兼顾金融城整体的统一性，保持相邻街区的建筑体量均衡。把城市规划为空地地块的西南角作为绿化广场，以增加地块内办公大楼和金融城整体的环境舒适性，创造象征重庆江北嘴中央商务区的城市景观效果。

周密

职务：重庆市设计院有限公司主任建筑师
职称：高级工程师

教育背景

1997年—2002年 西安交通大学建筑学学士
2004年—2007年 重庆大学建筑学硕士

工作经历

2007年至今 重庆市设计院有限公司

主要设计作品

龙湖郦江（一期）
荣获：2010年重庆市优秀工程勘察设计三等奖
协信城9号楼（星光时代广场）
荣获：2013年重庆市优秀工程勘察设计二等奖
重庆江北嘴金融城3号
荣获：2017年重庆市优秀工程勘察设计二等奖
2019年全国优秀工程勘察设计三等奖
融创奥林匹克花园六期
仁安·龙城国际
金唐新城市广场
重庆长嘉汇滨江商业
重庆弹子石广场
重庆华发·中讯广场
保利溉澜溪项目G09地块
万汇中心商业综合体
万丽城市客厅
财信·渝中城
置城御府二期
融创康桥融府
戴家巷旧城改造工程
融科滕王阁地块
重庆沙坪坝区档案馆

章玲

职务：重庆市设计院有限公司副主任建筑师

职称：正高级工程师

教育背景

2003年—2008年　重庆大学建筑学学士

2008年—2011年　重庆大学景观建筑学硕士

工作经历

2011年至今　重庆市设计院有限公司

主要设计作品

北碚南京路片区城市更新

荣获：2021年重庆市优秀工程勘察设计一等奖

解放碑—朝天门步行大道品质提升综合整治工程

荣获：2021年中国城市更新和既有建筑改造优秀案例

2022年金瓦奖"城市更新与既有建筑改造"银奖

巴蜀小学教学楼外立面排危改造项目

荣获：2020年全联房地产商会城市更新和既有改造分会公共服务设施类优秀案例

重庆渝中区巴教村环境综合治理

金马小学片区公共停车场及文化活动用房建设项目总承包

秀山县川河盖景区水源头游客服务中心

秀山县川河盖景区水源头游客服务中心

Water Source Tourist Service Center of Chuanhegai Scenic Spot in Xiushan County

项目业主：秀山县华城文化旅游开发有限公司

建设地点：重庆

建筑功能：文化建筑

用地面积：29 000平方米

建筑面积：7 000平方米

设计时间：2017年—2018年

项目状态：建成

设计单位：重庆市设计院有限公司

设计团队：徐千里、余水、章玲、许书、付逸、王森平、陈世林

项目规划以游客中心为主轴建立整个空间序列，使建筑与环境和谐共生。建筑与轴线是整个场地序列产生的基础，其余环境部分则更强调柔和、自然、放松的状态，以使整个场地与周边环境融为一体。前区场地设计摒弃大广场的设计手法，以景观为主，强调人的体验和人与场地的互动。

设计定位为创造一个不一样的乡土建筑。因建筑本身融入自然，建筑的延展面与环境功能的延展面有机结合，可创造更多情趣化的空间。在建筑造型上既能体现当地材质，创造更多人性化的生态空间，使建筑第五立面与规划布局契合而不突兀；又能在控制成本的前提下体现时代的气息和元素。

遂宁市河东新区第二小学

Suining Hedong New Area No. 2 Primary School

项目业主：遂宁市河东开发建设投资有限公司
建设地点：四川遂宁
建筑功能：教育建筑
用地面积：25 934平方米
建筑面积：29 391平方米
设计时间：2017年—2018年
项目状态：建成
设计单位：重庆市设计院有限公司
设计团队：李薇、罗轶、张潇予、辜海涛

项目在设计过程中将外廊改为内廊，扩大了中庭，使学生有了更多的活动空间；将原有的3个教学单元组合为2个，拉开了建筑与城市干道之间的距离，留出了绿化区并隔离噪声；将北侧沿街面（非正北面）的建筑单元扭转一定角度，通过东侧采光；同时以北侧实墙面为主，形成与学校主入口相呼应的展示面。建筑二层增加架空平台，学生从一层或二层均可通过该平台到达教学区。项目最大的亮点是在走廊内部形成了一个个楔形的扩大空间，这些扩大空间为孩子们交流、休息提供了安全、舒适、有趣、丰富的活动场所。

罗轶

职务：重庆市设计院有限公司副主任工程师
职称：高级工程师

教育背景

2003年—2008年　后勤工程学院建筑学学士

工作经历

2008年至今　重庆市设计院有限公司

个人荣誉

2011年在中共重庆市设计院党委——建党90周年，创先争优活动中被评为“优秀共产党员”

主要设计作品

重庆西永综合保税区监管大楼（一期）
荣获：2016年重庆市优秀工程勘察设计二等奖
华宇·温莎小镇（一期）
荣获：2018年重庆市优秀工程勘察设计三等奖
2021年全国优秀工程勘察设计三等奖
璧山古道湾博物馆
荣获：2019年重庆设计院有限公司优秀方案一等奖
湖南怀化广兴财富中心
荣获：2019年重庆设计院有限公司优秀方案二等奖
重庆幼儿师范高等专科学校新校区建设项目概念方案及一期工程初步设计
彭水县“双创”孵化平台建设项目方案及施工图设计
藤县工业园区提质改造工程
遂宁市河东新区第二小学

张博

职务：重庆市设计院有限公司方案主创建筑师

职称：工程师

教育背景

2007年—2012年　重庆交通大学建筑学学士

工作经历

2012年至今　重庆市设计院有限公司

主要设计作品

溉澜溪广场

荣获：2017年重庆市首届建设工程BIM应用技术成果三等奖

江厦·星光汇

荣获：2019年国家优质工程奖

道真自治县仡佬文化旅游基础设施扶贫建设项目——中华仡佬文化园

荣获：2020年重庆市优秀工程勘察设计二等奖

2020年重庆市设计院有限公司建筑工程一等奖

贵州正安·中国白茶城一期建设项目

荣获：2020年重庆市优秀工程勘察设计三等奖

2020年重庆市设计院有限公司建筑工程二等奖

重庆工商大学融智学院巴南新校区一期建设项目A1教学楼

荣获：2020年重庆市优秀工程勘察设计三等奖

重庆江记酒庄白酒分装项目

荣获：2021年重庆市优秀工程勘察设计三等奖

重庆国际旅游文化交流中心

重庆市云阳县第二老年养护院

Chongqing Yunyang Second Elderly Care Hospital

项目业主：云阳县社会福利中心

建设地点：重庆

建筑功能：医疗建筑

用地面积：21 424平方米

建筑面积：27 000平方米

设计时间：2021年

项目状态：在建

设计单位：重庆市设计院有限公司

主创设计：张博

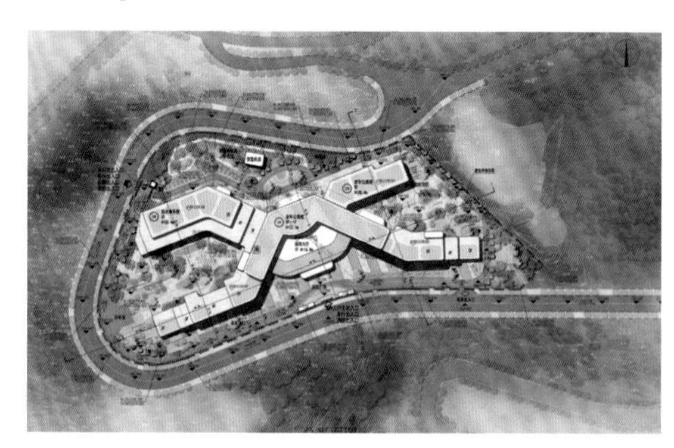

项目背山面江，拥有绝佳的生态景观资源，但基地地势起伏较大，内部高差达40米，中间有一冲沟，且坡向变化较多，设计难度极大。

建筑群采用“风车形”布局来解决竖向高差和功能分区问题，“风车”的核心轴是整个建筑群的核心区，集老人的娱乐休闲、医疗辅助功能于一体，方便照料老人、进行医护工作管理及举行各种活动。服务功能共享，有效避免功能的重复浪费。公共配套区以核心轴为纽带，分散在不同的院落空间内，使各个分区既明确，又紧密连接。项目融合生态宜居、社群交往、精神艺术三大功能，将场域独特的资源气质贯穿于整个建筑空间。

青凤高科创新孵化中心

Qingfeng high-tech Innovation Incubation Center

项目业主：龙润科技有限公司
建设地点：重庆
建筑功能：科研、办公建筑
用地面积：144 729平方米
建筑面积：278 383平方米
设计时间：2020年
项目状态：在建
设计单位：重庆市设计院有限公司
设计团队：董小路、李剑、桑雨岑、余彦霖、杨弦、李伟涛

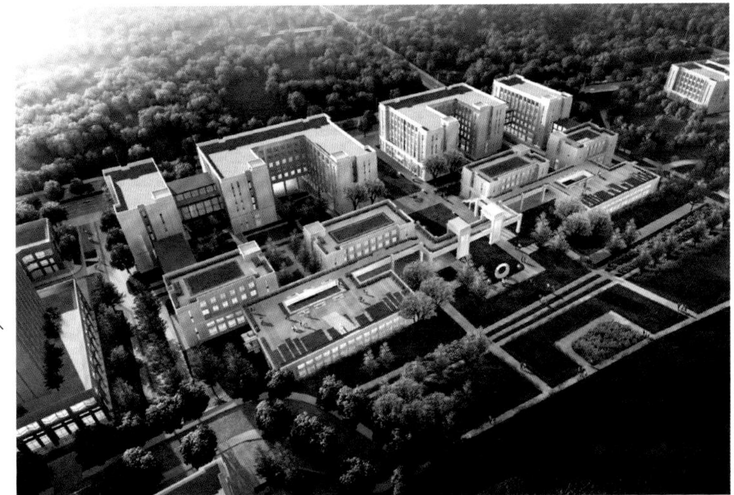

项目采用新古典主义的设计手法，将古典的装饰线条简化，并与现代的材质相结合，呈现出古典而简约的建筑风格。

设计在满足功能需求的基础上，突出庄重、厚实的特征，采用几何体黄金分割的规则对建筑形体进行推敲，以理性的秩序、严密的几何逻辑、对称均衡的轮廓表达带给人们安定感和信任感。宽阔的景窗、简洁的柱式、挺拔的线条，充分体现了时代的气息。外立面材料以米黄色真石柱为主，同时浅灰色窗框糅合少量米黄色，使整个项目的建筑色彩看起来明亮、大方，体现开放包容的非凡气度。

董小路

职务：重庆市设计院有限公司城市建筑三院副院长、主创建筑师
职称：工程师

教育背景

2004年—2009年　中央美术学院建筑学学士

工作经历

2009年至今　重庆市设计院有限公司

个人荣誉

2017年、2019年重庆市设计院有限公司优秀员工

主要设计作品

重庆怡置·照母山项目（二期）
荣获：2016年重庆市优秀工程勘察设计三等奖
天湖世家工程
荣获：2017年重庆市优秀工程勘察设计三等奖
丰都南天湖景区入口品质提升工程
荣获：2019年中国城市更新和既有建筑改造优秀工程
重庆巴南万达广场二期C区胜利巷老街区改造工程
荣获：2020年重庆市设计院有限公司建筑方案一等奖
沙坪坝工业园企业服务中心
荣获：2020年重庆市设计院有限公司建筑方案二等奖
铁路口岸创新中心（二期）
青凤高科创新孵化中心
重庆海关大楼改造
重庆国际物流枢纽展示区
重庆长滨片区治理提升项目

黄涛

职务：上海中房建筑设计有限公司建筑二所总建筑师
执业资格：国家一级注册建筑师

教育背景
1995年—2000年　浙江大学建筑学学士

工作经历
2000年至今　上海中房建筑设计有限公司

主要设计作品
万科公望别墅
荣获：2010年上海市建筑创作佳作奖
2012年上海市优秀工程设计一等奖
2013年全国优秀工程勘察设计三等奖
杭州万科良渚文化村郡西别墅
荣获：2013年上海市建筑创作优秀奖
2016年上海市优秀住宅设计二等奖
2017年全国优秀工程勘察设计二等奖
香港新世界花园
荣获：2011年上海市优秀工程设计二等奖
嘉定黄渡新城
荣获：2013年上海市优秀工程咨询成果三等奖
嘉兴万科吴越
仁恒三亚海棠湾
南京仁恒凤凰山居温泉会所

朱亮

职务：上海中房建筑设计有限公司建筑五所所长
职称：高级工程师
执业资格：国家一级注册建筑师

教育背景
1995年—2000年　同济大学建筑学学士

工作经历
2000年至今　上海中房建筑设计有限公司

主要设计作品
宁波广洋海尚国际
荣获：2010年中国人居最佳建筑设计方案金奖
上海新江湾尚景园
荣获：2012年度上海优秀住宅设计一等奖
上海黄浦区五里桥路人才公寓
荣获：2012年“我最喜欢的保障房”设计创新奖
2017年上海市建筑创作提名奖
上海日月光中心
宁波万科江东府
宁波万科翡翠滨江
华润宁波公园道
华润南通中心

上海中房建筑设计有限公司（简称中房建筑）创建于1979年，是上海建筑界具有影响力的甲级综合性设计公司，从项目前期策划、规划设计、建筑设计、室内设计、景观设计、人防工程设计、设计总包、设计咨询、设计审图及施工监理等各个环节，对项目建造的全过程提供设计服务和技术支持。

中房建筑采用由主要管理人员、技术骨干持股的股份制运作模式，依托各学科专业人才的团队协作，秉承精品建筑全程控制的设计理念，创作富于建筑理想及专业精神的原创作品，在国家级、省市级建筑专业评奖中累计获奖近200余项。

中房建筑目前主营为全国50强房地产企业提供设计服务，在高端住宅领域，创作出上海融创滨江壹号院、国信世纪海景园、宁波万科江东府、宁波万科翡翠滨江等作品；在养老地产领域，完成高端养老项目——杭州万科良渚文化村随园嘉树，开创中国社区养老新模式；在旅游商业地产领域，与万科地产集团合作，完成良渚文化村等项目。

中房建筑重视技术进步和专业领先，是上海较早组建BIM团队的设计公司，也是上海住宅建设发展中心装配式建筑设计骨干单位。目前，中房建筑已获得各种专利技术10余项，并获得高新技术企业认定。

地址：上海黄浦区中华路1600号19楼
电话：021-63855600/63777780
传真：021-63188563
网址：www.shzf.com.cn
电子邮箱：marketing@shzf.com.cn

杭州万科良渚文化村郡西别墅

Hangzhou Vanke Liangzhu Culture Village Junxi Villa

项目业主：浙江万科南都房地产有限公司
建设地点：浙江 杭州
建筑功能：居住建筑
用地面积：114 146平方米
建筑面积：78 138平方米
设计时间：2012年
项目状态：建成
设计单位：上海中房建筑设计有限公司

设计充分考虑项目所处的地理人文环境，将其定位为可持续发展的绿色生态型高档休闲度假社区，充分挖掘地块潜力，完美体现“山居”的独特氛围。项目规划根据地形特点，将地块自东向西分为平地组团和山地组团，单体采用合院联排住宅的形式，立面造型采用四坡屋顶，通过具有符号性的细部节点，营造一种粗犷中不乏精致，乡土中不乏诗意的居住意境。整体造型既符合杭州良渚地区的区域特质，又符合山地建筑特定的场地条件。

南京仁恒凤凰山居温泉会所

Nanjing Yanlord Phoenix Mountain Residence Hot Spring Club

项目业主：仁恒置地南京有限公司
建设地点：江苏 南京
建筑功能：会所建筑
建筑面积：2 676平方米
设计时间：2017年
项目状态：建成
设计单位：上海中房建筑设计有限公司

背城望山，是设计的原点；而山中云雾缭绕和温泉水汽蒸腾若隐若现的感觉，则是设计灵感的来源。项目采用开放式陶棍幕墙，用玻璃与陶棍格栅组合，创造出连续透明、半透明、不透明的表皮，模糊室内与室外的边界，让建筑融入周围的自然环境之中。

设计沿着不规则的用地边界进行形体分解，先形成一个不规则的四边形基座，在敦实的基座上，三层体量围绕着老山森林公园的大露台，三个彼此分隔的坡屋顶，削弱了建筑整体体量感，使建筑以"V"字形的姿态拥抱自然。而入口处用三角形的大雨棚落客区向外侧延伸，使形体更为舒展。

背城望山，是视线控制的基本原则。朝向城市的一侧尽量以实体呈现，由不开窗或少开窗，渐渐过渡到沿山一侧全玻璃幕墙。而随着建筑高度的增加，沿山的景致也逐渐不同，为收纳近景、中景、远景，外表皮的开放度也各自有别。以陶棍构成的双层幕墙，中和了实与虚的冲突感，使建筑整体更加均衡。

明圆当代美术馆

Mingyuan Contemporary Art Museum

项目业主：上海东北明园实业有限公司
建设地点：上海
建筑功能：文化建筑
建筑面积：13 192平方米
设计时间：2014年
项目状态：建成
设计单位：上海中房建筑设计有限公司

项目位于上海电气集团造纸机械有限公司原址。原址由3～4个巨型厂房及配套办公室、仓库、辅助车间等组成。项目包含高层、多层、低层住宅以及旧厂房改造的会所和一幢高层办公楼。

设计改建的原则是“修旧如旧，新旧并置，新建协调”，将保留的大跨度厂房改建为艺术中心，并充分利用原厂房结构形成建筑立面。设计采用玻璃与清水红砖相结合的手法，通过中央玻璃内庭花园与办公建筑连接，用红砖勾缝，延续原址建筑文脉。竖向挺拔的办公楼与水平延展的艺术中心形成对比，利用立面的比例关系形成视觉冲击。同时将原厂区废弃的钢板、龙门架、生产机械、料斗、运输铁轨等作为小区景观，记录城市的发展历史。

姜俊杰

职务： 中南建筑设计院股份有限公司
第三建筑院副总建筑师
职称： 高级建筑师

教育背景
2006年—2011年　武汉理工大学建筑学学士

工作经历
2011年至今　中南建筑设计院股份有限公司

个人荣誉
2017年中南工程咨询设计集团专业技术骨干人才
2018年中南建筑设计院十佳青年建筑师
2019年中南工程咨询设计集团青年岗位能手
2020年中南工程咨询设计集团十佳杰出青年

主要设计作品
武汉理工大学体育中心体育馆
荣获：2012年中南建筑设计院优秀方案创作一等奖
2015年湖北省优秀建筑工程设计一等奖
2017年全国优秀建筑工程设计三等奖
黄龙体育中心游泳跳水馆
荣获：2014年中南建筑设计院优秀方案创作一等奖
2015年中国勘察设计协会“创新杯”设计大赛二等奖
2018年入围世界建筑节
2019年湖北省优秀工程勘察设计一等奖
2019年两岸四地建筑设计卓越奖
2020年德国国家设计奖优胜奖
第七届世界军运会武汉商学院游泳馆
荣获：2017年中南建筑设计院优秀方案创作三等奖
2019年武汉市建筑优质工程黄鹤奖金奖
2020年湖北省建设优质工程“楚天杯”
衢州西站站房及综合交通枢纽
荣获：2021年中南建筑设计院优秀方案创作一等奖

姜俊杰建筑师是湖北省建筑设计领域的重要人才，也是中南建筑设计院股份有限公司首批技术骨干人才。他作为负责人带领团队完成多项省部级重点工程的建筑设计，荣获省部级及国际奖10余项，特别是在文体建筑及交通建筑设计领域取得了一系列重要研究成果。其作为主创完成的项目因其高水准的设计品质以及完成度，取得了良好的社会效益和经济效益。

中南建筑设计院股份有限公司（简称CSADI）始建于1952年，是中国最早成立的六大综合性建筑设计院之一。CSADI现有员工4 900余人，其中全国勘察设计大师2名，拥有12家高新技术企业，是全国勘察设计行业百强企业和当代中国建筑设计百家名院。CSADI先后在全国及全球近40个国家和地区完成了2万余项工程设计，获得国际、国家级、省部级各类优秀设计奖1 200余项。

CSADI聚焦工程咨询设计、设计施工总承包主业，业务范围涵盖咨询、测绘、规划、科研、环境影响评价、勘察、设计、审查、监理、项目管理与工程总承包、招标代理、质量检测、安全评价等，能优质高效地为客户提供建筑工程项目全专业、全过程工程技术与管理服务。

地址：湖北省武汉市武昌区
中南路19号
电话：027-87337159
网址：www.csadi.com.cn
电子邮箱：office@csadi.cn

武汉理工大学体育中心体育馆

Sports Center Gymnasium of Wuhan University of Technology

项目业主：武汉理工大学
建设地点：湖北 武汉
建筑功能：体育建筑
用地面积：133 392平方米
建筑面积：19 000平方米
设计时间：2011年—2012年
项目状态：建成
设计单位：中南建筑设计院股份有限公司

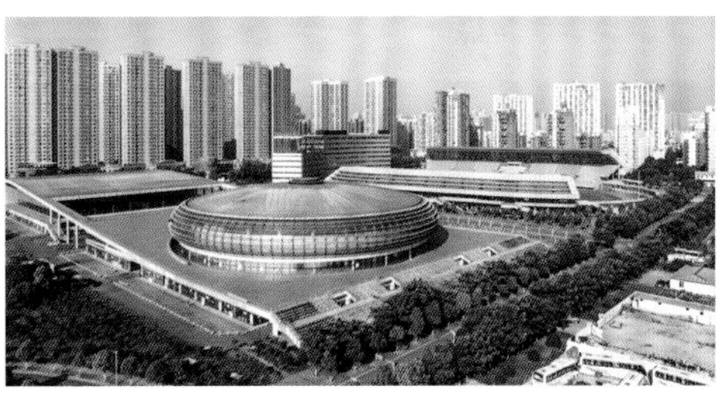

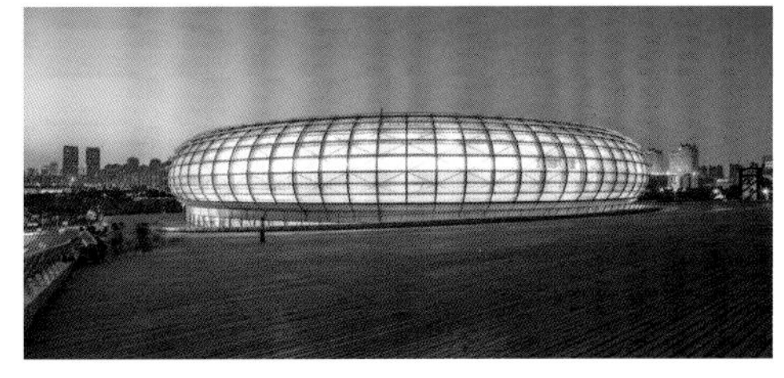

武汉理工大学体育中心总建筑面积约为48 000平方米，由体育场、体育馆和游泳馆组成。体育馆东、西侧为看台，南、北两侧为柱廊，包括主比赛场和两个训练场，能满足包括篮球、排球、手球、乒乓球、羽毛球、体操等在内的多种赛事要求，也可兼顾会议、展览和舞台演出。立面层层叠叠的水平线条体现了结构与建筑相统一的建造逻辑，实现了建筑与结构的完美结合。

黄龙体育中心游泳跳水馆

Huanglong Sports Center Swimming and Diving Hall

项目业主：浙江省黄龙体育中心
建设地点：浙江 杭州
建筑功能：体育建筑
用地面积：15 723平方米
建筑面积：48 791平方米
设计时间：2013年—2014年
项目状态：建成
设计单位：中南建筑设计院股份有限公司

项目是一座符合游泳、跳水、水球、花样游泳等单项国际比赛标准的甲级游泳跳水馆。设计创新性地提出“悬浮建筑”的理念。在满足功能、流线的前提下，保证了三个泳池均拥有良好的自然通风和采光条件，完成了一次巨大建筑体量与狭小用地间的极限挑战。

建筑轮廓依据内部空间关系自然形成高低起伏的整体形态，并通过立面檐口的自由曲线造型呈现一种未来建筑的“漂浮感”。游泳跳水馆“圆润流畅”的自然形态，在视觉上让人联想到游泳比赛场上起伏的波浪。建筑外部形态成为内部功能的直观反映，进一步增强了市民对建筑的可读性。

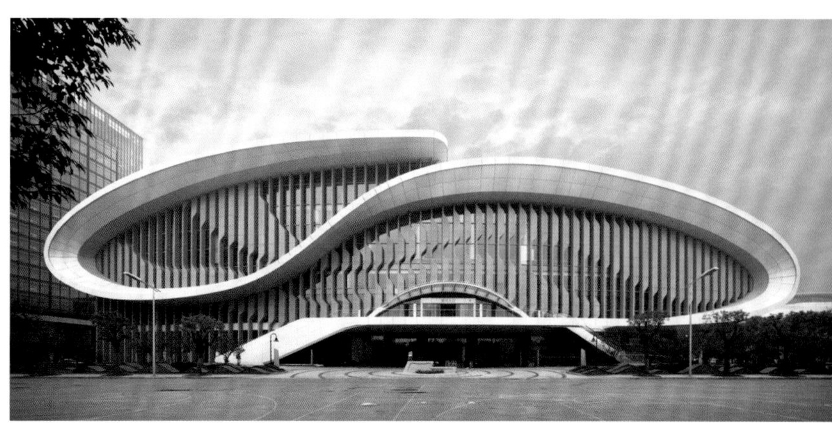

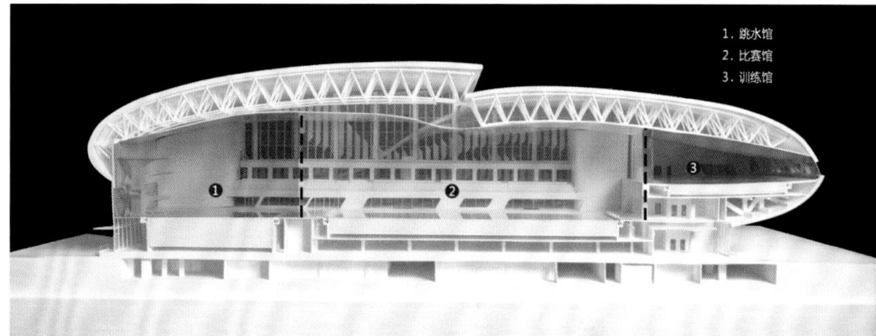

长江大学科技创新港二期

Changjiang University Science and Technology Innovation Port Phase II

项目业主：长江大学
建设地点：湖北 荆州
建筑功能：教育建筑
用地面积：188 000平方米
建筑面积：230 000平方米
设计时间：2021年—2022年
项目状态：设计中
设计单位：中南建筑设计院股份有限公司

项目包括学习中心、智慧教学中心、智能科技大楼、工程科技大楼、创新创业大楼和医学科技大楼等建筑功能。片区以“一轴三片区，一心四书院”为整体架构，构建极富特色的“圈层化结构”。教学区位于创新港核心位置，包括学习中心及四组“书院式”公共教学和院系教学楼群。方案利用贯通校区的二层架空平台为师生提供舒适惬意的休息空间，成为各种交流场景的空间载体。平台下部除停车功能外还引入休闲及展示交流等共享功能，与丰富的内庭院结合形成整个校园的活力核心，打造极具特色的“泛学习”“泛交流”场所。

衢州西站站房及综合交通枢纽

Quzhou West Railway Station Building and Comprehensive Transportation Hub

项目业主：杭衢铁路有限公司
衢州市交通枢纽建设发展有限公司
建设地点：浙江 衢州
建筑功能：交通建筑
用地面积：200 000平方米
建筑面积：155 000平方米
设计时间：2011年—2012年
项目状态：在建
设计单位：中南建筑设计院股份有限公司

建筑师将高铁站房与综合交通枢纽布局成“T”字形，使车站与城市交通功能无缝衔接。项目基于现代交通枢纽TOD开发设计理念，通过“城市客厅”及“交通换乘中心”的导入，使功能的融合性及流线的高效性变得便捷易行。建筑宛如一个多层立体化十字路口，通过竖向交通设计将地铁、机场快线、公交BRT、市区长途客车等流线高效连接，实现真正意义上的枢纽内各类交通“零换乘”。

站房及综合交通枢纽以绿色生态的设计理念为核心，正立面巨型清水混凝土结构柱支撑的屋檐出挑深远，对高架落客平台进行全覆盖，保证旅客无风雨进站。屋面层叠波动的单元曲线及立面流动的线条勾勒出极富科技感的未来建筑形态，站房似一艘悬浮的星际巨舰，构筑极具标志性的城市门户形象。

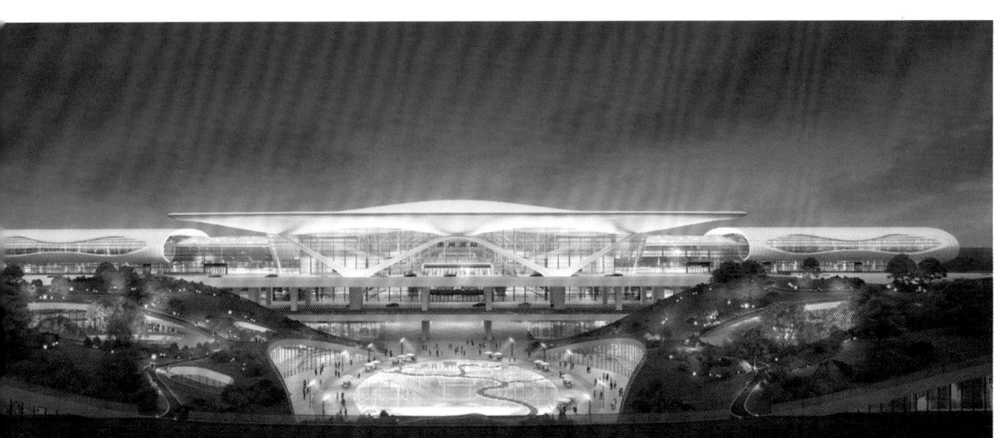

姜山英

职务：上海优爱建筑设计事务所合伙人
执业资格：国家一级注册建筑师

教育背景
1992年—1996年　沈阳建筑工程学院建筑学学士
1999年—2002年　同济大学建筑学硕士

工作经历
1996年—2002年　沈阳建筑工程学院建筑系
2002年—2018年　泛太平洋设计集团有限公司
2018年至今　上海优爱建筑设计事务所

个人荣誉
上海交通大学、沈阳建筑大学校外导师
郑州市航空港区规划局专家评委

主要设计作品
郑州龙湖壹号院
南京银河湾欢乐城
上海云锦东方
绿地滨湖国际城
郑州绿地之窗
郑州绿地新都会
绿地溱水小镇展示区
郑州绿地双鹤湖双塔
常州城际交通枢纽
新乡绿地泰晤士新城三、四期
商丘绿地城
亚新美好香颂
亚新美好天境

上海优爱建筑设计事务所（简称UAD）成立于2009年，是一个具有建筑设计甲级资质、专注于地产设计领域的设计机构。

UAD是一个由具有国内外学术背景的建筑学人组建的建筑设计事务所，是一个不求大而全、只求小而精的团队。十余年来，UAD的二三十个建筑师一直对建筑创作保持着相当的热情，并痴迷于图纸到建成的全过程设计。UAD以合伙人的体制将核心设计团队成员紧密团结在一起，大家荣辱与共，群策群力，在各自擅长的领域成为领军人物。

UAD以“设计让生活充满理想、建造让理想照进现实”为理念，处处着眼于项目的最佳效果，注重项目运作全过程的实操跟进，一切的努力都是为了把设计理念变成精品项目，创造具有时代精神的建筑艺术作品。

地址：上海市静安区西藏北路18号
二层202室
电话：021-6323 3502
网址：www.uad-design.com
电子邮箱：uad@uad-design.com

郑州龙湖壹号院

Zhengzhou Longhu No.1 Yard

项目业主：亚新集团
建设地点：河南 郑州
建筑功能：办公、商业建筑
用地面积：68 800平方米
建筑面积：137 600平方米
设计时间：2012年—2014年
项目状态：建成
设计团队：姜山英、李松龄、阮建超

项目总体规划突出开放式街区的布局模式，以广场、街、院相贯通为空间特色。"U"形办公建筑功能灵活适用，每栋办公楼既可以独立，又可以合并，衍生出满足不同企业需求的组合形式。办公建筑三面围合出方形花园，以敞廊限定与小街的界面。多层次的阳台、露台、柱廊、共享空间等营造出围合、私属、富于人性和文化气息的办公环境。建筑风格为英式都铎风，浅暖色的石材、暗红色的文化砖、深灰色的金属屋顶、黑色的铁艺栏杆，充分诠释着英式建筑庄重、典雅的文化韵味。

郑州绿地双鹤湖双塔

Zhengzhou Greenland Shuanghe Lake Twin Towers

项目业主：绿地集团中原事业部
建设地点：河南 郑州
建筑功能：办公、酒店、商业建筑
用地面积：55 812平方米
建筑面积：426 000平方米
设计时间：2016年
项目状态：国际竞赛
设计团队：姜山英、王洁、孙昊、陈秀星

项目位于郑州航空港南部高端制造业集聚区。建筑用地以半岛状伸入双鹤湖，同时处于园博会和双鹤湖的景观轴线上。

建筑师将“莲鹤山水”的概念巧妙地融入总体规划设计：4栋塔楼总体上呈对称状态，围绕广场形成莲花姿态；将4片莲花瓣抬升为“山”，中心落地为“谷”，形成错落有致的“建筑山体”；底部的曲线裙房将4栋塔楼连接在一起，形成具有围合感、开放性的城市公共空间。

立面上整个建筑群正看如双鹤相依，侧看如山峰谷地。从空中俯瞰项目，莲花的绽放之美、双鹤的舞动之美、山水的动静之美尽收眼底。

绿地溱水小镇展示区

Greenland Zhenshui Town Exhibition Area

项目业主：绿地集团中原事业部
建设地点：河南 新密
建筑功能：售楼处、商业建筑
用地面积：15 000平方米
建筑面积：6 300平方米
设计时间：2017年—2018年
项目状态：建成
设计团队：姜山英、牛茂祥、秦坤、王梓瑜、孙业梅

绿地溱水小镇位于新密市曲梁镇，临近溱水河景观带，溱水与洧水在此地交汇，孕育了传颂千年的溱洧文化。

项目作为绿地集团溱水小镇的展示区，围绕小镇“诗意的栖居”的主题，定位为小镇的会客厅、小镇风貌窗口，建筑师提炼中国传统建筑与园林空间的精髓，融合当代审美艺术打造一座具有古典韵味、大气磅礴的“溱水府”。“溱”，新中式风格追溯的溱洧文化之源；“水”，抽象的水景寓意溱水河之美；“府”，大气的尺度展现出整个小镇的气质与品格。

中轴线以广场、前厅、水庭、大堂、后园等五进空间展开空间序列，以高级灰的色调阐释宁静优雅的诗意调性，以通透的空间与纯净的水景凸显围合空间的灵性，以简练的现代语言演绎传统东方美学。

绿地滨湖国际城

Greenland Lakeside International City

项目业主：绿地集团中原事业部
建设地点：河南 郑州
建筑功能：办公建筑
用地面积：26 122平方米
建筑面积：130 600平方米
设计时间：2013年—2014年
项目状态：建成
设计团队：姜山英、李松龄、孙昊

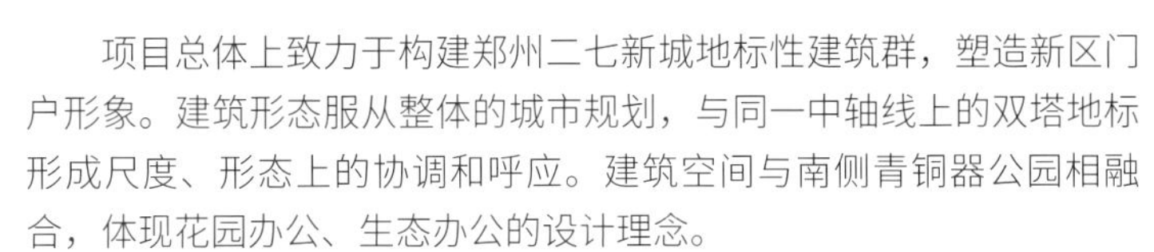

项目总体上致力于构建郑州二七新城地标性建筑群，塑造新区门户形象。建筑形态服从整体的城市规划，与同一中轴线上的双塔地标形成尺度、形态上的协调和呼应。建筑空间与南侧青铜器公园相融合，体现花园办公、生态办公的设计理念。

在标准层设计中，电梯厅两侧设置多个三层高的空中客厅，形成“立体花园式办公”的空间。建筑立面在开窗部位外置铝合金百叶，以减少开启窗户对立面的影响，使建筑立面显得更加 “整体、简洁、通透”；同时在自然通风时，起到遮阳、挡风、避雨的作用，开启全天候的“呼吸模式”。建筑形象简洁大气、开敞通透，精致的细节、高级灰的色调，体现了产品的高品质。

廖家升

职务： 中建四局EPC设计院规划方案设计部门经理
职称： 工程师
执业资格： 国家一级注册建筑师

教育背景

2006年—2011年　华南理工大学建筑学学士
2011年—2014年　华南理工大学建筑学硕士

工作经历

2014年—2016年　广州瀚华建筑设计有限公司
2016年—2021年　广州市冼剑雄联合建筑设计事务所
2021年—2022年　广州城建开发设计院有限公司
2022年至今　中建四局EPC设计院

主要设计作品

广州博物馆新馆
荣获：2015年广东省优秀建筑佳作奖
珠海市基督教珠海堂
荣获：第九届中国威海国际建筑设计大奖赛优秀奖
2017年香港建筑师学会两岸四地建筑设计大奖优异奖
2019年广东省建筑设计一等奖
珠海市工人文化宫
荣获：2019年广东省建筑设计一等奖
如意坊新风港码头片区城市设计
荣获：2019年广州市优秀城市规划设计二等奖
广纸煤仓工业遗产可持续改造
荣获：2021 AHA国际建筑设计大赛二等奖
和泰中心
荣获：2022德国标志性建筑设计奖

CSCEC

中建四局EPC事业部
中建四局EPC设计院

中建四局EPC设计院（以下简称设计院），隶属于世界500强企业中国建筑股份有限公司旗下唯一一家总部驻穗的主力大型建设集团——中建四局。设计院拥有市政行业甲级、建筑行业（建筑工程）甲级、勘察专业类岩土工程设计乙级等资质，具备建筑工程设计、市政工程设计、绿色建筑设计、装配式建筑设计、深化设计及咨询服务、BIM设计与研发等专业能力。设计院依托中建四局资源优势，立足于中建四局工程总承包业务重要平台，承担工程总承包项目实施、管理经验积累、主营业务支撑职能，整合系统资源，引领全局工程总承包业务发展。

设计院拥有全国建筑行业"大国工匠"、各省市专家库专家、广东省技术能手、羊城工匠等超百人的高端人才核心团队，围绕EPC和建筑工业化两大核心，聚焦工程设计、全过程工程咨询与工程总承包三大业务领域，着力打造装配式设计、智能化两大特色业务，致力于打造粤港澳大湾区一流的EPC和建筑工业化综合服务企业，成为设计与建造深度融合的引领者。

自成立以来，设计院服务项目涵盖公共建筑、居住建筑、工业建筑、市政工程与海外项目等多种类型，包括萝岗中心城区保障性住房项目、台州国际博览中心、鞍山市立山区2022年老旧小区改造项目、老挝澜沧文化园等标志性项目；先后荣获第十二届"创新杯"BIM应用大赛三等奖、2021"金标杯"BIM/CIM应用成熟度优秀成果二等奖、第十届"龙图杯"全国BIM大赛二等奖、2021年度华夏建设科学技术奖一等奖等重要奖项。

地址：广东省广州市天河区科韵路16号广州信息港B栋13楼
电话：020-32313888
网址：4bepc.cscec.com

广纸煤仓工业遗产可持续改造

Sustainable Transformation of Industrial Heritage of Guangzhou Paper Coal Bunker

建设地点：广东 广州
建筑功能：工业遗产改造
用地面积：6 450平方米
建筑面积：7 280平方米
设计时间：2021年
项目状态：方案
设计团队：廖家升、林正豪、董一杞、温臻一、段书轩

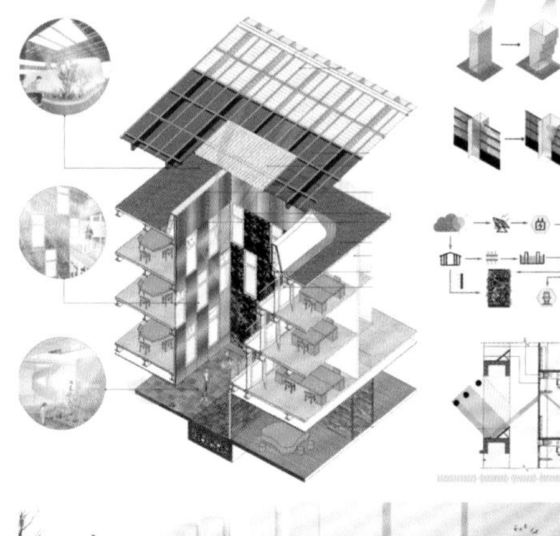

首层光井

屋顶花园

中庭透视

中庭透视

项目立足“双碳目标”与“城市更新”战略，意图打造适应岭南地区气候的主动式办公建筑实验示范平台，实现“工业遗产—创意办公”功能融合、“岭南气候—主动建筑”适宜整合以及“旧能源—新能源”系统转变。经测算，项目可实现运行阶段零能耗，助力生命周期碳中和。其设计要点如下。

1. 主动性：利用外部气象站与内置传感器，感知收集室内外温湿度、太阳辐射、电力、风力、雨水、空气质量等信息，并结合用户需求反馈信息，再经数据中心整合运算，可主动控制可变构件（天窗、遮阳、通风扇等）或设备终端，平衡个性化舒适与综合性节能。

2. 舒适性：利用“气候缓冲层”包裹核心空间，其由架空设备底层、空中花园与两侧混凝土框架构成，既可最大限度减少太阳辐射、湿气与热气影响，也可满足建筑保护要求。汲取岭南竹筒屋设计智慧，引入竖向“光井”与水平“风巷”以提升室内物理环境，融入本土植被景观，实现“人—建筑—自然”共呼吸。

3. 能源：由工业煤仓向清洁能源建筑转型，建筑立面采用光伏一体化设计提供清洁能源，借助水源热泵降低暖通电耗。建筑本体通过高气密绝热围护、自然采光通风、能量弹性蓄积、用能行为管控等方式降低用能需求。

4. 环境：借助建筑本体与景观设计，整合雨水收集、导流、蓄存、净化与排放流程，为植物景观提供再生资源，融入片区海绵建设。通过降低材料用量与蕴能、首层采用煤渣再生砖块、主体采用装配式结构维护、室内减少装饰用材、水岸堤采用余土塑造等，减少建造活动对周边环境与生态的干扰，减少碳排放。

和泰中心

Hetai Center

建设地点：广东 佛山
功能建筑：养老建筑
用地面积：26 547平方米
建筑面积：53 097平方米
设计时间：2018年
项目状态：建成
设计团队：冼剑雄、廖家升、易于行、杨炬柯、高雯怡、邱东琦、缪志旸

项目强调养老设施与社区的融合，依托并服务于周边社区，交通便利，环境优美，是一种新型“社区养老综合体模式”。项目整体设计通过提取“和”字的书写形态特征，利用不同空间的穿插组合，使多层体量的建筑形成有趣的复合型空间。建筑形体设计采用单廊与双廊布局相结合的方式，曲线形体为建筑提供了更多的采光面。每层的曲线体量走向各不相同，把各个组团联系在一起。体量之间的错位穿梭，形成屋顶花园、休憩平台，分别供不同的组团内部使用。建筑功能设计由低至高按私密性进行排序，公共区设于建筑下层裙楼，住宿区设于上层塔楼，保证住宿区的私密性、安全性，同时便于公共区部分功能的对外服务。

越秀天悦江湾

Yuexiu Tianyue Jiangwan

建设地点：广东 广州
建筑功能：居住建筑
用地面积：42 714平方米
建筑面积：154 607平方米
设计时间：2017年
项目状态：在建
设计团队：冼剑雄、廖家升、刘洁、易于行、杨炬柯

高密度、高容积率是当今城市住宅区的现状，面对随之而来的一系列人居环境问题，根据三维都市概念，以空中街道主导建筑的公共体系，提供活动和交流的场所。

为了将垂直共享空间与传统院落相结合，高层院落生态住宅成为设计师探索和实践的方向，其特点如下。

1. 开放式交通系统，改善住宅内部空间的自然采光通风。传统集中式交通系统组织的住宅平面，通风采光较差。而开放式交通系统组织的平面，户户享有穿堂风；开敞式生态走廊和入户花园，给人舒适明亮的归家体验；同时减少了人工照明及机械通风系统的使用，达到了生态环保的目的。

2. 空中绿色交往系统，促进邻里关系。每2至4层设置空中绿化交往空间，使每6至12户形成一个邻里单元，营造住区邻里文化氛围。

如今，高层院落生态住宅在天悦江湾项目中延续、迭代，以更高的完成度，实现了生态、社交的当代城市生活需求。

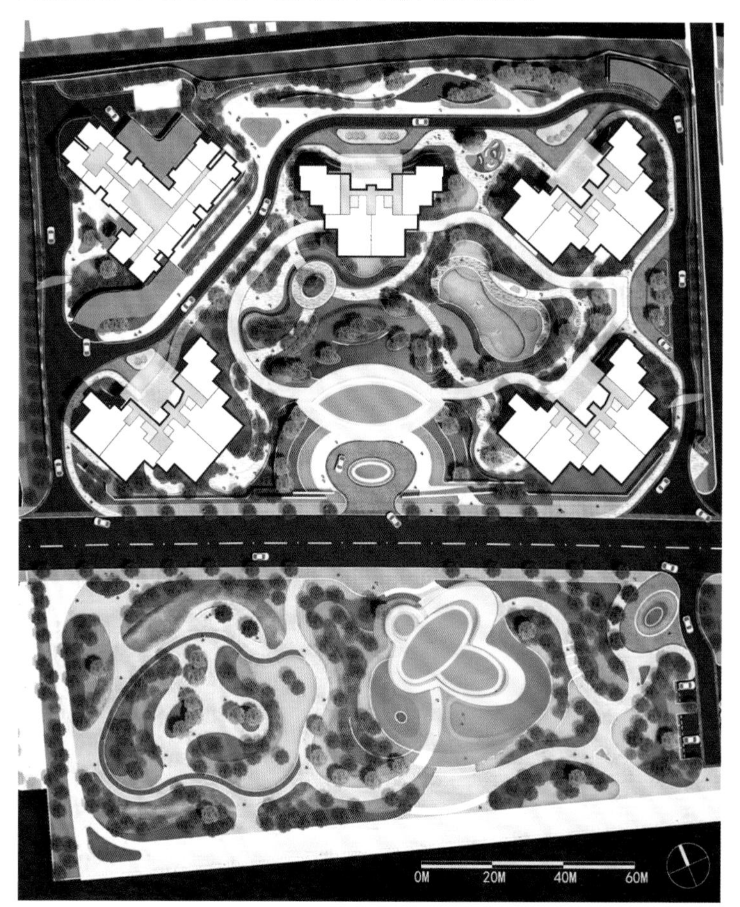

廉大鹏

职务：深圳市建筑设计研究总院有限公司
第二分公司副经理、总建筑师
职称：高级工程师
执业资格：国家一级注册建筑师

教育背景
1999年—2004年　合肥工业大学建筑学学士

工作经历
2004年至今　深圳市建筑设计研究总院有限公司

个人荣誉
2017年深圳市勘察设计行业十佳青年建筑师

主要设计作品
漳州市医院高新区院区
荣获：2019年广东省建筑设计奖一等奖
合肥市中心图书馆
荣获：2019年广东省建筑设计奖一等奖
深圳梅丽小学腾挪校园
荣获：2019年广东省科学技术奖科技创新专项一等奖
2019年广东省建筑设计奖二等奖
南京江北新区市民中心
荣获：2019年广东省建筑设计奖二等奖
汤山地质文化交流中心
荣获：2019年广东省建筑设计奖二等奖
中国银行集团客服中心一期
荣获：2017年全国工程建设项目优秀设计成果三等奖
开封建业大宏熙和府
荣获：2013年全国人居经典方案竞赛建筑金奖
2012年华人住宅与住区建筑设计奖
前海国际会议中心
荣获：2021年广东省土木工程詹天佑故乡杯奖

个人专利
2018年获得“一种梁柱结构及其多功能转换建筑”“一种预制凸窗结构”“装配式建筑结构”三项个人专利
2021年获得“梁柱连接节点结构”个人专利
2021年参与的科研课题获得中国钢结构协会的科技成果评价认证
2022年获得“边梁结构及建筑”个人专利

主要论文著作
2022年出版专著《城市中小学设计》
2021年发表中国钢结构协会科技成果“GISN装配式钢结构体系成套技术研究与工程应用”
2019年发表《轻型钢结构装配式学校的设计实践——深圳梅丽小学腾挪校园》，载于《建筑技艺》

深圳市建筑设计研究总院有限公司（简称SZAD）始建于1982年，伴随着深圳特区的发展，从地区性的建筑设计院发展成为立足深圳、布局全国、服务世界的城乡建设集成服务提供商。SZAD拥有建筑行业（建筑工程）甲级、城乡规划编制甲级、工程咨询（建筑）甲级、市政行业（给水工程、排水工程）乙级、风景园林工程设计专项乙级等多项资质，是住房城乡建设部首批“全过程工程咨询试点企业”。服务范围包括建筑工程设计、城市规划编制、市政工程设计、风景园林工程设计、工程咨询、建筑工程监理、建筑科学技术研究、建筑新材料新技术推广和应用等领域。SZAD在重庆、北京、武汉、合肥、成都、昆明、西安、海口、东莞、南昌、天津等地成立了分支机构，拥有超过3 000人的高素质专业人才队伍。

SZAD把人才作为支撑创新发展的第一资源，不断推进人才发展体制创新，造就了一批懂技术、会管理、善经营、能拓展市场、起领头羊作用的高级管理人才。SZAD拥有完善的人才梯队，其中高层次人才包括中国工程院院士1人、全国工程勘察设计大师1人、广东省工程勘察设计大师1人、深圳市领军人才3人、海外高层次人才1人、教授级高级工程师21人、高级工程师376人、各类注册人员331人、各专业评审专家70余人。

深圳市建筑设计研究总院有限公司第二分公司综合三所（以下简称综合三所）是隶属于SZAD的一个综合设计团队，设计项目涵盖居住建筑、办公建筑、商业建筑、文化教育建筑、钢结构装配建筑、新型产业园区、医疗建筑、绿色低碳建筑等。综合三所团队由众多对建筑充满热情的设计师组成，在开放合作的平台下，坚持以诚为本的核心理念和活跃的设计思维、领先的流程管理、坦诚的合作精神、以成就客户为目标的理念，不断设计出富有创意的建筑作品，主持设计的诸多建筑已成为行业颇具影响力的精品工程。综合三所坚持“用心描绘价值与尊严”的核心价值观，秉承“打造特色、塑造品牌、营造和谐、创造价值”的经营理念，不断增强核心竞争力，为实现“成为国内领军的具有国际竞争力的城市建设方案供应商”而不懈努力。

地址：深圳市福田区振华路8号
设计大厦16楼1618室
电话：13410051692
网址：www.sadi.com.cn

吴长华

职务：深圳市建筑设计研究总院有限公司
第二分公司综合三所设计所所长

教育背景
2003年—2008年　西安科技大学建筑学学士

工作经历
2008年至今　深圳市建筑设计研究总院有限公司

主要设计作品
中国银行集团客服中心一期
荣获：2017年全国工程建设项目优秀设计成果三等奖
三亚新海干部疗养基地
荣获：2017年广东省优秀工程勘察设计三等奖
文一塘溪津门
荣获：2018年广东省建筑设计奖三等奖
南京江北新区市民中心
荣获：2018年深圳市建筑设计奖金奖
2019年广东省建筑设计奖二等奖
深圳梅丽小学腾挪校园
荣获：2019年广东省科学技术奖科技创新专项一等奖
2019年广东省建筑设计奖二等奖
喀什大学东城校区一期增建工程
荣获：2019年深圳市建筑设计奖三等奖
安徽省城乡规划展示馆
荣获：2020年深圳市优秀工程勘察设计一等奖

个人专利
2018年获得“装配式建筑结构”个人专利

赵百星

职务：深圳市建筑设计研究总院有限公司
第二分公司综合三所设计所副所长、技术总监
职称：高级工程师

教育背景
2000年—2004年　广西工学院建筑学学士

工作经历
2004年至今　深圳市建筑设计研究总院有限公司

主要设计作品
南宁华南城（一期）物流区1号广场
荣获：2016年深圳市优秀工程勘察设计三等奖
深圳湾创新科技中心
荣获：2016年深圳市建筑工程施工图编制质量金奖
2016年深圳市建筑工程施工图编制质量建筑专业一等奖
深圳梅丽小学腾挪校园
荣获：2019年广东省科学技术奖科技创新专项一等奖
2019年广东省建筑设计奖二等奖
招商太子湾学校
荣获：2019年广东省建筑设计奖三等奖
2019年深圳市建筑设计奖三等奖

个人专利
2018年获得“一种预制凸窗结构”“装配式建筑结构”两项个人专利
2022年获得“边梁结构及建筑”个人专利

侯学凡

职务：深圳市建筑设计研究总院有限公司
第二分公司综合三所设计所主任工程师
职称：工程师
执业资格：国家一级注册结构工程师

教育背景
2005年—2009年　南阳理工学院土木工程学士

工作经历
2009年—2011年　开封田林建筑设计有限公司
2011年—2014年　深圳市建筑设计研究总院有限公司
2014年—2016年　深圳中咨建筑设计有限公司
2016年—2018年　深圳市和域城建筑设计有限公司
2018年至今　深圳市建筑设计研究总院有限公司

主要设计作品
深圳梅丽小学腾挪校园
荣获：2019年广东省科学技术奖科技创新专项一等奖
2019年广东省建筑设计奖二等奖
招商太子湾学校
荣获：2019年广东省建筑设计奖三等奖
2019年深圳市建筑设计奖三等奖

个人专利
2018年获得“一种梁柱结构及其多功能转换建筑”个人专利
2021年获得“梁柱连接节点结构”个人专利
2022年获得“边梁结构及建筑”个人专利

前海国际会议中心

Qianhai International Conference Center

项目业主：深圳市前海开发投资控股有限公司
建设地点：广东 深圳
建筑功能：会议中心
用地面积：24 300平方米
建筑面积：40 500平方米
设计时间：2019年—2020年
项目状态：建成
设计单位：深圳市建筑设计研究总院有限公司
项目负责人：孟建民、杨旭、廉大鹏
专业负责人：杨旭、廉大鹏
设计团队：赵百星、黄海斌、徐昊、梅寒锐

项目由深圳市前海开发投资控股有限公司投资建设，位于前海十一单元11-01-08地块北部，紧邻11-01-06地块，南临前湾一路，东临怡海大道，西至鲤鱼门街，北至桂湾河南街。前海国际会议中心选址位于前海合作区入口牌匾东北侧，地处前海中心地带。项目包含会议厅、多功能厅、宴会厅、贵宾休息室、厨房、后勤服务区等功能设施。

建筑设计灵感来自中国传统建筑形式，以“薄纱”为设计理念，运用现代建筑设计手法进行演绎，以表达轻盈飘逸之美。屋面采用现代材料彩釉玻璃来代替传统琉璃瓦屋面形式，由南向北舒展延伸，东西两侧百叶则缓缓下垂，建筑整体舒展大气，体现文化自信，既有中国传统韵味，又呼应深圳气候特征，符合前海时代特色。

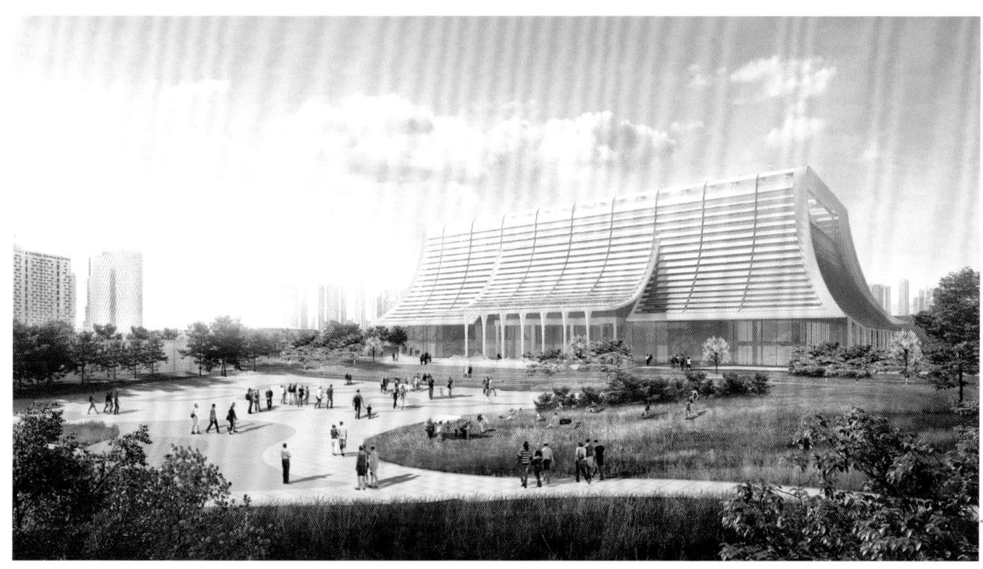

招商太子湾学校

Zhaoshang Prince Bay School

项目业主：登峰置业有限公司
建设地点：广东 深圳
建筑功能：教育建筑
用地面积：15 755平方米
建筑面积：20 000平方米
设计时间：2018年
项目状态：建成
设计单位：深圳市建筑设计研究总院有限公司
设计团队：廉大鹏、赵百星、吴长华、吴南华、侯学凡、刘文旭、文荣、刘宏波、龙玲

项目位于深圳市南山区蛇口南海大道以南，太子湾环路以西，太子湾六路以东，港湾大道以北。建筑地上5层，地下1层，是一座在高密度新片区中打造国际化、多元化、开放化的新型校园。

针对国际学校的特征，建筑师提出适宜的空间组织模式，使建筑本身成为一个多种功能的集合体，在满足教学生活需求的同时也容纳了交通功能。各组织既相互独立又有连通性，最大限度减轻交通压力。设计将交通与景观结合，在立体街巷上置入不同的活动场地，不仅丰富了空间的趣味性，也为学生提供更多课间活动与讨论的空间，给学校创造了积极的交流氛围。

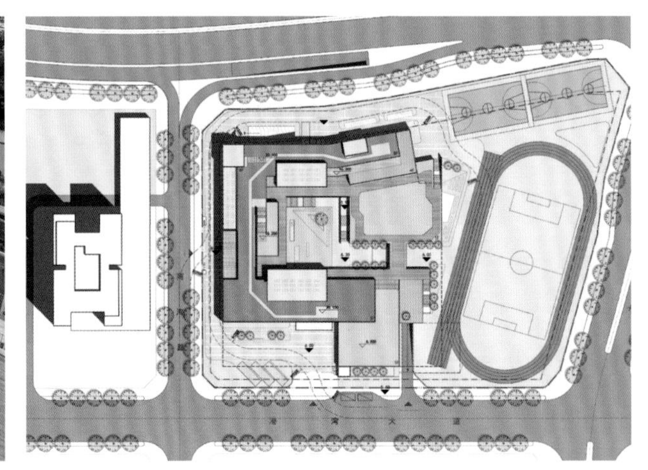

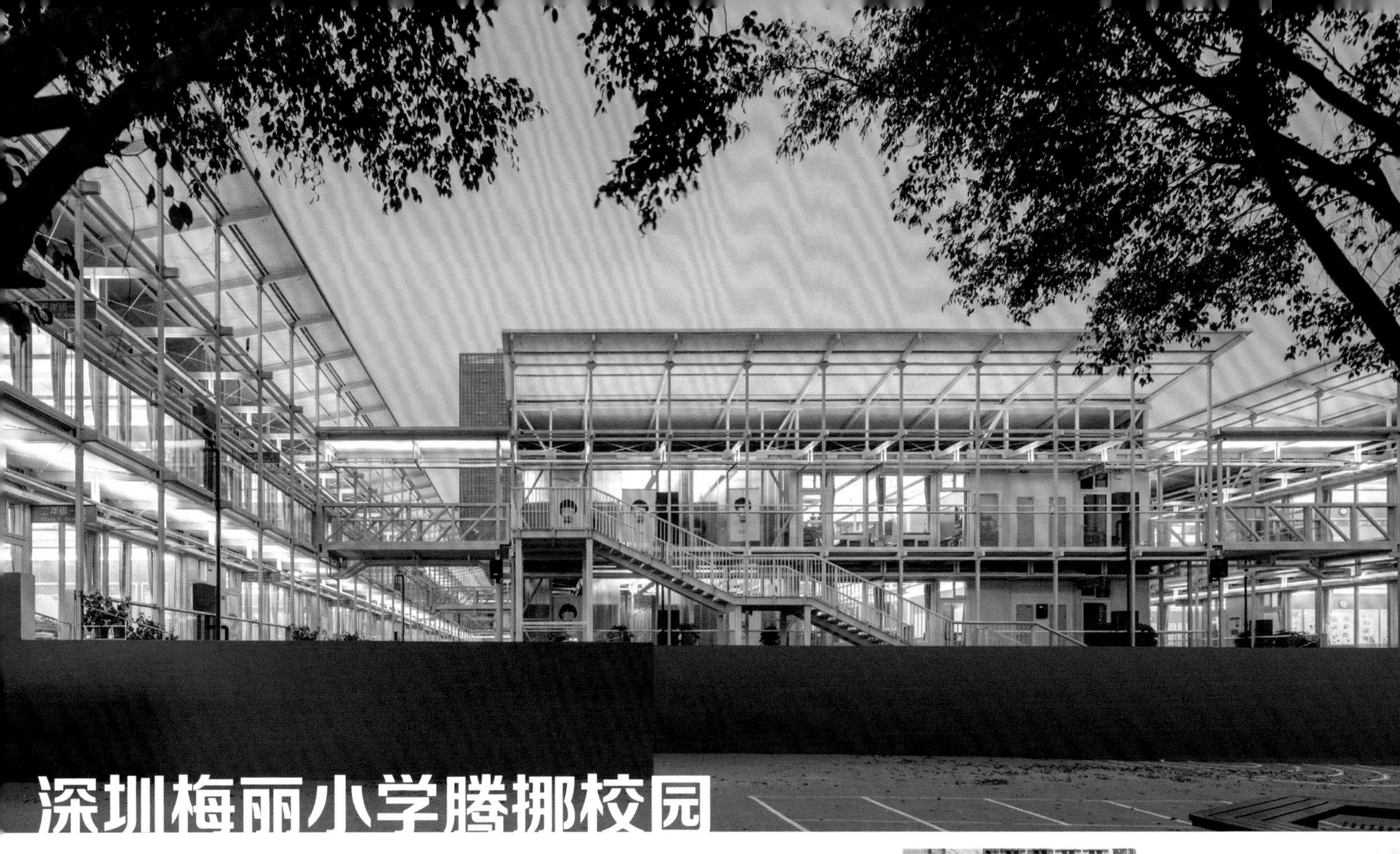

深圳梅丽小学腾挪校园

Shenzhen Meili Primary School Transition Campus

项目业主：深圳市天健(集团）股份有限公司
建设地点：广东 深圳
建筑功能：教育建筑
用地面积：7 473平方米
建筑面积：5 197平方米
设计时间：2018年
项目状态：建成
设计单位：深圳市建筑设计研究总院有限公司
设计团队：廉大鹏、赵百星、吴长华、刘宏波、王鹏林、侯学凡、张建军、李扬、吕均鹏、黄跃、黄海斌、刘贺兵、孙杨、黄志杰

深圳梅丽小学腾挪校园，教学规模为33个班级，可容纳约1 700名师生，是国内首次在一线城市中心城区采用轻型钢结构装配式建筑体系建造的教育建筑。学校由深圳市建筑设计研究总院有限公司与香港中文大学朱竞翔教授团队、香港元远建筑科技发展有限公司联合设计、共同研发，并聘请奥雅纳工程咨询公司计算复核。建筑具有建设周期短、空间品质高、节能环保、装配式可回收、可循环使用等创新性模式，且在建筑结构方面有较强的先进性，结构安全性经受了强台风“山竹”的考验。建成后的各项数据指标，完全达到了“腾挪校园”模式的各项要求。

国际生物医药创新中心

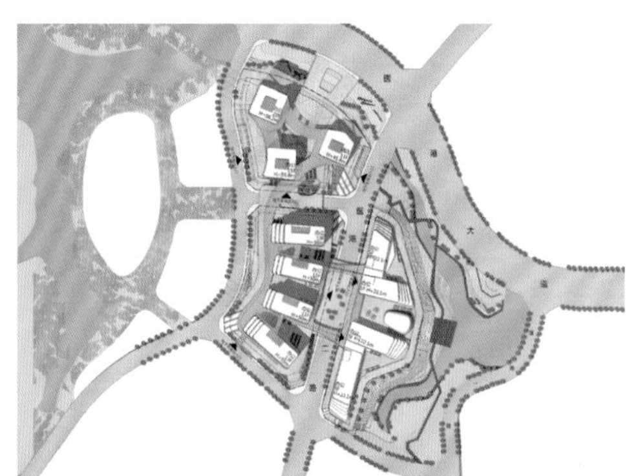

International Biomedical Innovation Center

项目业主：广州国创投资开发有限公司
建设地点：广东 广州
建筑功能：办公、商业、公寓、酒店建筑
用地面积：64 900平方米
建筑面积：280 000平方米
设计时间：2019年
项目状态：在建
设计单位：深圳市建筑设计研究总院有限公司
主创设计：廉大鹏、夏光、赵百星、文荣、吴长华、王鹏林、侯学凡、罗家鑫、许欢、孙杨、黄跃、李扬

项目设计以人为本，充分考虑各地块间的交流互动，为人们提供多样的活动空间，为使用者提供景观休憩场所，促进彼此交流。东侧建筑为多层的独栋办公建筑，首层通过景观台地与湖面连接，促进了公园和场地本身的流通性和渗透性，周边居民也可进入园区开放区域，激活园区活力。退台的设计手法将周边景色尽收眼底，使办公环境与周边环境彼此融合。

建筑立面简洁明快，设计运用流畅的线条和绿色节能材料为园区提供开放、健康的办公环境。粗细不一的金属构件与不同透率的玻璃结合形成多层次的建筑表皮，把塔楼与裙楼巧妙地联系在一起，立面格栅丰富的虚实变化，彰显尊贵大气的园区形象。

万宁前海人寿妇女儿童医院（一期）

Wanning Qianhai Life Insurance Women's and Children's Hospital (Phase I)

项目业主：海南万宁前海人寿医院有限公司
建设地点：海南 万宁
建筑功能：医疗建筑
用地面积：76 746平方米
建筑面积：59 393平方米（一期）
设计时间：2018年—2020年
项目状态：在建
设计单位：深圳市建筑设计研究总院有限公司
主创设计：廉大鹏、张江涛、韦强、刘宏波、吴长华、赵百星、王毅力、吴慷

项目位于海南省万宁市，项目总建筑面积约118 301平方米，分两期开发，其中一期建筑面积59 393平方米，床位数量500张，疗养配套用房560套。

方案创造性地引入“海之贝”的设计理念，塑造类似海洋贝壳的特征，建筑形体以横向的曲线线条为主基调，模拟大海的波纹形态。设计在白色调的基础上辅以木色的暖色调，旨在塑造符合妇女儿童性格特点的明快、温暖的空间氛围；建筑底层接近人体尺度的部位，以玻璃为主要建筑材料，以落地窗的形式塑造建筑的轻盈感，同时使建筑内部温暖的氛围透过落地窗展现出来，给来此就诊和疗养的患者一种轻松的感受。

林琼华

职务：上海日清建筑设计有限公司合伙人
资深设计总监

教育背景

2000年—2005年　厦门大学建筑学学士

工作经历

2005年至今　上海日清建筑设计有限公司

主要设计作品

九级浪—世贸前海展示中心
荣获：2016年中国建筑学会建筑创作奖
浦东绣云里
荣获：2017 READ China Award 银奖
浦东绿都云公馆
荣获：2019年上海市建筑学会建筑创作奖
南京星河world幼儿园
荣获：2020年德国标志性建筑设计奖优胜奖
2020年美国ArchitizerA+Awards Finalist
2020年THE PLAN Awards决赛入围
2020年A&D Awards金奖
2020—2021年欧洲杰出建筑师论坛奖决赛入围
九华山正清和雅禅院
荣获：2020年德国标志性建筑设计奖优胜奖
2020年世界建筑新闻奖入围奖
2020年THE PLAN Awards 决赛入围
2020年THE PLAN Awards 优秀奖
2020年A&D Awards金奖
2020—2021年度美尚奖银奖
第九届上海建筑学会建筑创作奖提名奖
南京星河world产业园
荣获：2022 年德国标志性建筑设计奖优胜奖
2022年美国 Architizer A+ Awards 荣誉提名奖
温江绿廊公园
融创中原文旅城
武汉甘露山文旅城
苏州南大雪世界
苏州金融街
温江星河科创城
温江博雅幼儿园
珠海糖厂博物馆

设计理念

林琼华女士从事建筑创作近20年，在文旅、城市更新、教育等领域取得了丰富的经验。在建筑创作过程中，她始终以建筑的在地性作为主要的创作思想，强调建筑物本身与所处的自然环境、文化渊源等地域特性的关系，立足于本土并以创作精品建筑为目标，注重建筑材料的研究，提倡低成本及环保材料的运用。从业以来，她带领团队，在建筑设计的各个领域取得了卓越的成绩。

学术研究

1.《城市中的童真部落》载于《时代建筑》(2019年)
2.《禅意建筑“灰空间”的美学思考》载于《时代建筑》(2020年)

上海日清建筑设计有限公司，2001年成立于上海，始终秉承“删繁就简、溯本清源”的建筑哲学，立足本土并以创造一流建筑为目标。经过十多年的发展，公司目前有近600名建筑师，拥有丰富的国内外大型项目和建筑景观一体化设计经验，在国内完成了住宅、商业、文化、旅游等众多项目，并积累了大量高端客户。公司希望通过培养中国本土化人才和整合精英设计团队，创造出真正符合地域环境的建筑。

地址：中国上海市虹口区吴淞路328号
耀江国际广场
电话：021-60721338
传真：021-60721338
网址：www.lacime-sh.com
电子邮箱：branding@lacime-sh.cn

九华山正清和雅禅院

Jiuhua Mountain MOMA Lotus Resort

项目业主：当代置业（安徽）
建设地点：安徽 池州
建筑功能：酒店建筑
用地面积：5 200平方米
建筑面积：2 850平方米
设计时间：2018年
项目状态：建成
设计单位：上海日清建筑设计有限公司
主创设计：林琼华

莲花小镇坐落在九华山地藏铜像旁。正清和雅禅院酒店是莲花小镇的第一个建筑，位于小镇的村口。建筑没有选择以碎片的方式消隐在自然之中，而是以完整的形态放置于水面上，似将四时之景纳入院中，又似院中岁月溢出山水天地，空间由人所创，禅境由心而生。正清和雅禅院就以这样一种拙朴的姿态展现出来，然后交由漫长岁月去填补，就像村庄、佛像的出现，是不同时期人类在自然中活动行为的结果，最终又必然与自然融为一体。完整的屋面之下，功能被进行了切割和完全的拉开，庭院嵌入其中，内外界限随之模糊，院内院外皆为水面，倒影中，由外向内可见禅院生活，由内向外可见山中风雨。

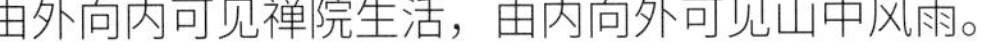

珠海糖厂博物馆

Zhuhai Sugar Factory Museum

项目业主：星河地产
建设地点：广东 珠海
建筑功能：文化建筑
用地面积：2 540平方米
建筑面积：3 404平方米
设计时间：2021年
项目状态：建成
设计单位：上海日清建筑设计有限公司
主创设计：林琼华

近半个世纪以来，制糖工业一度是珠海市乾务镇的支柱产业，是乾务人心中最深刻的工业文化记忆。如今，除了尘塔及一座卸货桁架作为历史建筑保留了下来外，旧的糖厂建筑已被全部拆除。

城市更新中，赋予工业遗存场所精神是改造的关键之处。建筑被设计成挺拔的体量，给予观者直接的震撼体验，试图通过创造一种乾务居民现代生活与工业生活时空的对话，保留并传递这份工业记忆的原始感情，创造认同感和归属感。新建建筑与这里的原有物件组合，使得场所精神“具象化”，进而内化并传递出糖厂博物馆的文化情感。

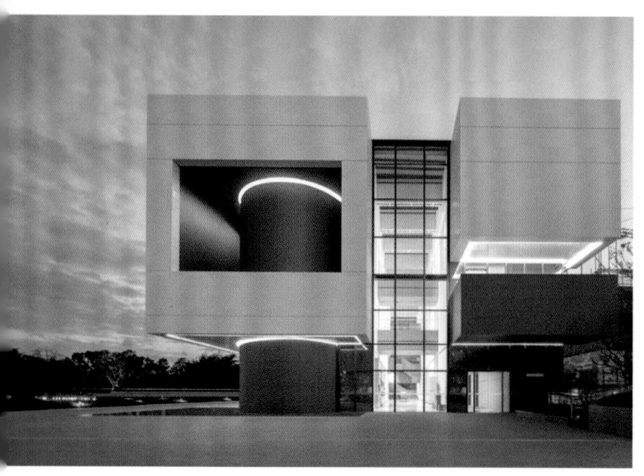

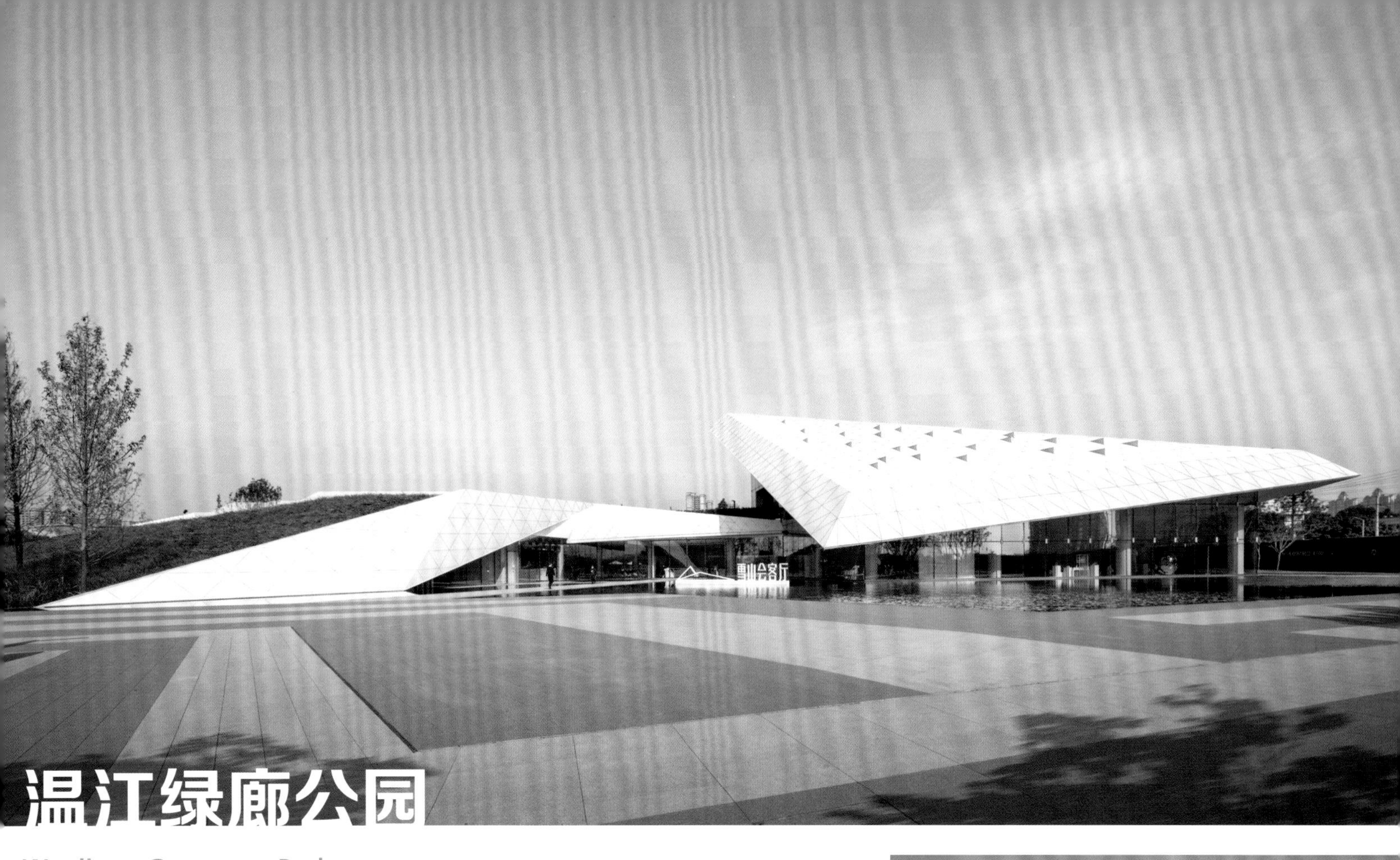

温江绿廊公园

Wenjiang Greenway Park

项目业主：成都星河九联公园城市建设有限公司
建设地点：四川 成都
建筑功能：城市会客厅
用地面积：31 554平方米
建筑面积：3 809平方米
设计时间：2020年
项目状态：建成
设计单位：上海日清建筑设计有限公司
主创设计：林琼华

基于以“公园城市”为核心理念的设想，温江科创城的绿廊公园是激活整个板块活力与能量的第一把钥匙。公园犹如一条绿丝带，愈合了曾经破败的工业区，连接了周边各个地块，蓬勃的生机使得整个区域焕发着活力。

绿廊公园是带状的城市公园，往北连接市民中心，往南连接中央公园。公园两侧道路均为9米的红线宽度，是城市慢行交通系统，行人可以经公园自由穿行在商业、办公、居住、教育等各个地块。

南京星河 world 产业园

Nanjing Galaxy World Industrial Park

项目业主：星河地产
建设地点：江苏 南京
建筑功能：公共建筑
用地面积：33 188平方米
建筑面积：86 291平方米
设计时间：2018年
项目状态：建成
设计单位：上海日清建筑设计有限公司
主创设计：林琼华

项目位于南京玄武湖的北侧，毗邻沪宁高铁南京站，项目性质为科研办公园区，拟建13万平方米的办公建筑，为人工智能、无人机、云计算等领域提供办公及科研场所。

规划以简约理性的方式展开。整体产业园规划有四栋建筑，建筑高度为35米，分别位于场地四角，形成围合形态，除西南角外，每栋楼间均由空中连廊连接，形成了连续的城市界面。

中心区域自然形成景观绿地，各建筑从中心向外围组织出入口，建筑从外向内进行叠落。园区周边不设围墙，完全面向城市开放，而聚合的形态，又使开放的场地具备领域性及私密性。

南京星河 World 幼儿园

Nanjing Galaxy World Kindergarten

项目业主：星河地产华东区域公司
建设地点：江苏 南京
建筑功能：教育建筑
用地面积：5 400平方米
建筑面积：4 326平方米
设计时间：2018年
项目状态：建成
设计单位：上海日清建筑设计有限公司
主创设计：林琼华

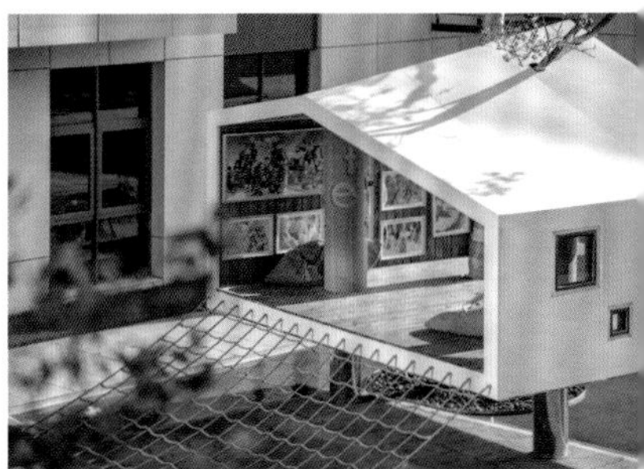

项目位于南京玄武区核心区域，紧邻两条城市干道，玄武湖近在咫尺，地理位置优势明显。

设计之初，设计师思考如何在小的城市空间，创造一个能让孩子感受自然、自由探索的童真部落。幼儿园设计中采用“U”形平面布局，由7个错落有致的“容器”组合而成，每个容器作为童真部落的生活空间，不同主题空间和公共活动区域串联起来的“容器”将内外院空间限定出来。12个班级，构成一个城市的小型部落。设计师希望在这个专属于儿童的部落中，营造出一个可以由孩子们自己主宰、接触自然、无限探索的游乐空间，在无形的欢乐中健康自由地成长。

林绍康

职务：哈尔滨工业大学建筑设计研究院有限公司
主创建筑师

职称：建筑师

教育背景

2009年—2014年　哈尔滨工业大学建筑学学士
2014年—2017年　哈尔滨工业大学建筑学硕士

工作经历

2017年—2018年　中国建筑西南设计研究院有限公司
2018年至今　哈尔滨工业大学建筑设计研究院有限公司

主要设计作品

郑州自贸区金水片区规划
郑州市民活动中心
简阳文体艺术中心
哈尔滨新区金融中心
沈阳大学图书馆
黑龙江省自然资源博物馆
西安交通大学科技创新港科创基地C标段
辉县市共城文展中心
七台河未来科技城

王雪松

职务：哈尔滨工业大学建筑设计研究院有限公司
主创建筑师

职称：建筑师

教育背景

2009年—2014年　哈尔滨工业大学建筑学学士
2014年—2017年　哈尔滨工业大学建筑学硕士

工作经历

2018年至今　哈尔滨工业大学建筑设计研究院有限公司

主要设计作品

国家技术转移郑州中心
荣获：2015年黑龙江省优秀建筑设计方案二等奖
呼伦贝尔历史博物馆

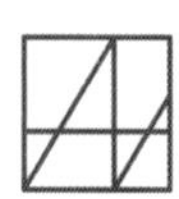

哈爾濱工業大學建築設計研究院
The Architectural Design and Research Institute of HIT

哈尔滨工业大学建筑设计研究院有限公司创立于1958年，是全国知名大型国有工程设计机构，依托百年学府哈尔滨工业大学深厚的科研资源与文化底蕴，历经半个多世纪的发展壮大，现已跻身全国建筑设计行业前列，荣获中国十大建筑设计公司、中国勘察设计协会优秀设计院、当代中国建筑设计百家名院等殊荣。

公司业务范围涵盖工程项目建设的全过程，包括前期咨询、城市规划、建筑设计、风景园林设计、室内装饰设计、市政交通设计、工程勘察、工程监理与项目代建等。工程遍布全国各省、自治区及直辖市，400余项工程项目获得国家级金、银奖等优秀设计奖，取得了突出的成就。

公司设有12个建筑设计分院、13个专业设计分院、6个创作研究中心、3个国际联合研究中心、多个单专业研究所以及11个外埠分支机构。现有员工近千人，专业技术队伍实力雄厚，拥有中国工程院院士、国家设计大师、国家级有突出贡献专家、享受国务院政府特殊津贴专家等一大批设计领域权威专家。

公司作为国家高新技术企业，立足国际寒地建筑工程设计前沿，关注低碳环保与绿色节能技术创新，依托寒地建筑科学重点实验室、东北寒地人居环境协同创新中心、中国—荷兰极端气候建造研究中心等国际联合研究机构，搭建了国内顶级寒地建筑人居环境科研平台，承担了国家“十二五”科技支撑计划等一系列重大科技攻关项目，拥有多项国家发明专利，荣获华夏奖、省长特别奖及科技进步奖等奖项。

公司始终秉承“苛求完美、精益求精”的设计宗旨和“诚信服务、持续发展”的经营理念，充分发挥高校企业的科研、技术和人才优势，与社会各界携手合作，拼搏创新，不懈努力，为国内外客户提供高效优质服务，为社会和经济发展奉献建筑精品。

地址：黑龙江省哈尔滨市
南岗区黄河路73号
电话：0451-86283317
传真：0451-86283319
网址：www.hitadri.cn
电子邮箱：harbin@hitadri.cn

郑州自贸区金水片区规划

Jinshui Zone Planning of Zhengzhou Free Trade Zone

项目业主：郑州金茂投资发展有限公司
建设地点：河南 郑州
建筑功能：办公、会展、酒店建筑
用地面积：210 900平方米
建筑面积：1 472 600平方米
设计时间：2019年
项目状态：在建
设计单位：哈尔滨工业大学建筑设计研究院有限公司
主创设计：梅洪元教授设计团队

设计理念

城市明珠　开放门户

龙腾金水

项目位于郑州市金水区。金水区是目前全国唯一一个同时拥有“双自联动”双重国家战略的行政区。设计以“整体性、连续性、共享性”为原则，以 “生态绿谷”为设计理念，打造低碳环保、与自然和谐共生的绿色办公园区，建立创新驱动、高端引领、国际合作的发展格局，辐射及带动新型内陆自贸试验区。

东部体量形成门户形态，预示该区将成为郑州自贸区未来发展的开放之门。场地中心以屹立的元宝形建筑呼应郑州地域文化，象征着聚宝中原之意。灵动的水系贯穿场地，隐喻“一带一路”倡议的发展精神。建筑底部的逐层退台，形成山峦叠嶂的群体形象，犹如嵩山磅礴的气势。整体设计一气呵成，恢宏灵动，高低起伏的态势犹如中原大地上腾起的巨龙盘旋于金水区之上，书写自贸区锐意进取的新篇章。

2022 年冬奥会冰雪小镇会展酒店片区项目

2022 Winter Olympic Games Ice Town Exhibition Hotel Area Project

项目业主：中赫集团
建设地点：河北 张家口
建筑功能：会展、酒店建筑
用地面积：100 000平方米
建筑面积：170 000平方米
设计时间：2017年
项目状态：在建
设计单位：哈尔滨工业大学建筑设计研究院有限公司
主创设计：梅洪元教授设计团队

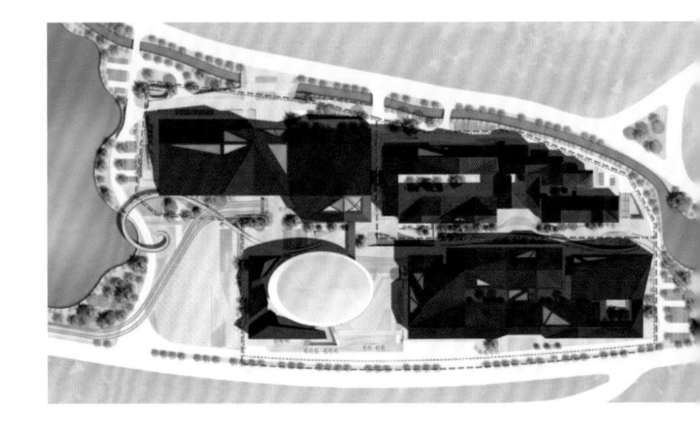

项目位于自然山地环境中，赛时承担冬奥会的展览、会议及酒店等功能，赛后将被打造成世界级会议中心，举办国际级会议、高端论坛等。

地域精神——在对地域精神的理性坚守下，设计立足于冬季城市的自然气候、技术条件与人文要素，采用适宜冬季城市的技术，实现“向阳而生、繁而至简”的创作追求。

环境共生——基于崇礼原生的山地自然环境，在两山夹一谷的独特地形中营造一脉相承、连绵起伏的山地建筑形象。

本体原型——坚守“崇礼就是崇礼”的思想，化整为零、化大为小，将大尺度的公共建筑融入小镇肌理，在地景建筑的尺度中保持展览空间、会堂、酒店等公共建筑的形象特征和建筑类型的本体属性。

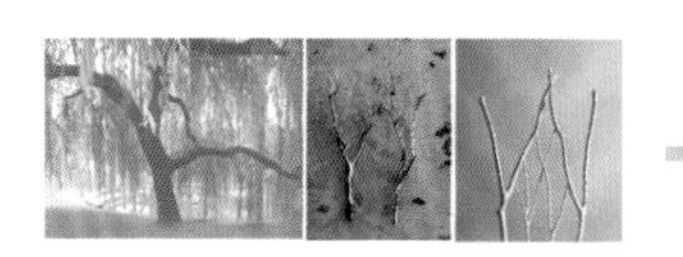

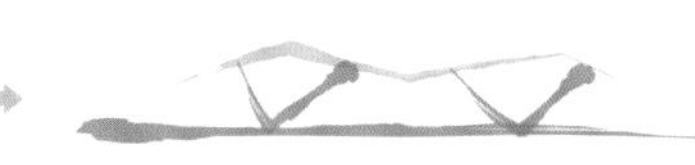

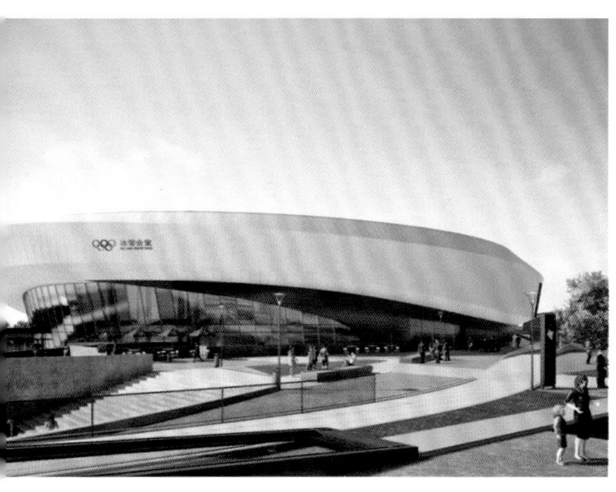

呼伦贝尔历史博物馆

Hulun Buir History Museum

项目业主：呼伦贝尔城市建设投资（集团）有限责任公司
建设地点：内蒙古 呼伦贝尔
建筑功能：文化建筑
用地面积：46 700平方米
建筑面积：40 000平方米
设计时间：2019年
项目状态：在建
设计单位：哈尔滨工业大学建筑设计研究院有限公司
主创设计：梅洪元教授设计团队

设计团队深入解读呼伦贝尔的历史，并以荟萃呼伦贝尔历史文化、彰显博览建筑文化内涵、突出现代建筑历史厚重感、表现呼伦贝尔特色为设计目标。

呼伦贝尔作为北方游牧民族的摇篮，见证了蒙古族兴盛的历史。博物馆建筑形象提炼自成吉思汗的“行宫”——金顶大帐，以最具蒙古民族特征的建筑体量传承文化精神内涵。

呼伦贝尔历史文化广博深邃，建筑造型以“历史断面”为概念，将体量剪裁，将历史分割，营造连接古今的时光长廊，游走其间，接近历史、触摸历史、感受历史。

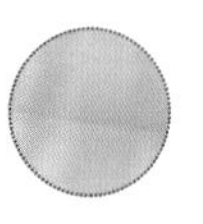

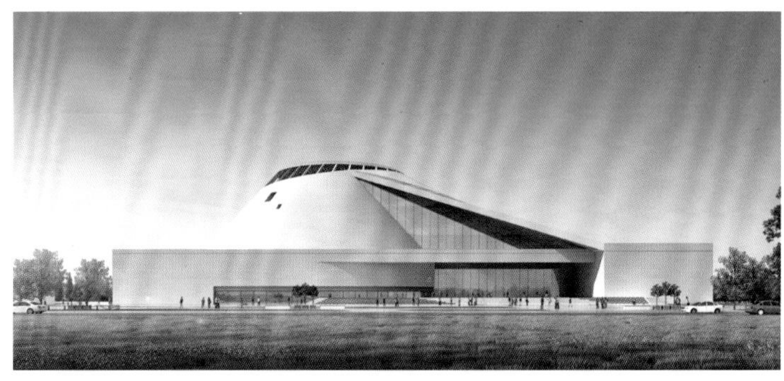

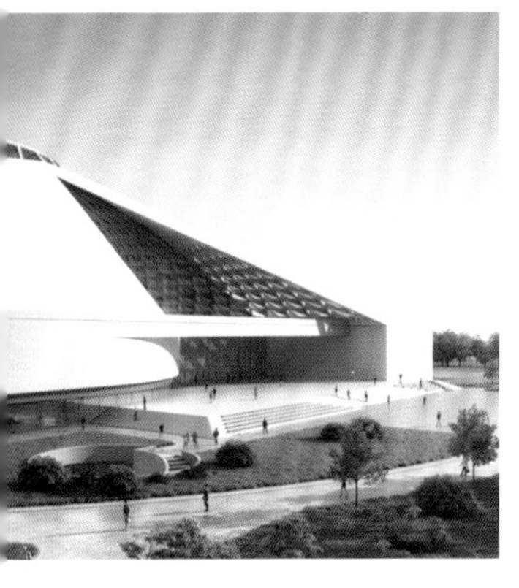
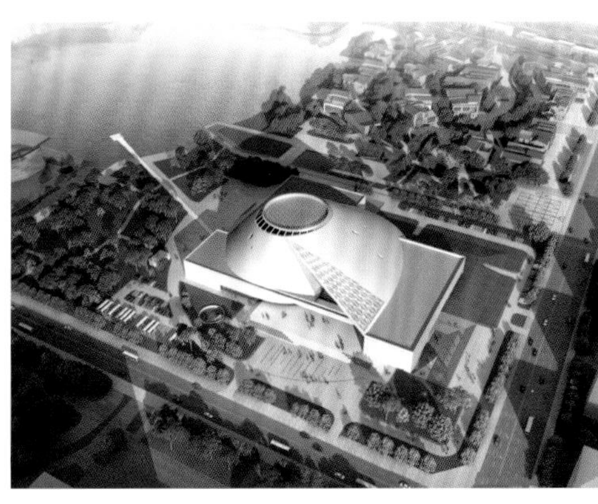
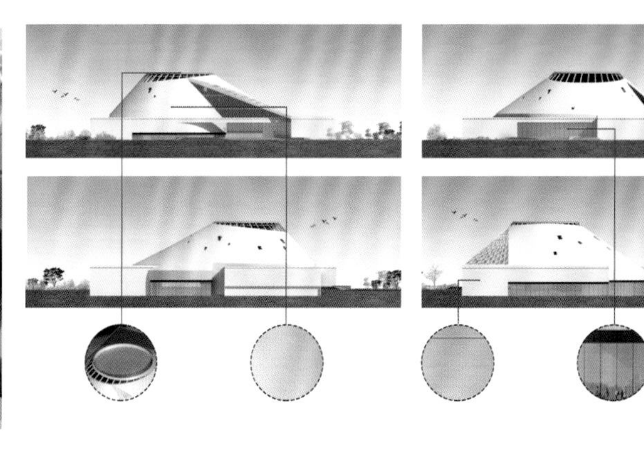

哈尔滨新区金融中心

Harbin New District Financial Center

项目业主：哈尔滨科技创新投资有限公司
建设地点：黑龙江 哈尔滨
建筑功能：办公、商业建筑
用地面积：51 726平方米
建筑面积：227 129平方米
设计时间：2019年
项目状态：在建
设计单位：哈尔滨工业大学建筑设计研究院有限公司
主创设计：林绍康、张玉良、胡兴安、孙丽、史南

项目位于哈尔滨市金融科技商务区内，地理位置优越，交通便利。建筑立面造型采用现代风格，运用直冲云霄的竖向线条，通过玻璃与铝板的有机结合，形成表皮质感的鲜明对比和虚实变幻。建筑形体通过体量的参差错落，构成空间上的复杂变化，产生丰富的光影效果，使建筑在富有雕塑感的同时，体现哈尔滨的欧式建筑文化元素。

竖向线条的反复运用形成自身的韵律感，同时北高南低、东高西低的高度控制，有机地融入哈尔滨沿江天际线。底部商业街将整个建筑群体自然划分为四个区域，通过处于中心区域的十字步行街将公共空间连成整体。建筑空间的统筹调度符合寒地建筑要求，同时最大限度满足商业需求，汇聚人气。

林泳

职务：浙江南方建筑设计有限公司董事
　　　总经理
　　　副总建筑师
职称：高级工程师
执业资格：国家一级注册建筑师

教育背景

1993年—1998年　浙江大学建筑学学士

工作经历

1998年至今　浙江南方建筑设计有限公司

个人荣誉

2012年杭州市上城区第一届青年科技奖

主要设计作品

杭州南都·江滨花园
荣获：2005年浙江省优秀工程勘察设计三等奖
通和·戈雅公寓
荣获：2008年杭州市优秀工程勘察设计二等奖
宁波北岸财富中心
荣获：2009年浙江省优秀工程勘察设计三等奖
杭州佛学院
荣获：2012年杭州市优秀工程勘察设计三等奖
云栖小镇概念规划设计
荣获：2016年浙江省优秀城市设计奖
宁波文创港整体规划
荣获：2019年宁波市优秀城乡规划二等奖
　　　2019年浙江省优秀城乡规划设计三等奖
杭州梦想小镇三期
荣获：2019年杭州市优秀工程勘察设计二等奖
宁波市鄞州区姜山未来社区规划
荣获：2020年宁波市优秀城乡规划三等奖

林泳先生从事建筑设计工作20余年，在不断地完善和提升专业知识的同时，参与或主持了大量的建筑创作实践工作，主要有居住、商业、综合办公等领域的民用建筑。

建筑师从工程实际入手，分析实际情况，运用专业的理论知识，选择合理的系统形式，在技术安全的前提下贴近工程实际，使工程设计更具可行性和科学性，项目取得了良好的社会效益和经济效益，得到了业内人士的赞誉。

近几年林泳先生在城市更新与产城融合项目上颇有建树，主持设计了多个产城融合类的复合型城市区域项目，从前期的城市规划设计入手，考虑建筑设计的落地性。林泳先生作为南方设计创新研究中心主任，还主持了大量未来社区与特色小镇等重要项目。建筑师运用自身丰富的实践经验积极参与各类项目的创新研发和政府机构评审活动，用自己的专业知识为社会做贡献，服务城市建设。

南方設計 浙江南方建筑设计有限公司
Zhejiang South Architectural Design Co., Ltd.

浙江南方建筑设计有限公司（以下简称南方设计）成立于1999年1月，拥有建筑行业（建筑工程）甲级、风景园林工程设计甲级、城乡规划乙级等资质，持有企业质量管理体系、环境管理体系、职业健康安全管理体系ISO认证证书。南方设计设有建筑、结构、公用设备、室内、工程管理、幕墙、产业规划、古村落规划、景观、BIM、绿建、灯光、效果图、动画、新型智能墙体材料研发、未来社区创新研究等方向的46家子公司及工作室，有各类设计人员400余人；设计涵盖城市更新、未来社区、产城融合（特色小镇）、乡村再生、居住建筑、文旅建筑、教育建筑、文化会展、创意地产等19大产品体系。南方设计至今已完成2000多个案例，项目遍布全国25个省150个市，跨越各种项目类型和产业特点，彰显了强大的业务能力及深厚的设计实力。

南方设计一直秉承“和而不同、顺势而为、知行合一”的企业文化，通过有效整合企业卓越的创新能力、科学的质量管理体系、高效的一体化设计能力，形成企业的竞争优势，有效结合市场需求，提供超越客户期望的原创精品。作为建筑设计领域的方案服务商，南方设计以“全过程、全领域、全地域、全类型”为平台优势，精耕细作，突破思维局限，经过大量实践研究与探索形成的“四驾马车”“五大标准”“八大系统”等整体解决理念及方法，获得政府与客户的广泛认可，致力成为行业标杆。

地址：浙江省杭州市上城区
　　　白云路36号
电话：0571-85388349
传真：0571-85116497
网址：www.zsad.com.cn
电子邮箱：market@zsad.com.cn

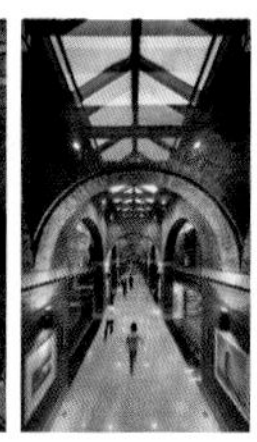

五四宪法历史资料陈列馆——“一馆两址”

五四宪法历史资料陈列馆设置“一馆两址”，均毗邻西湖风景优美之地。北山馆作为原址纪念馆，在场景架构上加以修缮的同时，新增了序厅，整体设计也更强调新功能与原场景的互补与提升。栖霞馆作为宪法历史收藏与陈列馆，与北山馆互相连接、功能互补，相互辉映。两馆设计从历史文脉视角展开，打造“有文化、有历史、有看点、有特色”的五四宪法知识的重要窗口，体现杭州精致、和谐、大气、开放的城市人文精神。

Exhibition Hall of The Historical Materials of The May 4th Constitution — One Hall and Two Sites

项目业主：杭州市人民代表大会委员会
建设地点：浙江 杭州
建筑功能：文化建筑
建筑面积：2 000平方米
项目状态：建成
设计单位：浙江南方建筑设计有限公司
主创设计：林泳

杭州瓜沥七彩未来社区

Hangzhou Guali
Colorful Future
Community

建设地点：浙江 杭州
建筑功能：未来社区
用地面积：350 000平方米
建筑面积：670 000平方米
设计时间：2020年
项目状态：局部建成
设计单位：浙江南方建筑设计有限公司
主创设计：林泳

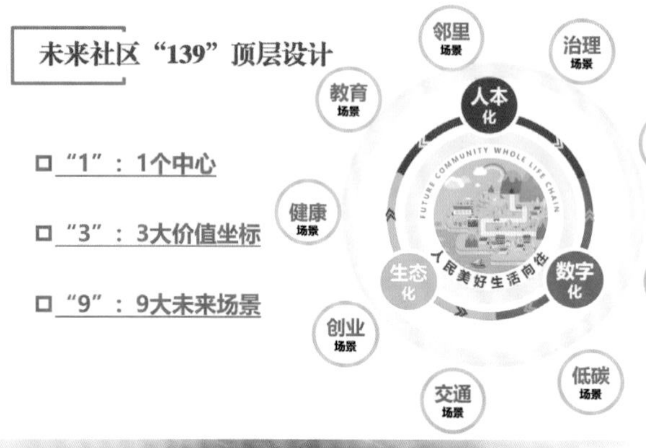

七彩未来社区是浙江省打造共同富裕先行的重要引领项目。此项目为首批未来社区试点项目。规划在用地内形成了邻里中心组团、新加坡数字创新产业园组团及人才创新社区组团，三个新建区域和“一街一环”整体提升了未来社区。

七彩未来社区用创新和实验的方法提出7个（塑造邻里、共享校园、全龄乐活、七心归一、数字创业、绿色节能、互联社区）充满想象力和幸福感的未来社区场景，被称为“符合中国老百姓生活习惯的新城镇文化生活综合体”。

南方设计未来社区创新研究中心以整体性规划、丰富的研究能力，用城市更新、未来社区理念积极深入探索一条从理论研究、规划引领、政策引导到全过程设计、建设实践城市更新、未来社区营建路径，以实现让人民生活更加美好的目标。

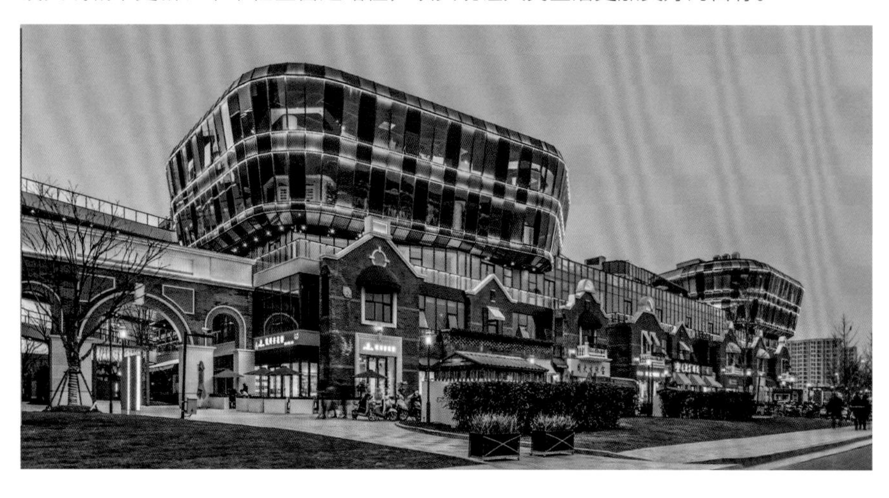

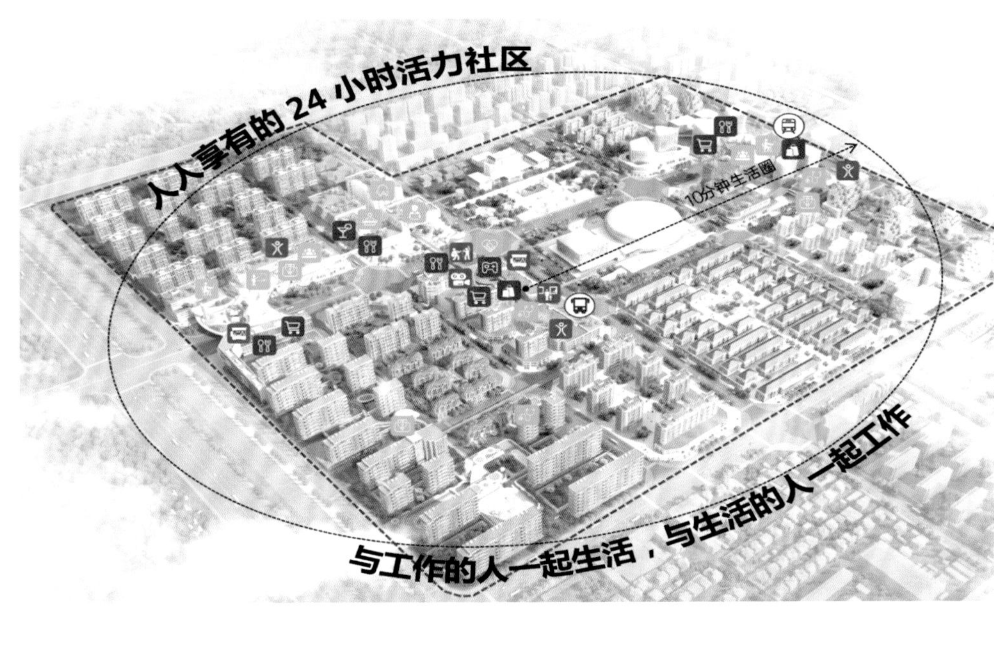

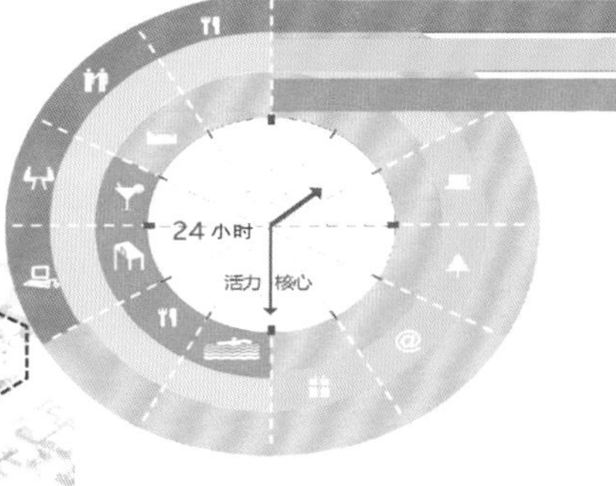

商业活动

餐饮美食　零售购物　时尚精品　娱乐潮玩　咖啡酒吧

文化休闲活动

周末市集　户外音乐会　露天电影　文化客厅　运动健身

办公活动

共享办公　总部办公　会议中心　数据中心　路演活动

公共服务活动

创业服务　政务服务　管家服务　健康服务

宁波文创港整体规划

Ningbo Cultural and Creative Port General Planning

项目业主：宁波江北区文创港指挥中心
建设地点：浙江 宁波
建筑功能：城市规划
规划面积：1 000 000平方米
建筑面积：1 100 000平方米
设计时间：2019年
项目状态：局部建成
设计单位：浙江南方建筑设计有限公司
主创设计：林泳

项目地处宁波老城区，是城市更新与产城融合的样板区。它毗邻三江口的甬江北岸，不仅是宁波最具地域特色和人文气息的城市记忆，也是宁波打造甬江科技大走廊的战略要冲。项目作为产业争先、科技争投，城乡争优的标杆区域，将引领宁波城市产业向文创科创转型升级，产业发展也会带动原有工业制造产业更新升级，使经济再上台阶。总体定位为文创科创无边界融合的产城创新示范区，打造“一心两翼三区四园”的空间框架。

文创港以运河为界，形成了两种不同的开发建设思路，由南方设计负责的运河以东区块，实施“筑巢引凤”计划，将引入地产商和产业集团实施产城发展布局，该区域包括白沙粮库地块，教堂以东、以西地块及海洋渔业公司地块。建筑师从文化复兴、产业革新、科技创新、城市更新四个维度出发，强化宁波地域文化，让宁波文创港成为整合宁波地域优势的重要突破点和城市转型升级的重要支点。

设计主线

以三条串联带对应三大空间发展策略

未来带（科创为核）
现在带（配套支撑）
过去带（文创先导）
文创先导
科创为核
配套支撑

承载历史、拓展未来

过去带：串联历史的城市更新带（原铁路及工业遗存活化更新带）
未来带：面向未来的城市滨水活力带
现在带：沿大庆北路的都市生活配套带

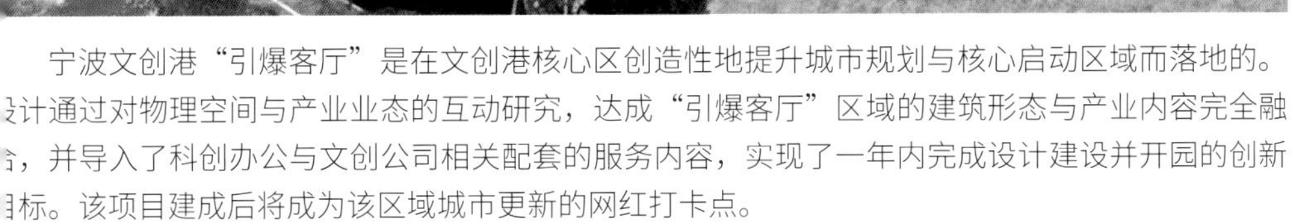

宁波文创港“引爆客厅”是在文创港核心区创造性地提升城市规划与核心启动区域而落地的。设计通过对物理空间与产业业态的互动研究，达成“引爆客厅”区域的建筑形态与产业内容完全融合，并导入了科创办公与文创公司相关配套的服务内容，实现了一年内完成设计建设并开园的创新目标。该项目建成后将成为该区域城市更新的网红打卡点。

粮库改造前 粮库改造后
火车站站长楼改造前 火车站站长楼改造后

刘刚

职务：德才装饰股份有限公司副总裁、青岛中房建筑设计院有限公司总经理兼总建筑师
职称：教授级高级工程师
执业资格：国家一级注册建筑师

个人荣誉
中国建筑装饰协会大国装饰工匠
青岛崂山拔尖人才
青岛市勘察设计行业优秀企业管理者
青岛市工友创业大赛创业导师

社会职务
青岛市建筑勘察设计协会副理事长
青岛市城乡规划协会副理事长
中国勘察设计协会行业技术咨询专家库专家
山东省历史文化保护传承专家库专家
山东省绿色建筑专家库专家
青岛市规划行业专家库专家
青岛市建筑节能专家库专家

主要设计作品
青岛凤凰之声大剧院
贵州黄果树国家湿地公园
青岛崂山市民中心
青岛地铁13号线高架站
青岛地铁6号线生态园站
青岛海尔生物医疗
青岛海尔地产・珺玺一期
青岛地铁8号线胶东镇站外立面
青岛市市南区四方路片区改造
青岛莱西博物馆
青岛融海公馆景观示范区
青岛中韩交流合作国际客厅
青岛生物医药协同创新中心项目
青岛西海岸防疫应急保障灵珠山医院

德才装饰股份有限公司（以下简称德才股份）成立于1999年，业务涵盖工程建设、装饰装修、规划设计、新材料研发生产等。2021年7月6日，德才股份在上海证券交易所登录资本市场，成为山东省首家A股上市的建筑企业。

青岛中房建筑设计院有限公司是德才股份的子公司，是青岛甲级设计院之一，也是集规划设计、建筑设计、装饰设计、古建设计、风景园林设计、幕墙设计及智能化设计于一体的综合性设计院，设有BIM研发中心、装配式研究设计中心及EPC研究中心。

青岛中房建筑设计院有限公司以BIM技术为支撑，以丰富的设计经验、施工经验为依托，以德才股份高效率的协调执行力为保证，正在走一条不同于传统设计院的设计引领施工之路。

青岛中房建筑设计院有限公司以方案的国际视野、施工的质量保障、服务的全程专业化为依托，致力于成为建筑工程设计施工一体化的引领者；以“诚信依德，质量藉才，精准服务”为宗旨，成就客户与我们共同的梦想。

地址：山东青岛崂山区海尔路1号
甲五号楼德才大厦
电话：0532-81700702
电子邮箱：qdzfzhb@163.com

太原国际广场

Taiyuan International Plaza

项目业主：青岛海尔产城创集团有限公司
建设地点：山西 太原
建筑功能：酒店、商业、办公建筑
建筑面积：107 951平方米
设计时间：2017年—2018年
项目状态：方案
设计单位：青岛中房建筑设计院有限公司
主创设计：刘刚、杨亮、王硕、任玫静、郭春君

项目坐落于太原市汾河西岸，与太原体育中心相邻，周边配套完善、交通便捷。项目分为：地下3层，地下建筑面积22 493平方米；地上44层，地上建筑面积85 458平方米。其中地上部分包括：

1. 商业建筑面积4 784平方米；
2. 五星级酒店建筑面积38 750平方米，位于1~20层，共361间客房；
3. 办公建筑面积45 197平方米，位于22~44层。

建筑造型通过对当地人文与自然意象的提炼，利用粗细变化的竖向线条塑造出建筑的挺拔感。项目采用现代的设计语言，体现太原的文化，置身其中尽享地域风情。

青岛西海岸桥头堡

Qingdao West Coast Bridgehead

项目业主：青岛西海岸新区融合控股集团有限公司
建设地点：山东 青岛
建筑功能：办公建筑
建筑面积：87 000平方米
设计时间：2019年
项目状态：在建
设计单位：青岛中房建筑设计院有限公司
合作设计：香港华艺设计顾问（深圳）有限公司
英国AHMM建筑事务所
主创设计：刘刚、杨亮、王硕、任玫静

项目将作为青岛国际大都市的战略支点推进环胶州湾一体化发展，并成为引领青岛自贸区五大片区协调发展的创新典范。在设计中，设计师致力于建设一个关于城市、海洋、生态与人文和谐发展的新标杆，旨在打造一个具有先进发展理念的实验区。设计师在规划设计中聚焦功能复合的集约之城、交通立体的便捷之城、绿色节能的生态之城、全息互联的智慧之城、美轮美奂的精品之城等五大主题，通过城海“双廊”、活力蓝湾、湖景中央、生态簇团的空间结构来打造国际合作新平台。

青岛西海岸市民中心（西区地块）

Qingdao West Coast Civic Center (West Block)

项目业主：青岛黄发集团实业发展有限公司
建设地点：山东 青岛
建筑功能：公共建筑
用地面积：70 239平方米
建筑面积：192 000平方米
设计时间：2017年—2018年
项目状态：建成
设计单位：青岛中房建筑设计院有限公司
主创设计：刘刚、杨亮、王硕、郭春君

项目位于青岛市西海岸新区行政中心广场东侧，由南、北两个地块组成。北侧地块包括博物馆、美术馆、科技馆和图书馆；南侧地块包括行政审批大厅和公共资源交易中心；建筑东北侧一层架空设置行政文化展示区，将室外空间设置成亲民的休息交流空间。

设计构思立足本土特色，以文化、生态、科技为创意出发点，打造一个可以体现区域文化的绿色生态建筑系统。建筑立面从海边礁石的色调和肌理中汲取灵感，石块堆积的体量感彰显一种永恒之美，仿佛建筑原本就生长在这里。识别性极强的外形犹如群山矗立在黄海之滨。建筑、城市广场、海构成一副美妙的中国山水画卷。

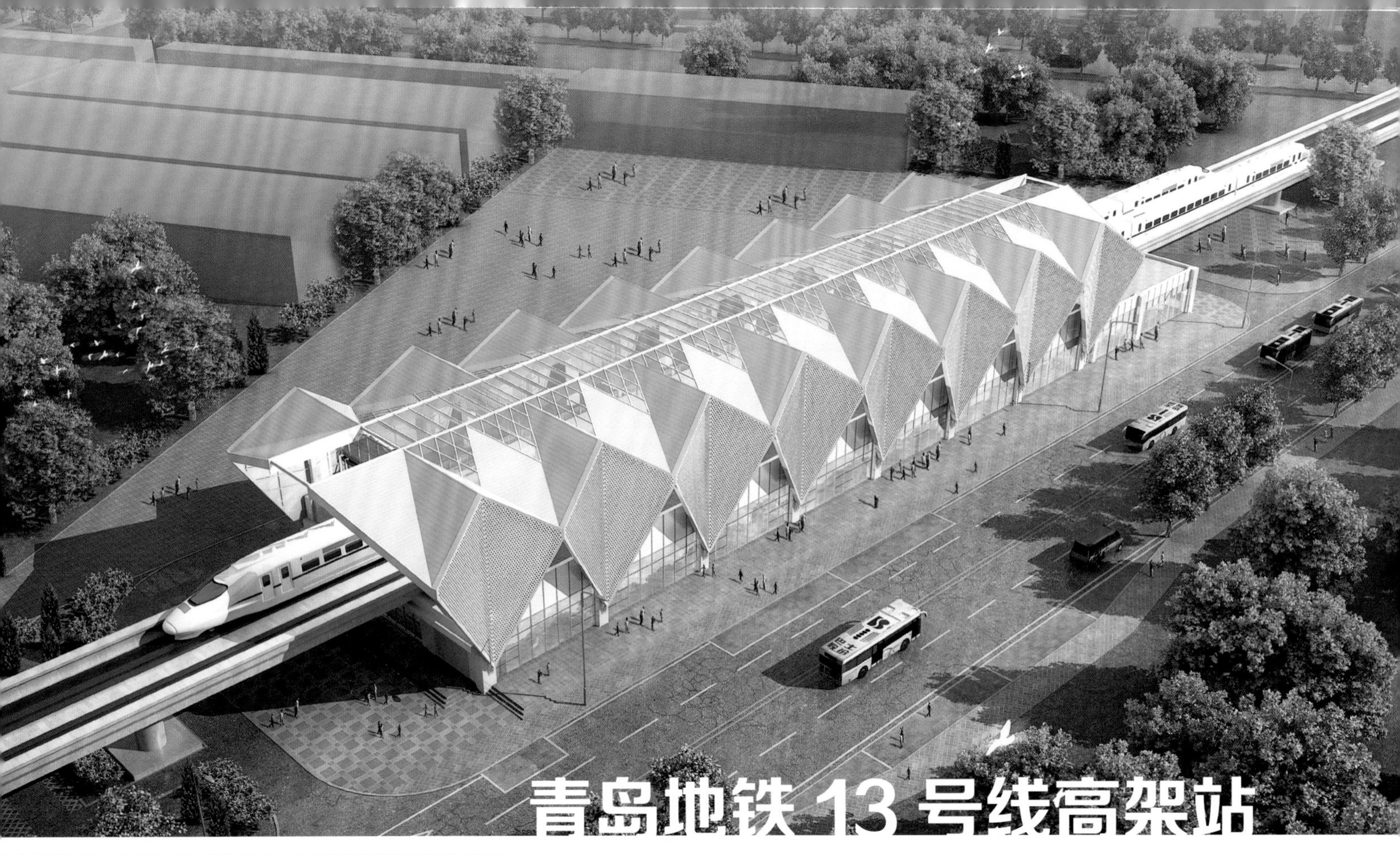

青岛地铁13号线高架站

Elevated station of Qingdao Metro Line 13

项目业主：青岛地铁集团有限公司
建设地点：山东 青岛
建筑功能：交通建筑
设计时间：2017年
项目状态：建成
设计单位：德才装饰股份有限公司
主创设计：戴维哈勃、罗伊史蒂文斯、本斯勒夫、刘刚

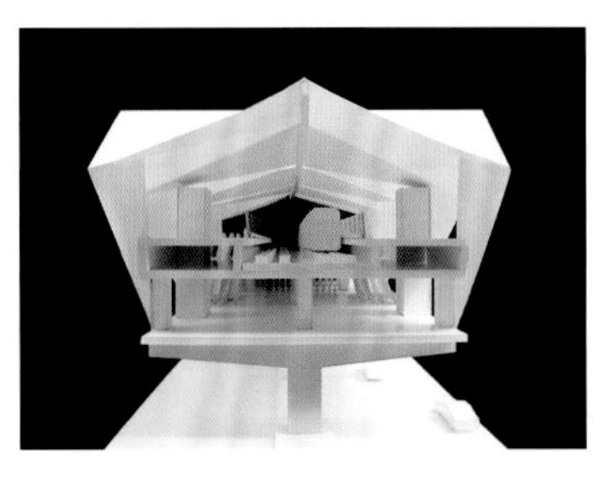

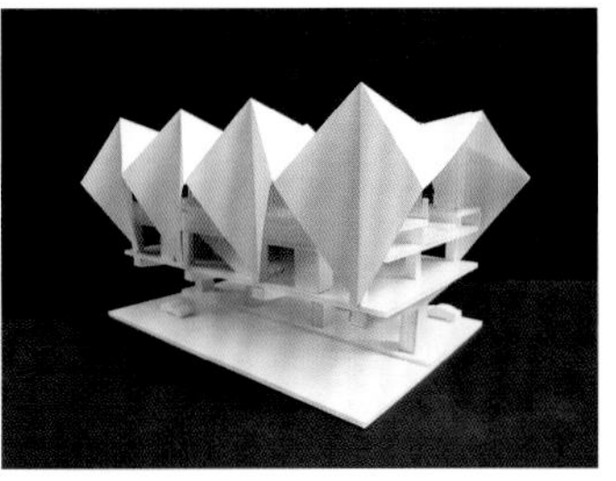

青岛地铁13号线沿线区域空间设计，明确了线路文化艺术创意和设计目标，将“古港新航”定义为以航海文化为中心的线路主题，来反映西海岸新区轨道交通沿线的自然环境和经济面貌。设计实现“蓝色跨越”的重要举措，使一座集港区、产业、城市、旅游“四位一体”的新港城拔地而起，既具有历史纵深，又有明晰的时空对应关系。该线路艺术性地呈现充盈、厚重的时代感，以相对局限的站点空间集中呈现艺术追求。

“古渡澄月”强调周边自然环境与航海文化理念的融合，车站空间充分使用简约大方的装饰性手法，引入部分自然形态的造型。在色彩的运用方面，以亮灰色为空间主色调，与周边区域的环境色彩相协调统一。

青岛市市南区四方路片区改造

Reconstruction of Sifang Road, Shinan District, Qingdao

项目业主：青岛海明城市发展有限公司
建设地点：山东 青岛
建筑功能：文旅、商业建筑
建筑面积：15 571平方米
设计时间：2021年
项目状态：在建
设计单位：青岛中房建筑设计院有限公司
主创设计：刘刚、胡日琪、任玫静、杨亮、孙晋香

项目位于四方路历史文化街区东南部，属于青岛市13个历史文化街区之一，是四方路区域保护发展和西镇更新发展攻坚战的重要组成部分，也是市南区老城区保护发展重点工作之一。

设计师秉持“修旧如故”的原则，坚持尊重历史、延续历史、改造历史的理念，采用原有的施工工艺与材料，有机结合传统建材与新型建材，最大限度地保留原形制，尽可能还原老青岛里院的原汁原味。设计力求延续里院文化互动的场景，留住场所记忆，将改造后的空间赋予文化价值，希望能够吸引游客，带动经济增长，创造具有文化情感的街区空间，再现其乐融融的市井百态生活。

刘刚

职务：长沙市规划设计院有限责任公司建筑五部部长
职称：高级工程师

教育背景
1998年—2003年　湖南大学建筑学学士

工作经历
2003年至今　长沙市规划设计院有限责任公司

主要设计作品
洋湖湿地旅游配套服务项目
荣获：2021年湖南省优秀工程勘察设计一等奖
中南林业科技大学综合实验大楼
荣获：2017年湖南省优秀工程勘察设计二等奖
穿紫河东段综合治理工程——驳岸风光带一期
荣获：2017年湖南省优秀工程勘察设计二等奖
湖南师范大学理化综合楼
荣获：2019年湖南省优秀工程勘察设计二等奖
长沙晚报麓谷文化产业基地建设
荣获：2020年湖南省优秀工程勘察设计二等奖
长沙市第三工人文化宫
荣获：2021年湖南省海绵城市建设工程设计二等奖

长沙市规划设计院有限责任公司
CHANGSHA PLANNING&DESIGN INSTITUTE CO.,LTD.

地址：湖南省长沙市芙蓉区
人民东路469号
电话：0731-84135500
传真：0731-84134010
网址：www.csghy.com
电子邮箱：csghy@163.com

长沙市规划设计院有限责任公司由成立于1973年11月的长沙市城市建设设计院发展而来，初为全民所有制事业单位，于2001年9月改制为有限责任公司。2021年4月，长沙市规划设计院有限责任公司被中铁建工集团有限公司以收购方式控股后，成为国资委下属中央企业中国中铁股份公司的三级子公司。

历经近50年发展，长沙市规划设计院有限责任公司已成为具有城乡规划编制甲级、工程设计市政行业（燃气工程、轨道交通工程除外）甲级、工程设计建筑行业（建筑工程）甲级、风景园林工程设计专项甲级、工程咨询甲级、工程造价咨询甲级、工程监理甲级、工程勘察甲级等多项资质，以及房屋建筑工程（含超限高层）和市政工程（道路、桥梁、隧道）施工图审查一类资质的综合性勘察设计科研企业。

湖南师范大学理化综合楼

Physical and Chemical Complex Building of Hunan Normal University

项目业主：湖南师范大学
建设地点：湖南 长沙
建筑功能：教育建筑
占地面积：3 836平方米
建筑面积：22 791平方米
设计时间：2015年—2016年
项目状态：建成
设计单位：长沙市规划设计院有限责任公司
主创设计：刘刚、马庆、余艳、陈名等

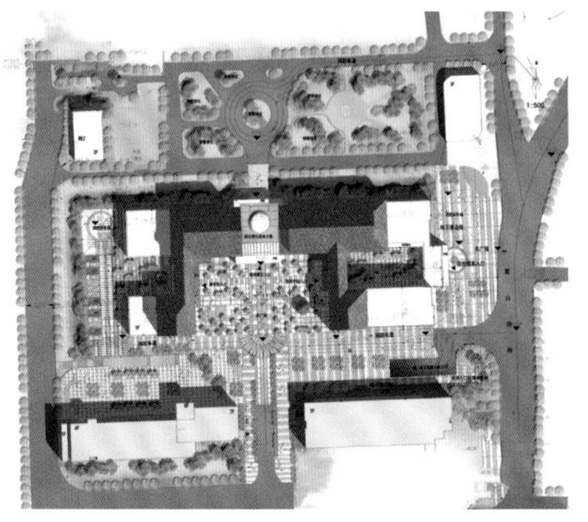

项目用地位于长沙市岳麓区麓山南路以西的湖南师范大学校园内，建筑师以“当年情、今日意”为设计理念，尽量保留老建筑的历史记忆，把“历史的沉淀”与“未来的畅想”完美融合。一方面，继承原有建筑的母题和元素，尊重师生校友对母校的记忆和情感，保留校园的空间轴线关系；另一方面，在此基础上运用现代的建筑材料和建筑手法，以更加丰富的建筑空间和使用功能适应时代的变化。

洋湖湿地旅游配套服务项目

Yanghu Wetland Tourism Supporting Service Project

项目业主：长沙先导洋湖湿地文化旅游有限公司
建设地点：湖南 长沙
建筑功能：综合体
用地面积：130 177平方米
建筑面积：83 324平方米
设计时间：2016年—2017年
项目状态：建成
设计单位：长沙市规划设计院有限责任公司
主创设计：刘刚、张乐峰、姜纯雄、鲁镕榛等

项目位于洋湖湿地公园东侧，是一个集文化、休闲、娱乐、旅游为一体的服务配套项目，目前已经开始营业，成为长沙城区的网红打卡地。设计师在城市中心的洋湖湿地公园打造一个老长沙历史风貌街区，并将其作为旅游配套服务项目设计的一种尝试。同时湿地景观是人们对江南水乡的重要印象，设计师充分利用洋湖湿地公园的自然水体，细化和深化各类型水体景观的设计，以柔化城市界面，营造亲切宜人的滨水街区。

中南林业科技大学综合实验大楼

Comprehensive Experimental Building of Central South University of Forestry and Technology

项目业主：中南林业科技大学
建设地点：湖南 长沙
建筑功能：教育建筑
建筑面积：32 697平方米
设计时间：2014年—2016年
项目状态：建成
设计单位：长沙市规划设计院有限责任公司
主创设计：刘刚、马庆、余艳、彭四维等

项目位于中南林业科技大学面向城市主干道的校园主入口的轴线上。建筑本身典雅大气又富有强烈的雕塑感，不管从哪个角度看，都具有强烈的韵律感和节奏性，完整而统一。外墙材料选用玻璃幕墙和太空灰色的氟碳漆，通过阵列斜切凹进外窗，形成光影效果极佳的肌理，表现出简洁大气且未来感十足的建筑风格。建筑整体色彩干净透明，和天空色一致，更加突出了虚的空间——“未来窗”的概念。

在综合实验大楼的功能布局上，设计师主要从内、外两个方面进行考虑。从外部出发，综合实验大楼要与校园整体功能布局产生有效联动；从内部出发，功能单元之间并非完全孤立的关系，要做到既能独自运营又能互相补充，最终达到互惠共生。

长沙市第三工人文化宫

Changsha Third Workers' Cultural Palace

项目业主：长沙市总工会
建设地点：湖南 长沙
建筑功能：城市文化综合体
用地面积：25 463平方米
建筑面积：52 705平方米
设计时间：2020年—2021年
项目状态：在建
设计单位：长沙市规划设计院有限责任公司
主创设计：刘刚、马庆、吴华、粟弈铖、蔡肇齐等

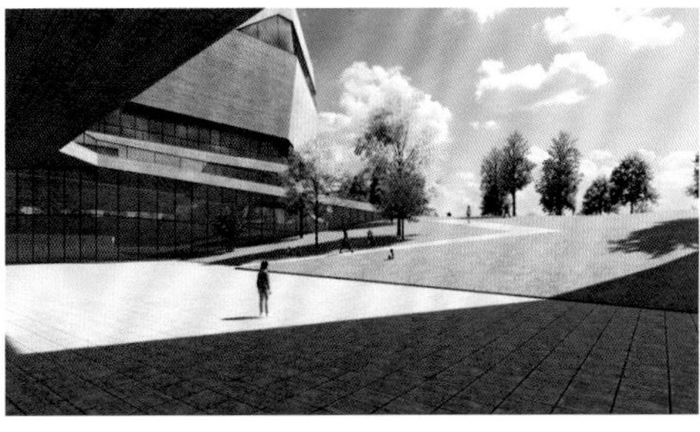

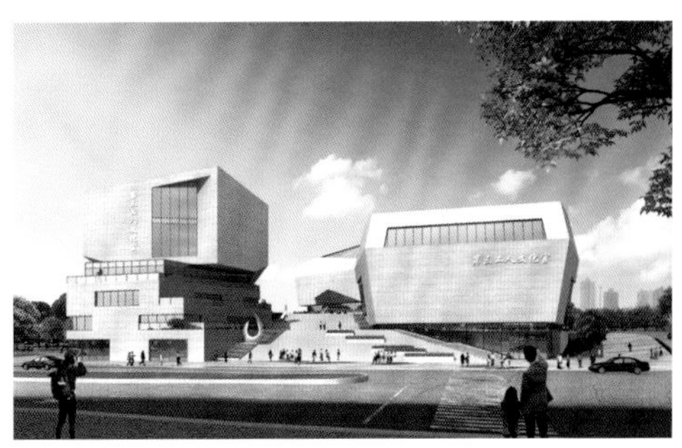

项目位于长沙市高新区信息产业园片区。设计将石头坚如磐石、稳定的形象植入建筑形态，象征中国工人阶级的力量。同时为了柔化磐石和周边景观的硬实的界面，让建筑和公园有更多的对话，设计通过“穿洞借景”的手法，让建筑表现出悬浮和虚空的状态，从而融入公园景观。

建筑主体采用大底盘裙房加三个塔楼的组合形式。利用竖向场地，通过设计两层裙房底盘来消解和平衡两侧的场地高差。裙房之上为城市共享客厅，可活动、休憩、观景，同时裙房自身也是周边塔楼的视觉中心。各塔楼为独立的功能区，既能通过裙房互相连通，又有各自独立的出入口，满足独立运营与统一管理的需求。

刘宁

职务：中国五洲工程设计集团有限公司副总工程师、
第一设计研究院总建筑师
职称：正高级工程师
执业资格：国家一级注册建筑师

教育背景

1990年—1994年　西北建筑工程学院建筑学学士

工作经历

1994年—2000年　中国兵器工业第五设计研究院
2001年—2002年　日本株式会社石本建筑事务所
2003年至今　中国五洲工程设计集团有限公司

个人荣誉

中国建设标准化协会防腐蚀专业委员会委员
北京市专业技术资格评审中心专家

学术研究成果

参编国标图集《楼梯、栏杆、栏板》
荣获：全国优秀工程建设标准设计二等奖
《物流建筑设计规范》《建筑地面设计规范》编制组成员

主要设计作品

福建龙岩卷烟厂
荣获：2005年中国兵器工业建设协会优秀设计一等奖
2005年中国五洲工程设计集团优秀设计一等奖
北京京源学校
荣获：2010年中国兵器工业建设协会优秀设计三等奖
2010年中国五洲工程设计集团优秀设计二等奖
上海烟草集团中华牌卷烟专用生产线项目
荣获：2010年上海市建设工程白玉兰奖
2011年中国建筑学会中国工业建筑优秀设计一等奖
2011年住建部百年建筑优秀规划设计一等奖
2011年中国兵器工业建设协会优秀设计一等奖
2012年中国五洲工程设计集团优秀设计一等奖
2012年鲁班奖
中国现代化学研究所科技大楼
苏丹SHABAN项目
荣获：2016年中国兵器工业建设协会优秀设计一等奖
蔚来汽车蔚然南京动力有限公司二期
上海烟草集团有限责任公司浦东科技创新园区
安徽中烟工业有限责任公司科研技术中心
湖南中烟工业有限责任公司技术中心
厦门繁荣广场
厦门鼓浪屿琴园影视厅
厦门垃圾焚烧发电厂
湖南长沙大唐小区

中国五洲工程设计集团有限公司
CHINA WUZHOU ENGINEERING GROUP CORPORATION LTD.

中国五洲工程设计集团有限公司（以下简称中国五洲集团）始创于1953年，为中国兵器工业集团有限公司直属全资子集团，是中国特色工业体系建设的主要工程设计和全过程工程服务支撑单位。2011年1月，五洲工程设计研究院（原兵器五院）与中兵勘察设计研究院（原兵器七院）重组为中国五洲集团，成为集工程设计综合甲级、工程勘察综合甲级、工程监理综合甲级等行业资质于一身，可提供全过程工程服务的大型企业集团。

中国五洲集团注册资本1亿元，现有从业人员近1 300人，其中享受国务院政府特殊津贴专家42人，全国工程勘察设计大师6人、中国兵器首席科学家1人、中国兵器科技带头人8人、中国兵器青年科技带头人2人、国家各类注册执业工程师470余人。

中国五洲集团经国家批准，享有对外经营权，建立了集工程咨询、工程勘察、工程设计、工程监理、项目管理和工程总承包于一身，全方位、一体化的工程服务体系。在勘察领域，烟草、环卫、民爆和安全技术、民用建筑、以光机电为核心的现代制造业等工程设计和工程承包领域形成了核心竞争优势。中国五洲集团坚持科研与工程相结合，不断提高科技创新能力，培育和发展了抗爆与防爆、火炸药、防微振、管线探测等12项颇具特色的专有技术专长。中国五洲集团主编参编国家及行业标准规范70余项，拥有有效专利57项(其中发明专利33项)，始终保持全国工程勘察设计领域百强单位和中国工程设计60强企业的地位。中国五洲集团被国家科技部认定为“国家高新技术企业”，被国家工商行政管理总局评为首批“守合同重信用”单位，被北京市科委认定为“北京市设计创新中心”，被中央精神文明建设指导委员会评为“全国文明单位”。

中国五洲集团以市场为根本，以管理为抓手、以技术为保障，坚持创新驱动、深化改革、人才为本，加大供给侧改革力度，走质量效益型发展道路，紧紧围绕服务支撑中国特色工业体系建设的核心使命，向着加快建成“工程建设领域整体解决方案提供商、全价值链体系化服务提供商”的目标奋力前进。

地址：北京市西城区西便门内大街85号
电话：010-83196688
传真：010-83196108
网址：wzsjy.norincogroup.com.cn
电子邮箱：n5y@norincogroup.com.cn

上海烟草集团有限责任公司浦东科技创新园区

Shanghai Tobacco Group Co. , Ltd. Pudong Science and Technology Innovation Park

项目业主：上海烟草集团有限责任公司
建设地点：上海
建筑功能：科研综合体
用地面积：121 324平方米
建筑面积：132 838平方米
设计时间：2016年
项目状态：建成
设计单位：中国五洲工程设计集团有限公司
合作单位：上海骏地建筑设计事务所
设计团队：刘宁、胡绍伟、王湘莉、高媞、游本勇、严佳敏、周舟、罗茗、陈连波、刘春路、张强

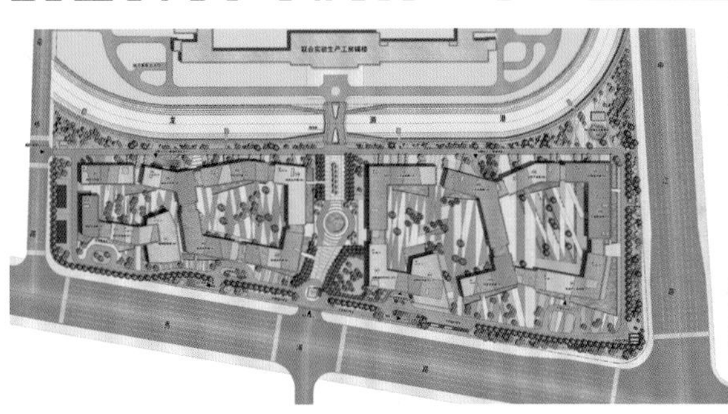

项目是一座集科研、办公、生活等多种功能于一体的大型建筑群。在规划中，沿园区南北中轴线将研发办公区分隔成东、西两片相对独立的组团，各组团的建筑单体通过形体围合以及连廊联系，形成一个连续半封闭的界面，并在内侧围合成4个独立的内向型庭院。

立面设计采用模数化的手法统一了整个立面的形式，通过2~3种窗洞的变化创造一种富有肌理感的立面特征；同时根据朝向、高度、功能和造型需要，创造一个远观整体感强烈、近看有细部变化的完整效果。在连廊底层处植树，使其穿越整个体量，塑造“漂浮”的景观，也使自然元素成为立面的有机组成部分，进一步强化本项目的绿色生态理念。

上海烟草集团中华牌卷烟专用生产线项目

Shanghai Tobacco Group Zhonghua Brand Cigarette Special Production Line Project

项目业主：上海烟草集团有限责任公司
建设地点：上海
建筑功能：工业建筑
用地面积：61 190平方米
建筑面积：85 276平方米
设计时间：2009年
项目状态：建成
设计单位：中国五洲工程设计集团有限公司
合作单位：法国AS建筑事务所、博普建筑咨询公司
设计团队：刘宁、董霄龙、王湘莉、高媞、贾萌、李永康、刘珂

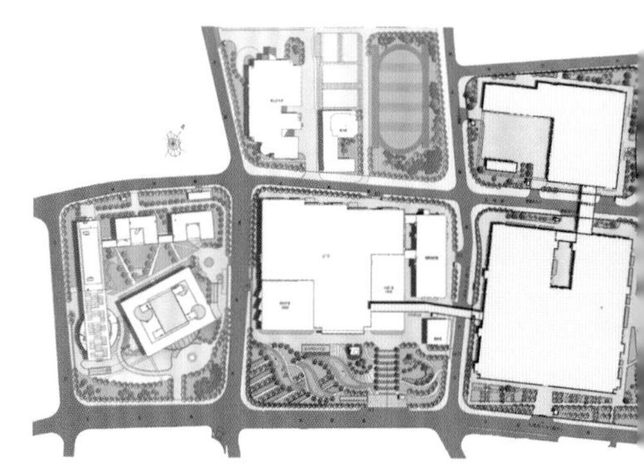

项目用地紧张且跨越城市街区，设计以环抱型广场解决外部物流问题，采用自动化设备通过连廊连通内部生产工艺。主体建筑与新老工厂之间，采用连廊连接，解决了物流、人流跨街区连接问题。

建筑形象将工业建筑的个性以柔和的方式进行表达，延续了上海传统建筑的色调和材料质感。镜面不锈钢间隔式玻璃幕墙根据厂前景观的范围按63°倾斜角排列，使绿色景观立起来的同时避免光污染。建筑外层的陶土材料与当初上海烟厂的红砖立面，形成了一次跨时空的传接。

湖南中烟工业有限责任公司技术中心

Technology Center of Hunan China Tobacco Industry Co., Ltd.

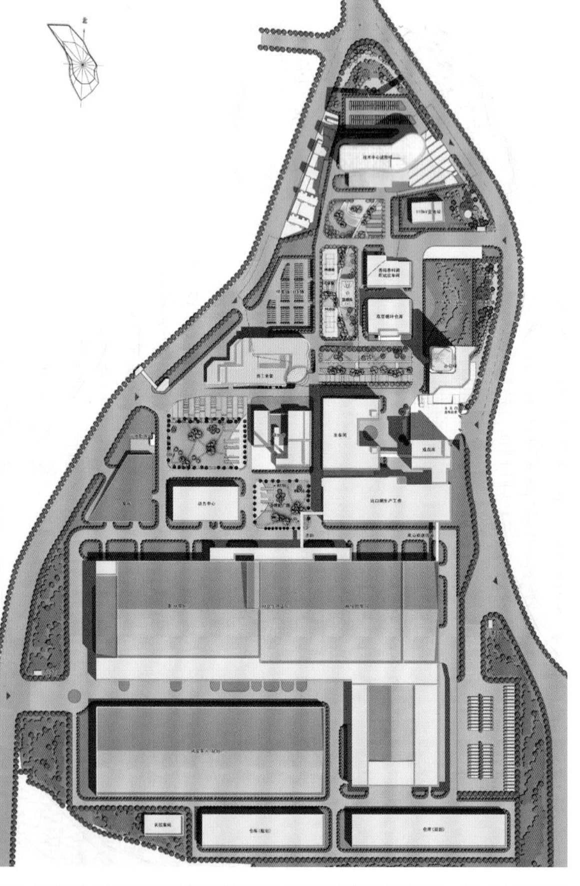

项目业主：湖南中烟工业有限责任公司
建设地点：湖南 长沙
建筑功能：科研、办公建筑
用地面积：46 066平方米
建筑面积：48 957平方米
设计时间：2010年
项目状态：建成
设计单位：中国五洲工程设计集团有限公司
设计团队：刘宁、黄宇治、周舟、仇博、李广雯、桑振宁

项目位于老厂区内，通过总体规划及建筑设计优化分区功能，创造一个具有国内先进水平的国家级技术中心。项目用地是山地，存在高低落差，主体建筑为技术中心实验楼，结合地形坐落在场地最高处，形成厂区新的视觉中心。

设计结合湖南的气候特点，采用开放式幕墙整合立面开口，改善通风换气条件，有机地将做实验和办公等功能集中统一起来，为建筑各层均提供了一个灰空间，在体量上浑然一体的同时也为实验设备持续更新维护保留了可行性。其他建筑物在严格分区和统一规划的景观下，作为功能板块和区划重点合理地散落于厂区内，改善了整体环境，完善了厂区功能和流线。

安徽中烟工业有限责任公司科研技术中心

Scientific Research and Technology Center of Anhui China Tobacco Industry Co., Ltd.

项目业主：安徽中烟工业有限责任公司
建设地点：安徽 合肥
建筑功能：科研建筑
用地面积：6 829平方米
建筑面积：24 591平方米
设计时间：2020年
项目状态：在建
设计单位：中国五洲工程设计集团有限公司
设计团队：刘宁、胡绍伟、桑颖、贾佩佩、王湘莉

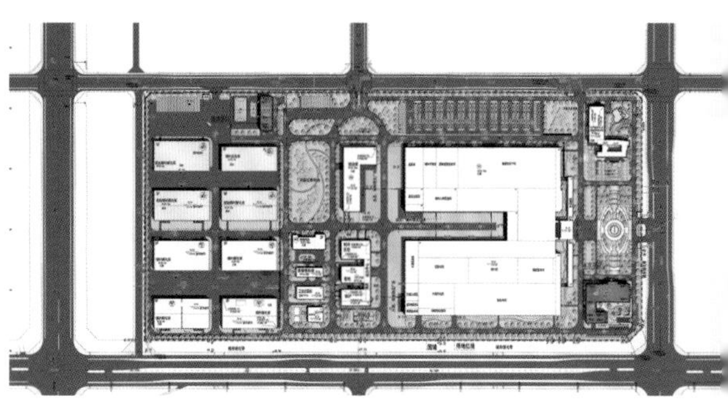

项目设计融入“一山一世界”的企业品牌理念，裙房屋顶设置层层叠叠攀高的绿化景观。建筑主体提取“雕石成玉”的概念，将金属、玻璃和格栅虚实相间布置，体块间相互穿插，犹如“美玉”破石而出，体现锲而不舍的精神和科技质感。

在实验设备通排风的布局上，设计采用“环路”平面，外侧为有采光要求的实验、研究空间提供了更大的外窗面积；实验区分层布置，排风量大的区域设置在高处；中心区域设置中庭，既提高了建筑整体的采光通风条件，也为气水管路、能源供应、交通中心等公用配套设施创造了合理的使用条件。

刘玉坤

职务：新疆四方建筑设计院有限公司总建筑师
职称：高级工程师
执业资格：国家一级注册建筑师

教育背景
2002年—2004年　新疆大学本科

工作经历
1999年9月至今　新疆四方建筑设计院有限公司

个人荣誉
新疆维吾尔自治区工程建设标准化协会建筑设计专业组专家、装配式建筑专业组专家、新疆维吾尔自治区新城建审图中心专家

主要设计作品
华凌大饭店
荣获：2006年新疆维吾尔自治区优秀工程勘察设计一等奖
首届全国民营工程设计企业优秀设计华彩奖铜奖
“湖南省对口援建吐鲁番市二堡乡高昌民居”和“新疆红雁池国际生态滨水旅游度假项目”方案设计
荣获：2012年中国人居典范方案竞赛组委会最佳规划设计方案金奖及最佳建筑设计规划金奖
库车县工人文化宫
荣获：2017年新疆民营设计企业优秀设计“西域杯”建筑方案创作奖三等奖
乌鲁木齐总医院综合内科楼
荣获：2019年新疆维吾尔自治区优秀工程勘察设计一等奖
库尔勒华凌国际
荣获：2019年新疆维吾尔自治区优秀工程勘察设计三等奖
乌鲁木齐市水上乐园水族馆
西部当代商城
巴楚县步行街改造
福海县行政服务中心
呼图壁河流域管理处办公楼
新疆军区第二招待所综合接待楼
新疆艺术学院影视戏剧系教学楼
阿克苏新疆腾惠科技时代广场
吐鲁番客运站
兵团乌鲁木齐工业园海鑫消防产业园
新疆庞大澳泷房产蔚来康养社区

新疆四方建築設計院有限公司

新疆四方建筑设计院有限公司（以下简称新疆四方建筑设计院）成立于1993年1月1日，其前身为乌鲁木齐经济技术开发区建筑勘察设计院有限责任公司。2001年5月1日与乌鲁木齐市建筑设计院合并组建乌鲁木齐建筑设计研究院有限责任公司；2009年11月2日从乌鲁木齐建筑设计院分离出来重新成立新疆四方建筑设计院。新疆四方建筑设计院现设有项目部、PC所、市政所、规划所、咨询所、方案室、总工办、设计管理部、财务部、人力资源行政管理部等机构，下设工程总承包公司，具有建筑设计甲级、市政工程设计甲级、工程总承包（建筑、市政）甲级、设计咨询甲级、城市规划设计乙级等资质。新疆四方建筑设计院现有职工150人，其中国家一级注册建筑师5人、一级注册结构师6人、二级注册建筑师4人、注册城市规划师5人、注册公用设备（暖通）工程师1人、注册公用设备（给排水）工程师5人、注册电气（供配电）工程师3人、注册造价工程师2人、注册咨询师9人、高级工程师28人、工程师50人、助理工程师52人。

新疆四方建筑设计院在注重提高人才素质的同时，不断更新和完善技术装备，配置各种绘图机、彩色打印机、投影演示仪等设备，设置了内部局域网、计算机中心等，真正做到了计算机出图率100%。同时，新疆四方建筑设计院还开展了BIM设计和装配式建筑设计。自建院年以来，新疆四方建筑设计院设计了大量的设计作品，内容涉及宾馆、医院、游泳馆、音乐厅、幼儿园、中小学、纪念性建筑、住宅、居住区规划、残疾人建筑等，涌现出许多优秀作品。

新疆四方建筑设计院拥有一批优秀的设计人才，许多优秀的设计师都曾获得过国家级和省部级优秀设计奖。新疆四方建筑设计院获住建部优秀设计三等奖一项、自治区优秀设计一等奖三项、自治区优秀设计二、三等奖三项。新疆四方建筑设计院是新疆勘察设计协会副理事长单位、新疆建筑学会副会长单位、新疆技术委员会委员单位、新疆标准化协会副理事单位。新疆四方建筑设计院将抓住国家西部大开发的机遇，强化具有地域特色的精品设计，本着“原创设计、质量第一、服务第一、追求卓越”的原则，奉行原创设计，努力为社会奉献更多、更好的设计产品。新疆四方建筑设计院有一个梦，那就是闯出一条具有新疆地方文化、地域特色的原生态建筑理论和实践之路。

公司地址：乌鲁木齐市水磨沟区安居南路70号中国万向大厦3楼
电话：0991-4697637
传真：0991-4697637
网址：www.xjsf1993.com
电子邮箱：664298955@qq.com

库尔勒华凌国际

Korla Hualing International

项目业主：库尔勒华凌工贸（集团）有限公司
建设地点：新疆 库尔勒
建筑功能：商业建筑
用地面积：163 741平方米
建筑面积：360 230平方米
设计时间：2014年
项目状态：建成
设计单位：新疆四方建筑设计院有限公司
主创设计：刘玉坤、杨涛

项目整体建筑风格遵从简洁、明快的手法。色彩方面，以深色为主色调，庄重大方、朴素内敛、富有时代感，且强调了建筑功能属性。设计采用现代的材料及简洁的细部处理，充分体现当代高档商业建筑的品质。功能分区明确、合理，突出商业建筑的整体形象，塑造统一和谐的空间环境。建筑在场地布置的方位和总体规划的道路相协调，使之有机地融入城市环境。

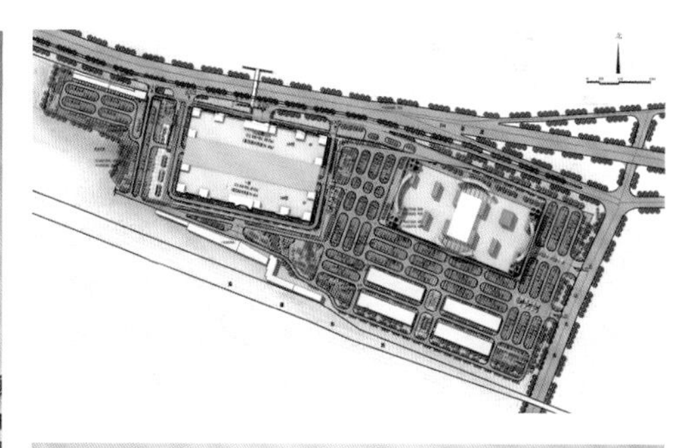

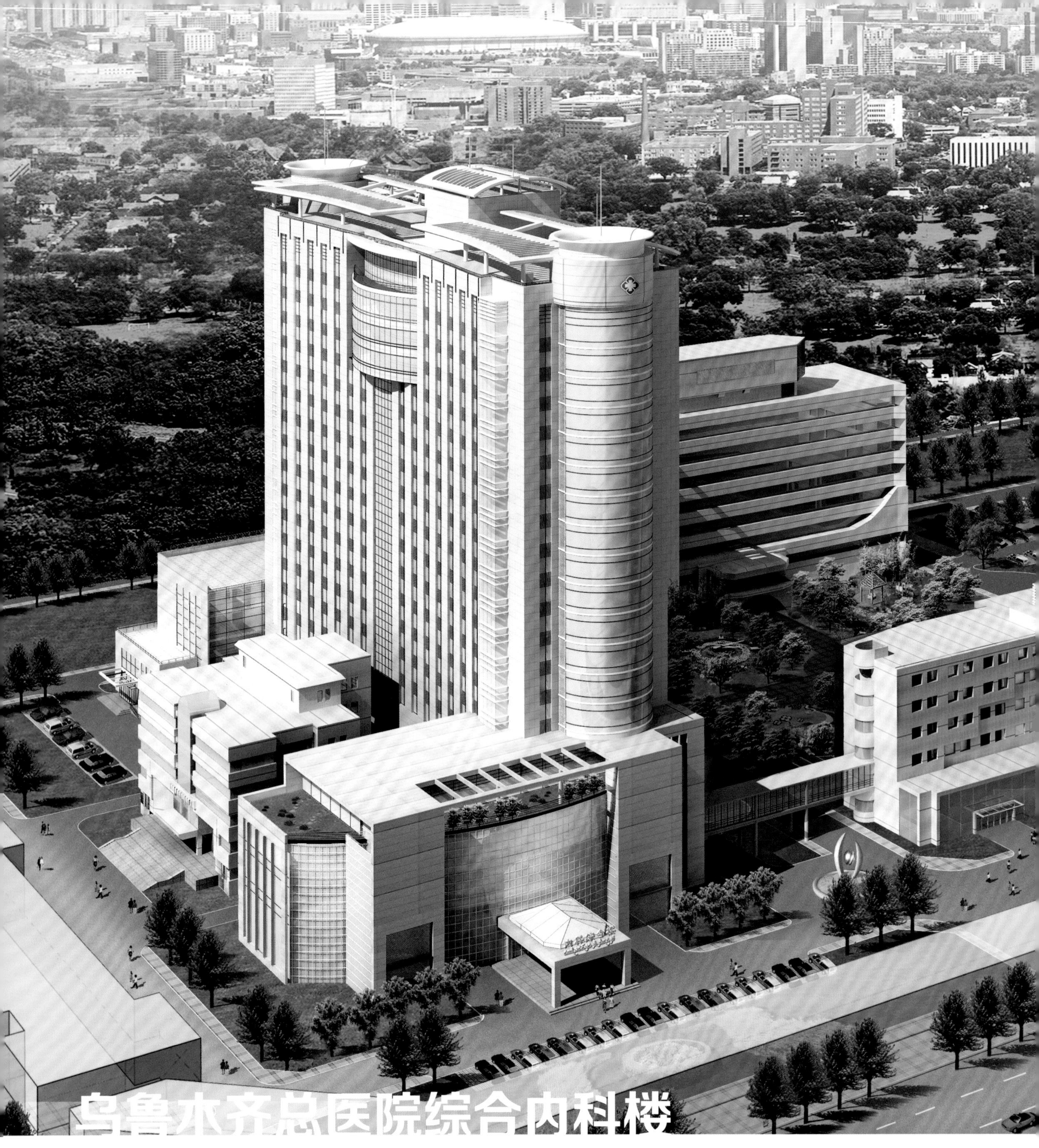

乌鲁木齐总医院综合内科楼

Comprehensive Internal Medicine Building of Urumqi General Hospital

项目业主：乌鲁木齐总医院
建设地点：新疆 乌鲁木齐
建筑功能：医疗建筑
用地面积：20 013平方米
建筑面积：52 415平方米
设计时间：2008年
项目状态：建成
设计单位：新疆四方建筑设计院有限公司
主创设计：朱飞教授设计团队

综合内科楼位于乌鲁木齐总医院医疗区南面，总体设计充分考虑现代医院的发展趋势和医疗空间的特性，结合用地特点，通过清晰合理的功能分区、简捷顺畅的流线组织及标识系统引导患者及家属顺利完成就医和探访，营造舒适愉快的就医环境。

医疗建筑形象是医院的外在表现，简洁流畅、温馨亲切的造型给病人以精神上的愉悦，提高病人战胜疾病的信心，也为城市形象的提升产生积极的作用。方案从内部功能出发，采用多样而统一的建筑手法，整体的建筑体块关系明晰，在建筑形体和空间造型上富有变化而又不失医院建筑的特征。建筑立面以简洁、明快为主调，通过建筑细部的精心设计及强烈的虚实对比，打造一个独特的现代医院外观造型，使其成为城市的空间亮点和视觉焦点。

咨询台

光子美容

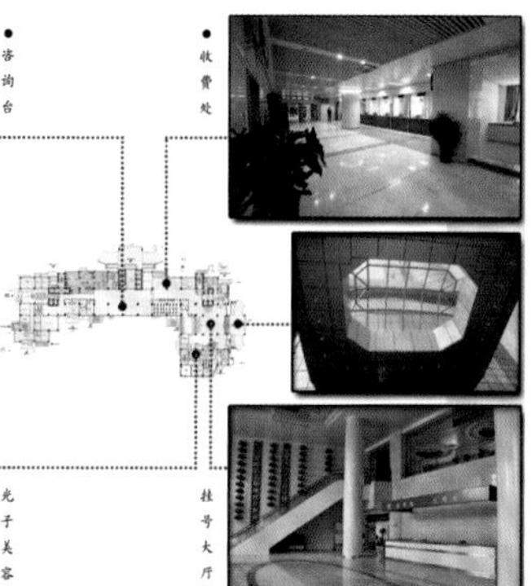

收费处

挂号大厅

库车县工人文化宫

Kuqa County Workers' Cultural Palace

项目业主：库车县总工会
建设地点：新疆 库车
建筑功能：文化、旅游建筑
用地面积：17 723平方米
建筑面积：23 988平方米
设计时间：2012年
项目状态：建成
设计单位：新疆四方建筑设计院有限公司
主创设计：刘玉坤

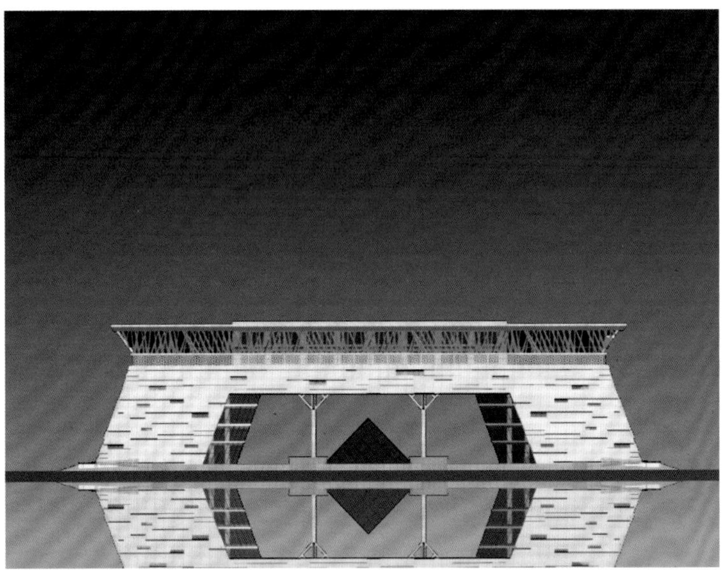

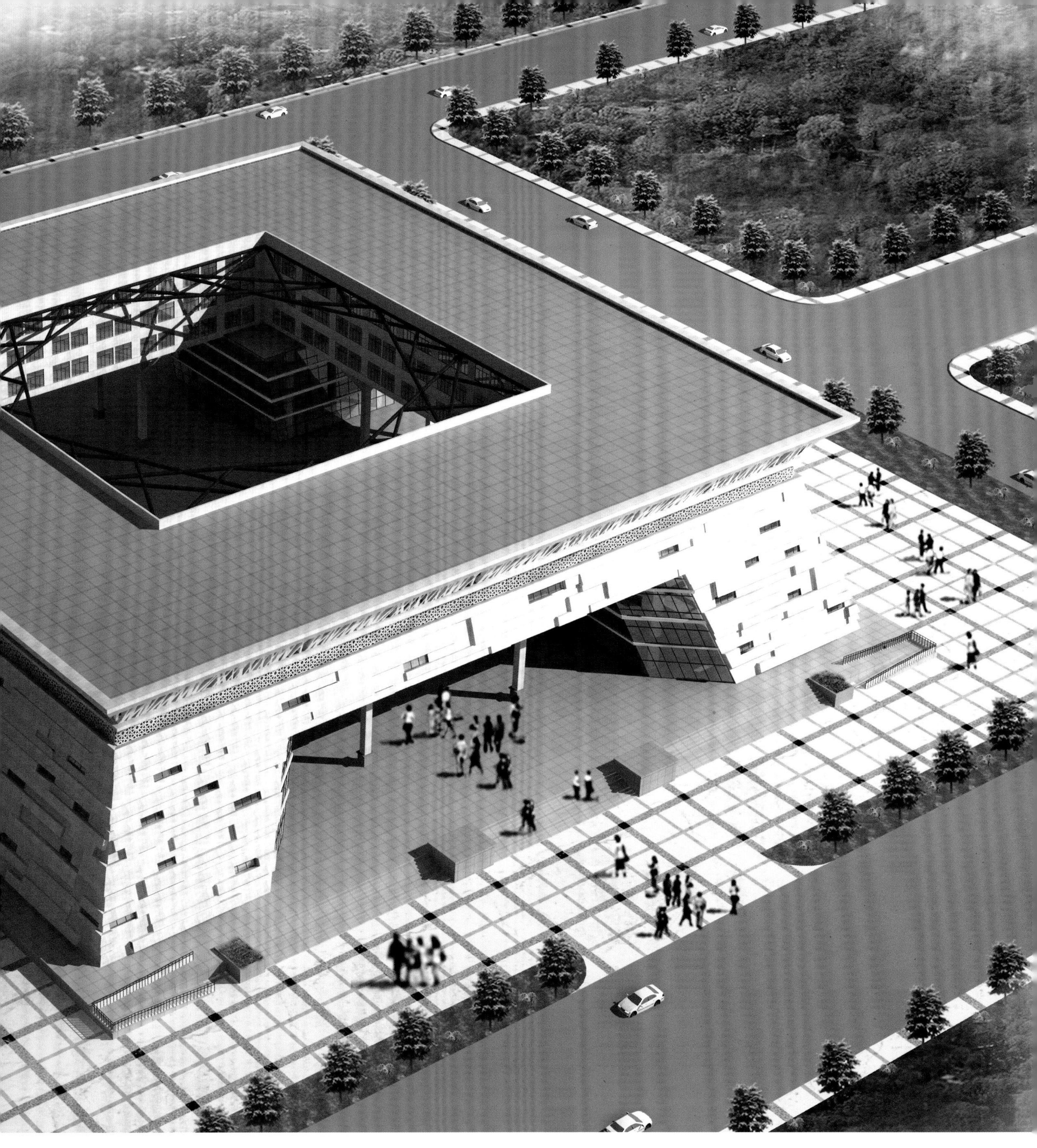

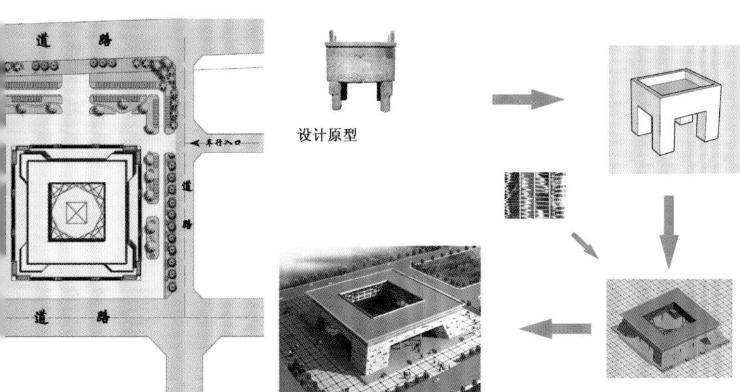

项目建筑立面造型设计由三个简单的元素构成，建筑的整体造型取材于“鼎”的立意。巨大的台基与大屋顶是中式古建的典型代表，它们代表着建筑对历史的传承。建筑表皮的纹理类似于艾德来丝绸的花纹及维吾尔族建筑的镂空花墙，体现了建筑的地域性。

建筑采用现代风格的设计手法，提倡线条简单、色彩厚重，采用虚实对比、几何体块的加减法原则，使建筑风格俊秀挺拔、高低错落有致，将现代建筑的语言与维吾尔族的特色元素相结合，体现出现代建筑特有的内涵。宽大而通透的建筑体量与市民公园相互渗透、相得益彰，更加衬托了建筑的大气。该建筑的落成对该路段建筑品质的提升、周围环境及城市面貌的改善起着不可或缺的作用。

陆非非

职务：北京市建筑设计研究院有限公司
第五建筑设计院酒店设计所所长
职称：高级工程师
执业资格：国家一级注册建筑师

教育背景

1997年—2002年　北京市建筑工程学院建筑学学士

工作经历

2002年至今　北京市建筑设计研究院有限公司

主要设计作品

重庆人民大厦
万国数据中心系列项目
鞍山皇冠假日酒店
大连东港四季酒店
北海银滩皇冠假日及智选酒店
长白山华商智选酒店
崇礼翠云山皇冠假日及智选酒店
张家口博恒假日酒店

徐欣

职务：北京市建筑设计研究院有限公司
第五建筑设计院创研中心设计总监
职称：工程师
执业资格：国家一级注册建筑师

教育背景

1999年—2004年　天津大学建筑学学士
2004年—2007年　天津大学建筑学硕士

工作经历

2007年—2011年　北京市建筑设计研究院有限公司
2011年—2019年　北京邑匠建筑设计有限公司
2019年至今　北京市建筑设计研究院有限公司

主要设计作品

北京亚太大厦
北京低碳能源研究所及神华技术创新基地
内蒙古鄂尔多斯市国泰商务广场
山东泰安金融商务中心
中持水务河南睢县污水资源概念厂
六盘水梅花山剧场
万国数据浦江镇智能云服务大数据产业园
德阳数字小镇概念规划及一期建筑

赵朝

职务：北京市建筑设计研究院有限公司
第五建筑设计院主任工程师、室内设计室主任
职称：建筑装饰高级工程师

教育背景

2005年—2009年　清华大学环境艺术设计系学士

工作经历

2016年至今　北京市建筑设计研究院有限公司

个人荣誉

北京市室内装饰协会设计委员会专家委员
中国（北京）室内设计新势力榜提名奖（新浪家居）

主要设计作品

中国驻迪拜大使馆
国家行政学院大有书馆
国家行政学院会议中心报告厅

BIAD
北京市建筑设计研究院有限公司
BEIJING INSTITUTE OF ARCHITECTURAL DESIGN
第五建筑设计院
BIAD Architectural Design Division No. 5

北京市建筑设计研究院有限公司第五建筑设计院（以下简称第五建筑设计院）是北京市建筑设计研究院有限公司直属的大型设计院，一贯秉承“开放、包容、合作、共赢”的理念，凝聚了多层次、多领域的优秀设计人才近200人，涵盖策划、规划、建筑、结构、设备、电气、室内、经济等专业。

第五建筑设计院在医疗养老、数据中心、城市综合体、总部及园区办公、酒店、人居、教育、城市设计、特色小镇等多个建筑领域有所建树，并以建筑、结构、机电三大中心为核心，拓展了前期策划及可研分析、规划设计、室内设计、结构机电咨询、经济咨询、建筑数字设计等全产业链条，为建设方提供更加完善便捷的服务。“客户导向、产品导向”引导他们不断改进设计管理，通过营销、运营、技术的分工协作以及不断提升的设计与管理的信息化手段，对产品和设计流程进行不断优化。

顺应北京市建筑设计研究院有限公司做“国际一流建筑设计科创企业”的发展战略，第五建筑设计院直面行业发展对设计团队提出的要求与挑战，不断更新自我，持续打造智慧、开放的平台型设计团队。

地址：北京市西城区骡马市大街8号
泰和国际大厦6层、8层
电话：010-88045688/57366333
传真：010-57366332
网址：www.biad.com.cn
电子邮箱：biadtsh-sw@vip.sina.com

中国医学科学院阜外医院深圳医院二期

Chinese Academy of Medical Sciences Fuwai Hospital Shenzhen Hospital Phase II

项目业主：深圳市建筑工务署工程设计管理中心
建设地点：广东 深圳
建筑功能：医疗、科研建筑
用地面积：6 500平方米
建筑面积：69 500平方米
设计时间：2020年—2021年
项目状态：建成
设计单位：北京市建筑设计研究院有限公司第五建筑设计院

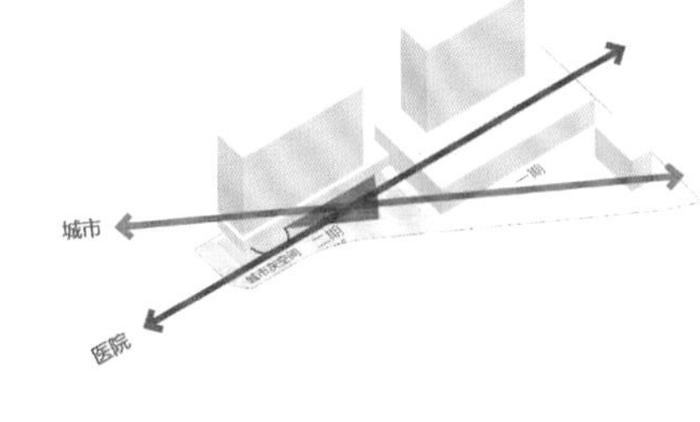

中国医学科学院阜外医院深圳医院是由国家心血管病中心（中国医学科学院阜外医院）和深圳市政府联合创办的公立心血管专科医院，也是深圳市及华南地区唯一一家高起点、高水平的心血管专科医院。本项目是深圳市政府医疗卫生“三名工程”重点项目。

本项目是中国医学科学院阜外医院深圳医院二期工程，设计师以“轴线”和“对位关系”的规划思路对建设用地进行了整体布局。建筑采用与一期高层部分相同的进深尺度，使二者形成对位关系，在南侧布置广场和绿化，与建筑互为依托，形成花园式医院的景观效果。建筑利用体块穿插的设计手法，选用阜外医院的标志性红色元素，形成整体造型的亮点。

国际航空总部园

International Aviation Headquarters Park

项目业主：北京新航城控股有限公司
建设地点：北京
建筑功能：城市综合体
用地面积：59 169平方米
建筑面积：201 592平方米
设计时间：2019年至今
项目状态：设计中
设计单位：北京市建筑设计研究院有限公司第五建筑设计院

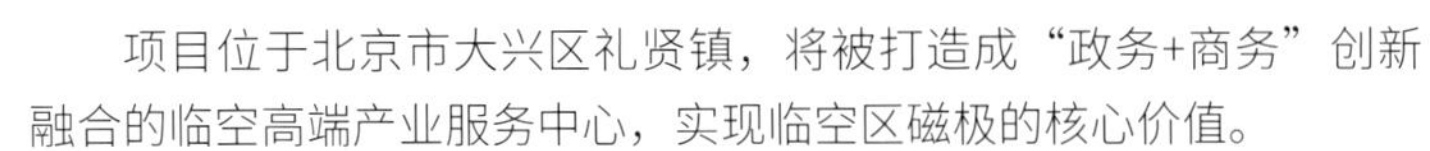

项目位于北京市大兴区礼贤镇，将被打造成“政务+商务”创新融合的临空高端产业服务中心，实现临空区磁极的核心价值。

项目规划从整体利益出发，协调项目与城市、开发者、城市使用者之间的关系；从设计角度出发，解决用地性质、交通动线、城市界面及分区、高度及形象门户、公共空间、地下空间、碳关键设计等七大关键问题。

项目以“生态绿之谷、富氧微森林”为设计理念，以“生态谷+多首层+共享空间”为特点打造生态低碳、功能复合、空间灵活的产业服务园区。流线型生态服务广场构成了园区的主干，融合了文体服务、政务办公、商务办公、公寓酒店、商业服务、招商展示、行政管理等七大功能模块。同时项目从总体规划布局、景观场地设计、建筑立面设计、建筑功能的后期灵活转换等方面应用了可持续发展技术。

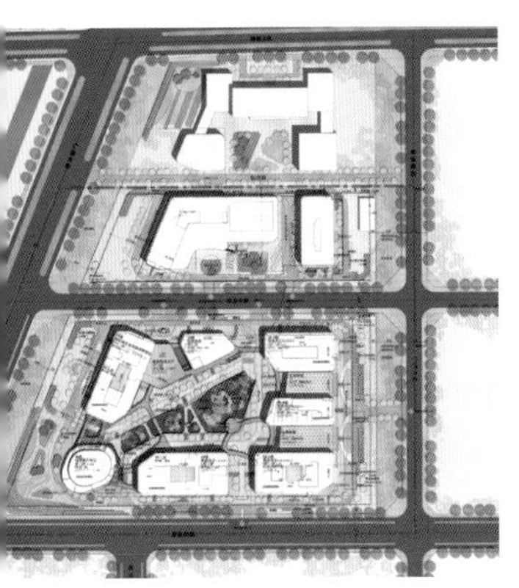

长沙五矿广场

Changsha Minmetals Plaza

项目业主：湖南矿湘置业有限公司
建设地点：湖南 长沙
建筑功能：商业综合体
用地面积：22 900平方米
建筑面积：187 498平方米
设计时间：2020年
项目状态：方案
设计单位：北京市建筑设计研究院有限公司
第五建筑设计院

项目位于长沙南湖新城与市中心交接处，用地毗邻湘江和橘子洲头，是一座超高层城市综合体。建筑整体造型设计源于“晶体矿石”，建筑形象硬朗大气、典雅精致，符合五矿集团的气质和形象。幕墙肌理如湘江上的风帆一般展开，取意“百舸争流，千帆竞发”的意境。

设计采用超高层单塔与多层商业裙房组合的布局形态。超高层单塔位于用地西侧，塑造沿江地标，俯瞰湘江，远眺岳麓山，尽占景观优势；建筑平面也尽可能沿江景和山景视野展开，充分发掘用地价值。商业裙房位于用地东侧，面向城市主街界面，打造业态混合的精品商业，并通过导入人流展示项目活力，形成新的时尚生活目的地。

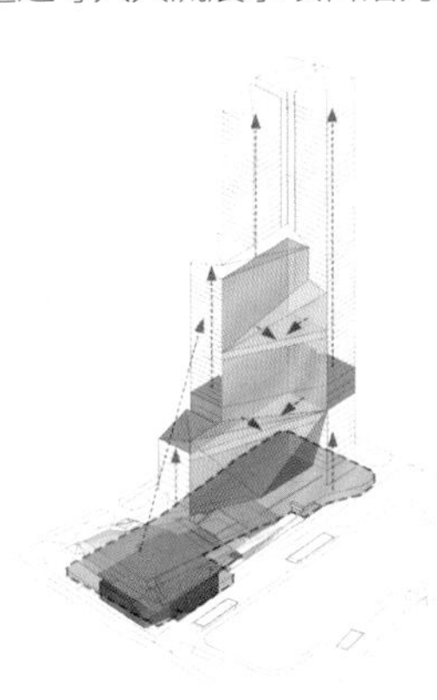

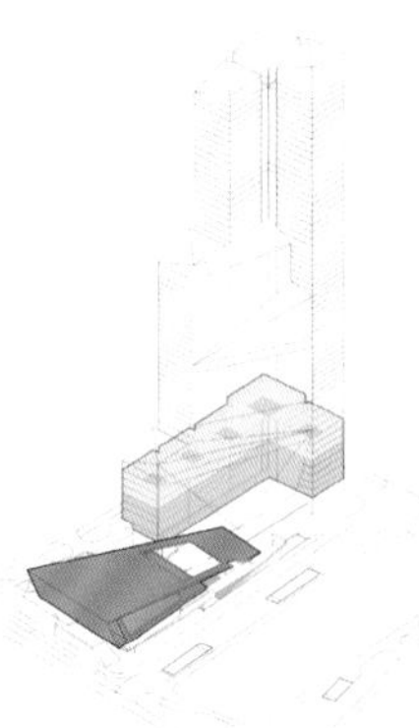

罗明彰

职务：湖南省建筑设计院集团股份有限公司
建筑五院副总建筑师
职称：高级工程师
执业资格：国家一级注册建筑师

教育背景
1995年—1999年　长沙理工大学建筑学学士
2016年—2018年　湖南大学建筑学硕士

工作经历
2000年—2002年　北京正东阳建筑设计有限公司
2002年—2005年　长沙华银设计有限公司
2005年—2010年　中国建筑上海设计研究院有限公司
2010年至今　湖南省建筑设计院集团股份有限公司

社会职务
长沙理工大学客座教授

李永晖

职务：湖南省建筑设计院集团股份有限公司
建筑五院院长助理
职称：高级工程师
执业资格：国家一级注册建筑师

教育背景
2005年—2010年　湖南大学建筑学学士

工作经历
2012年至今　湖南省建筑设计院集团股份有限公司

沈焜

职务：湖南省建筑设计院集团股份有限公司
建筑五院所长助理
职称：工程师

教育背景
2011年—2016年　重庆大学建筑学学士
2016年—2018年　谢菲尔德大学建筑学硕士

工作经历
2018年至今　湖南省建筑设计院集团股份有限公司

团队主要设计作品
长沙南湖花园
荣获：2018年河南省优秀勘察设计创新奖一等奖
醴陵陶瓷会展馆
荣获：2018年湖南省优秀工程勘察设计三等奖
徐记海鲜大厦
荣获：2018年湖南省优秀工程勘察设计三等奖
南华大学图书馆
荣获：2019年湖南省绿色建筑设计竞赛金奖
新疆巴音郭楞州和静县牧场幼儿园及服务中心
荣获：2020年国际太阳能建筑设计竞赛优秀奖
长沙不动产信息中心
荣获：2022年湖南省绿色建筑设计竞赛银奖
华菱涟钢云数据中心
荣获：2022年湖南省绿色建筑设计竞赛金奖
长沙松树中小学
无锡太湖饭店
永旺梦乐城长沙项目
松树中小学
湘雅医院教学科研楼
天实梅溪湖超高层综合体
沅陵县博物馆
青竹湖太阳山度假酒店
吉首欢乐城商业综合体
汉寿三馆三中心
北尚国际超高层写字楼
凤凰磁浮缆车站及配套
湘江涂料总部基地

地址：湖南省长沙市岳麓区福祥路65号
电话：0731-85166229
网址：www.hnadi.com.cn
电子邮箱：office@hnadi.com.cn

湖南省建筑设计院集团股份有限公司·湖南省城市规划研究设计院（以下简称HD）成立于1952年7月，前身为湖南省建筑设计院有限公司，是一家管理体系健全、技术力量雄厚、设施装备完善的大型综合性设计研究企业。HD是全国建筑业技术创新先进企业、湖南省高新技术企业，是商务部第一批授予对外经营权、湖南省海外领事保护重点服务单位。HD连续多年荣获省市“守合同重信用单位”称号，并荣获国家“守合同重信用企业”、“全国建筑设计行业诚信单位”、省“诚信经营示范单位”称号。自成立以来，HD完成设计和工程总承包等各类项目12 000余项，业务遍及国内24个省（直辖市）、澳门特别行政区以及海外42个国家。

洋湖 360 剧院

Yanghu 360 Theater

建设地点：湖南 长沙
建筑功能：观演建筑
用地面积：38 691平方米
建筑面积：10 636平方米
设计时间：2021年
项目状态：方案
设计单位：湖南省建筑设计院集团有限公司
设计团队：罗明彰、李永晖、沈焜、蔡屹、李正强、邹靖宇、李卫、熊倪颖、黄瑞、陈戈、龙双衡、毛勇泰、彭博、王元春、匡腾

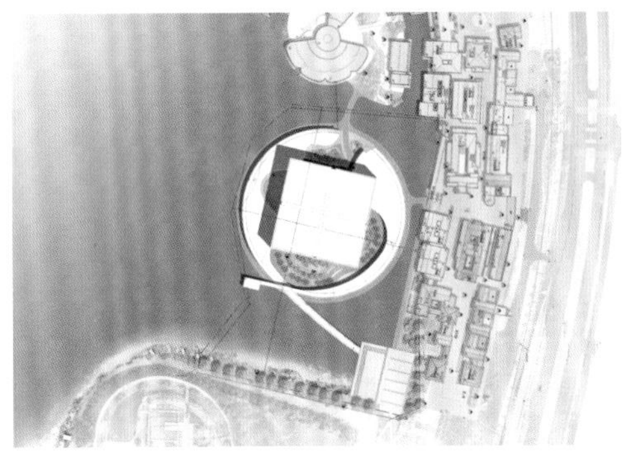

项目不与城市道路直接相接。与项目接壤的区域主要有两块：一个是东北边的仿古商业街——洋湖水街，另一个是西边的生态湿地公园。这两种截然不同的风貌在基地相遇。

建筑响应周边城市肌理，在设计上着重化解工艺要求的74米×74米×18米的核心观演空间的小尺度，将所有附属功能散布在一层，着重营造开放的游客亲水空间。设计模拟方印落入水中泛起的涟漪，并以此为灵感塑造底层公共空间形态，传达出建筑与水体之间的动感。近水区域呼应了周边两个近圆形建筑，围绕建筑主体，引入水体，打造真正的洋湖水街之核心。

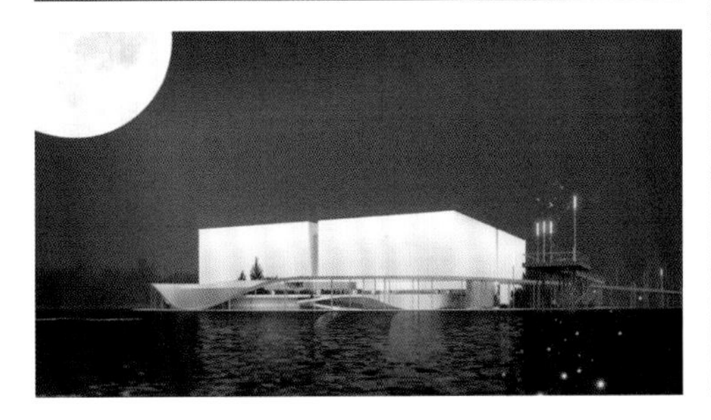

长沙不动产信息中心

Changsha Real Estate Information Center

项目业主：长沙市铁路建设投资开发有限公司

建设地点：湖南 长沙

建筑功能：办公建筑

用地面积：15 736平方米

建筑面积：59 950平方米

设计时间：2020年—2021年

项目状态：在建

设计单位：湖南省建筑设计院集团有限公司

设计团队：李永晖、李正强、罗明彰、肖扬、蔡屹、邹靖宇、Tim Mason、沈焜、杰布、李卫、熊倪颖、黄瑞、陈戈、毛勇泰、王元春、龙双衡、匡腾

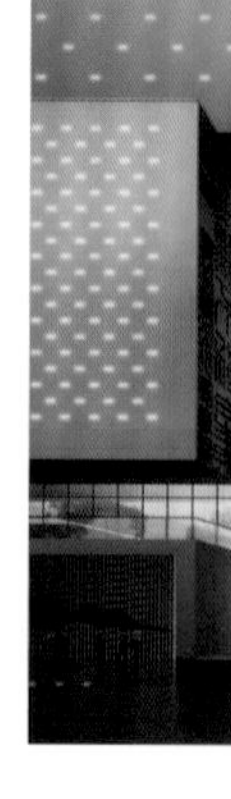

项目位于长沙市雨花区，设计取意“不动如山”的概念，整体稳重的建筑强化了不动产信息中心形象。建筑造型取自中国古代建筑榫卯结构的鲁班锁，方形实体被切分后，进行有机咬合。建筑形态生动而富有变化，象征了一个将档案收藏保护的智慧容器，创造出适宜、开放、可感知的城市界面。主入口设计提取了抬梁式建筑的结构元素，传达建筑庇护人们的场所精神。建筑立面从汉代活字印刷术中寻找设计灵感，融入“山水洲城”文化与本土地域文化，充分体现了长沙城市历史文化与湖湘文化的特点，使项目成为临京港澳高速上一座展现魅力长沙的地标性文化建筑。

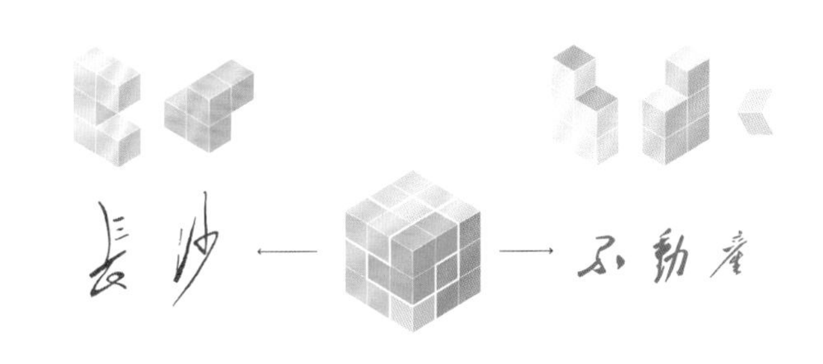

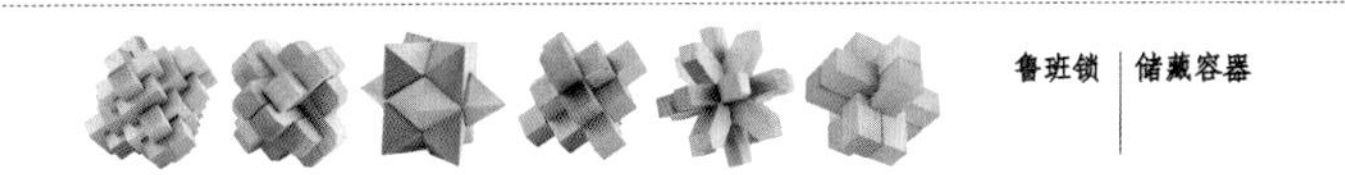

设计理念

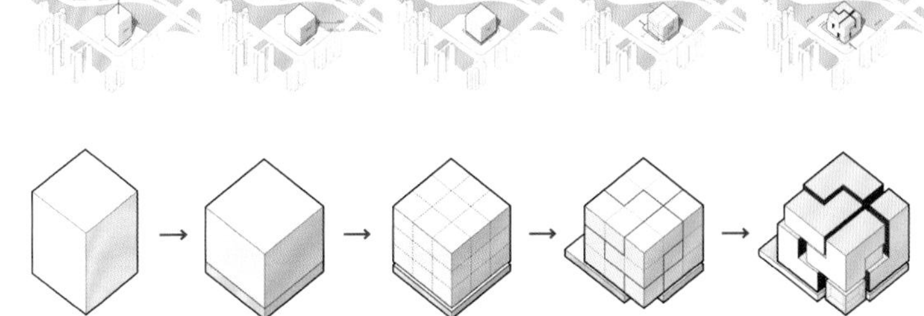

体块生成

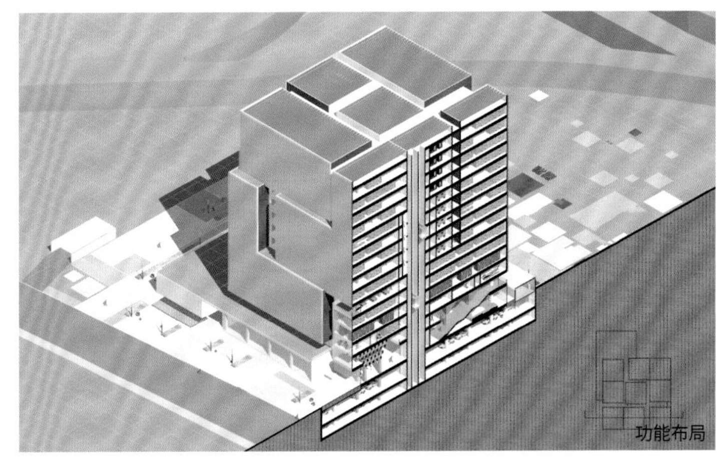

功能布局

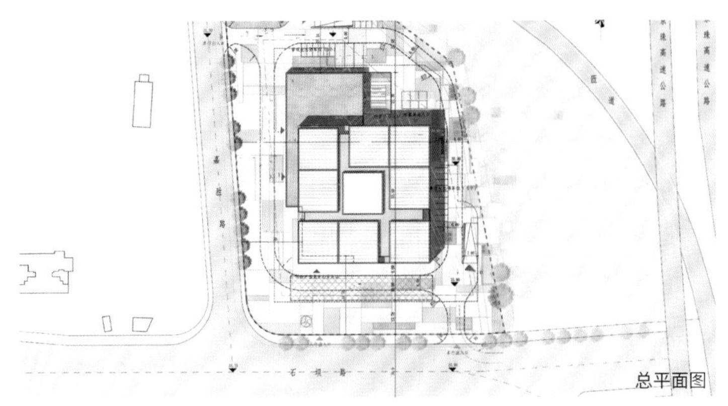

总平面图

汉寿三馆三中心

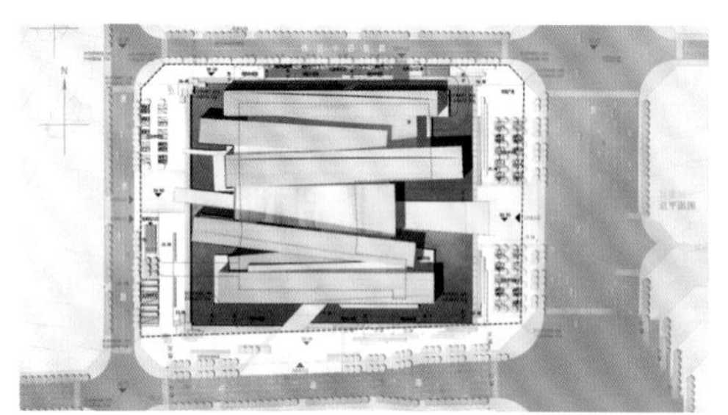

Three Halls and Three Centers of Hanshou

建设地点：湖南 常德
建筑功能：文化建筑
用地面积：41 699平方米
建筑面积：59 251平方米
设计时间：2019年
项目状态：方案
设计单位：湖南省建筑设计院集团有限公司
设计团队：肖扬、罗明彰、李永晖、沈焜、蔡屹、李正强、邹靖宇、李卫、熊倪颖、黄瑞、陈戈、毛勇泰、彭博、王元春、龙双衡、匡腾

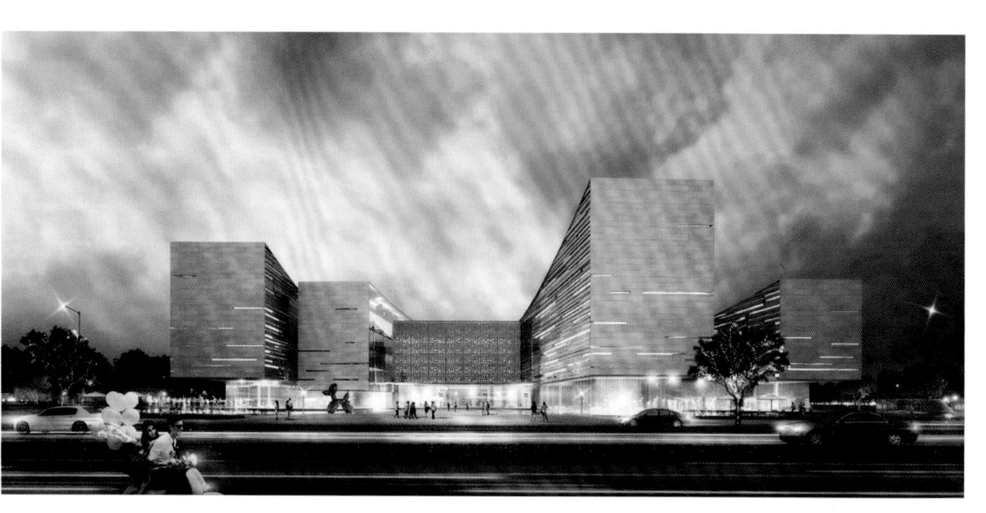

项目设计从汉寿的鱼米之乡印象中抽象出整个场地的基底环境，从龙舟竞渡的动态中提取建筑的形象，构成一组屋顶曲线优美、连绵起伏的建筑群落；从沧浪文化的意境中凝练文化符号，融入整个场景。建筑师将这三者充分融合，即形成本次设计的核心概念——“百舸争流”。

规划布局考虑到项目的地标性、综合性及未来拓展城市功能的灵活性，将不同功能建筑单体作为一组建筑来设计，沿南北向布置并沿东西向展开，形似龙舟。中间船体为共享中庭，自然形成南北两区，北区为博物馆、图书馆（文化活动中心）、规划展示中心，南区为政务中心、智慧城市、档案馆等功能。南区靠近未来的县政府，布置更具私密性与政务职能的功能单元；北区靠近城区主要人流方向，布置更具开放性、市民化、文化性的功能单元；通过一个共享的中庭达成多个单体之间的有机联系，形成适应城市未来发展、合而不同的整体格局。

新疆巴音郭楞州和静县牧场幼儿园及服务中心

Xinjiang Bayingolin State Hejing County Ranch Kindergarten and Service Center

建设地点：新疆 巴音郭楞州
建筑功能：教育建筑
用地面积：5 042平方米
建筑面积：2 148平方米
设计时间：2020年
项目状态：方案
设计单位：湖南省建筑设计院集团有限公司
主创设计：沈焜、黄瑞、罗明彰、李永晖、蔡屹、邹靖宇、杰布、李卫、熊倪颖、陈戈、毛勇泰、王元春、彭博、李正强、龙双衡、匡腾

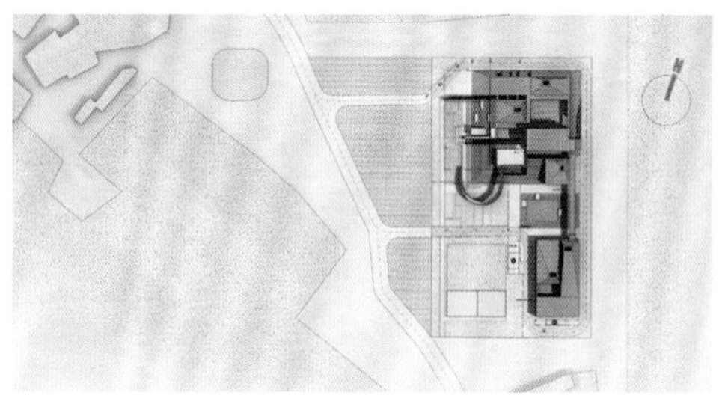

项目致力于为儿童打造一个安全、趣味的空间，为牧场居民提供一个高效、宜人的服务中心。首先，建筑形态与周边山体相融合，呼应当地建筑形式和色彩，选用夯土材料，体现建筑在地性和可实施性。其次，设计从使用者角度出发，以幼儿、居民和工作人员的需求指导空间组织。再次，通过对气候条件的分析，应用绿建技术，如附加阳光间、集热蓄热墙、太阳能光伏发电系统等来指导总体规划和建筑形态，以种种根植在设计策略中的手段适应当地冷热变化快的天气条件，提供一个高效节能、环保舒适的场所。这是一个拥抱社区的场所，建筑师构建了很多非正式的活动区，为幼儿和社区使用者提供了大量休闲娱乐空间，其空间的凝聚力和向心性使社区成为一个整体。

潘伟江

职务：广东省建筑设计研究院有限公司副总建筑师
第十建筑设计研究所总建筑师
职称：教授级高级工程师
执业资格：国家一级注册建筑师

教育背景
1988年—1992年　天津大学建筑学学士

工作经历
1992年今　广东省建筑设计研究院有限公司

主要设计作品
佛山市岭南明珠体育馆
荣获：2007年度广东省优秀工程勘察设计一等奖
2008年度全国优秀工程勘察设计二等奖
广东全球通大厦（新址）
荣获：2011年度广东省优秀工程勘察设计二等奖
肇庆市体育中心升级改造
荣获：2020年首届全国钢结构数字建筑及BIM应用优秀
广州市轨道交通三号线工程
荣获：2007年度广东省优秀工程勘察设计三等奖
广州市光大橡园
荣获：2013年度广东省优秀工程设计三等奖
汕头市正大体育馆
亚青会汕头市人民体育场与游泳跳水馆
中国移动广州（琶洲）电子商务中心
华中师范大学图书馆新馆
四会市第二人民医院
河源市商业中心购物商场
云南大学呈贡校区公寓组团

建筑主创团队

李彦
职务：广东省建筑设计研究院有限公司
第十建筑设计研究所所长助理
执业资格：国家一级注册建筑师
主要设计作品
广州美院佛山校区　广州上下九街区活化　台山旧街活化改造　湛江锦绣华景　湛江山海华府　湛江丽湾名邸　黄埔体育中心改造

张春灵
职务：广东省建筑设计研究院有限公司
第十建筑设计研究所副总建筑师
职称：高级建筑师
主要设计作品
亚青会汕头市游泳跳水馆　惠州金山湖游泳跳水馆　泰康粤园　泰康鹏园　揭阳潮汕机场　广州流花展馆改造　广州花都区人民法院

潘美莉
职务：广东省建筑设计研究院有限公司
第十建筑设计研究所主任建筑师
职称：高级建筑师
主要设计作品
佛山市第四中学附属学校　松山湖北区学校　中国移动南方基地　金山豪庭　佛山新城小学　广州职业技术院校安置区　四会市综合档案馆

陈佳明
职务：广东省建筑设计研究院有限公司
第十建筑设计研究所副主任建筑师
职称：建筑师
主要设计作品
广东省药品检验所　汕头大学东校区暨亚青会场馆　广州开发区东区刘村中学　佛山三水西江小学　四会市第二人民医院

郑浩威
职务：广东省建筑设计研究院有限公司
第十建筑设计研究所主创建筑师
职称：建筑师
主要设计作品
亚青会汕头市人民体育场　佛山粤剧文化园(方案)　黄埔区体育中心游泳馆(方案)　中国热带农业科学院三亚研究院　潮汕和成医疗康养中心　中国热带农业科学院海口院区

刘国荣
职务：广东省建筑设计研究院有限公司
第十建筑设计研究所主创建筑师
执业资格：国家一级注册建筑师
主要设计作品
亚青会汕头市游泳跳水馆　广州优尼康通医疗科技有限公司厂房　中国热带农业科学院广州创新基地　佛山软件产业园升级改造　汕头体育运动学校　海南东方康养中心(方案)

广东省建筑设计研究院有限公
GuangDong Architectural Design & Research Institute Co.

第十建筑设计研究所

广东省建筑设计研究院有限公司（简GDAD）创建于1952年，是中华人民共和成立后第一批成立的大型综合勘察设计位、改革开放后第一批推行工程总承包业的现代科技服务型企业、全球低碳城市和建发展倡议单位、国家高新技术企业、全国科先进集体、全国优秀勘察设计企业、当代中建筑设计百家名院、全国企业文化建设示范位、广东省文明单位、广东省抗震救灾先进体、广东省重点项目建设先进集体。

第十建筑设计研究所隶属于GDAD，有专业技术人员50余人，其中包括教授级级工程师2人、高级工程师5人、各类注册程师7人，人才队伍素质优良、结构合理第十建筑设计研究所致力于原创，倡导赢，并深耕大湾区，面向全国，期望在专领域做精做强。

第十建筑设计研究所依托GDAD强大综合实力，充分发挥自身技术优势拓展务，专注于城市更新、体育场馆升级改造医养结合、中小学校、产业园区等领域的筑规划设计及全过程咨询服务。项目多次获省部级奖项，并获业主好评。同时第十筑设计研究所在房屋安全检测鉴定、各类EPC项目、装配式实用性研究及应用等方持续做出了积极的探索和努力。

地址：广州市解放北路863号盘福大厦11楼
电话：020-86664541
传真：020-86664541
网址：www.gdadri.com

亚青会汕头市人民体育场

Shantou People's Stadium of the Asian Youth Games

项目业主：汕头市人民体育场
建设地点：广东 汕头
建筑功能：体育建筑
用地面积：39 672平方米
建筑面积：41 449平方米
设计时间：2020年
项目状态：建成
设计单位：广东省建筑设计研究院有限公司
项目主创：潘伟江、江刚、郑浩威、许楚燕、田中
参与设计：冯智宁、刘国荣、邹挺揆、都兴利、王军慧
邝伟民、黎晓晖、叶敏聪、丁国文、陈晓韵

亚青会汕头市人民体育场以“水逐波跃红头船”为设计理念，深入分析原有建筑的形态特征。改造设计采用“老融入新”的设计手法，在有限的用地内，通过现代的空间形态使新旧建筑有机融合，营造多层次开放空间。广场景观绿化以曲线流动为设计母题，在市区打造出了独具特色的滨海市民活动场所。设计注重赛事场馆的城市形象标志性和视觉冲击力，采用一体化的设计手法统筹新、旧两个场馆。设计结合当地海洋文化，以流水为势、波涛为形的曲线造型串联起整个空间。整体造型简洁而有动感，寓意扬帆起航，彰显潮汕地区人民勇于冒险开拓，又精明灵巧的文化特征。

亚青会汕头市游泳跳水馆

Shantou Swimming and Diving Hall of the Asian Youth Games

项目采用“新老并置，和而不同”的更新设计手法，注重新旧场馆的有机融合，实现改扩建过程中原有场所肌理的有机生长。设计从海滨城市的地域特色和传统出发，在延续原游泳中心“滨海贝壳”建筑形象的基础上，从汕头市标志性的金凤花中获得灵感，以“金凤花开”的设计理念统领全局。整体布局突显浓郁的滨海城市氛围，且寓意亚青会如繁华似锦般团结进取。

设计在安全、节能、适用、可持续发展、赛后利用等方面全方位提升建筑品质。在项目的设计中，新建部分延续原有设计语言，强调新旧建筑风格的统一性以及整体的序列感；重视公共空间多样化、多层次形态的打造，为亚青会大型赛事的顺利举行提供最完善的场馆设施，同时也为赛后体育教学、全民健身提供了良好的条件，营造开放、活力、人性化的城市空间，并期待带动区域协调发展。

项目业主：汕头市游泳跳水馆
建设地点：广东 汕头
建筑功能：体育建筑
用地面积：285 438平方米
建筑面积：112 451平方米
设计时间：2020年

项目状态：建成
设计单位：广东省建筑设计研究院有限公司
项目主创：潘伟江、江刚、张春灵、刘国荣
参与设计：李伟峰、冯智宁、郑浩威、陈佳
黄世豪、黄世昌、陈泽钿、徐志
徐巍、方标、许楚燕、丁国文

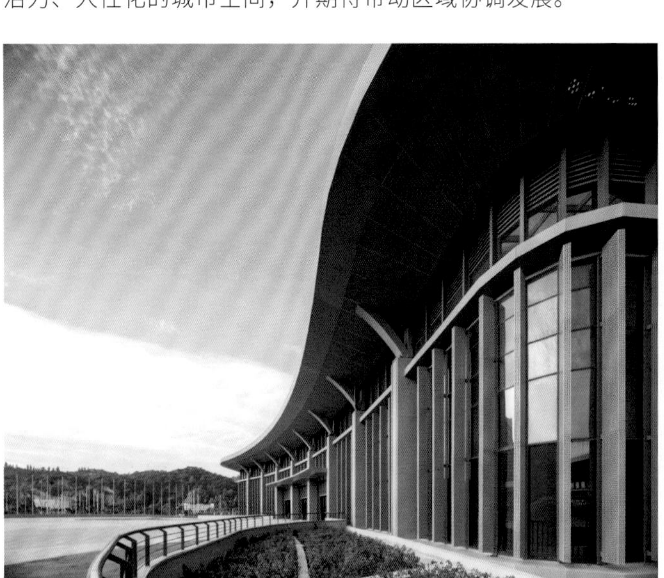

广东省药品检验所

Guangdong Institute for Drug Control

项目业主：广东省药品检验所
建设地点：广东 广州
建筑功能：办公、科研建筑
用地面积：10 525平方米
建筑面积：31 782平方米
设计时间：2012年
项目状态：建成
设计单位：广东省建筑设计研究院有限公司
项目主创：魏永欣、潘伟江、张春灵、刘志丹
参与设计：冯智宁、李伟峰、陈佳明、许穗民
周建辉、潘美莉、罗丽萍、于声浩

项目由11层主楼、3层东裙楼和4层西裙楼组成，通过一个下沉花园和空中连廊相互联系，形成一个整体。

建筑主体立面以“色谱条码”为设计理念，经过提炼演化出相应的建筑元素，与庄重典雅的建筑体量组成最终的立面效果，为严谨的学术氛围增添一份浪漫气息。下沉花园作为场所内景观核心与建筑体量有机结合在一起，将自然光线和通风引入地下一层，减少建筑能耗。“空中色谱‘L’形连廊”的结构形式采用“悬吊索+钢梁+压型钢板”组合楼板，使连廊整体感觉轻盈时尚。

“天人山水”农舍及旅客中心

"Tianren Shanshui" Farmhouse and Visitor Center

项目业主：昊源集团有限公司
建设地点：广东 广州
建筑功能：文旅建筑
用地面积：10平方千米
建筑面积：2 300平方米
设计时间：2019年—2020年
项目状态：建成
设计单位：广东省建筑设计研究院有限公司
项目主创：张剑、李彦、潘伟江、巢智棚
参与设计：冯智宁、李伟峰、陈泽钿、陈家骈、陈佳明、冯浩楠、李进辉、李慧雯、沈志伟、高兴杰、邝伟民、赵镇伟

设计从乡村旅行设施和农舍共建的角度，通过接触自然、保留乡土气息的建筑形态，使建筑与本土的气候、人文相契合，营造出现代都市旅行者和乡镇村民交流的开放艺术馆。

全通透的建筑结构，使小鸟和飞虫可以自由穿行，充满农趣。简洁现代的建筑外形提升了田边的艺术气息。裸露的富有韵律变化的混凝土框架、黑色的陶瓦构成了立面与屋顶的曲线。碳化松木板有更清晰硬朗的纹理，呈现特别的粗犷的景观效果。游客中心则用几何形态的棱角顶盖与周围的山体无缝衔接，使现代与传统在视觉上发生碰撞，形成藏而不露的姿态和视觉冲击。

广州美院佛山校区

Foshan Campus of Guangzhou Academy of Fine Arts

项目业主：广州美术学院
建设地点：广东 佛山
建筑功能：教育建筑
用地面积：129 783平方米
建筑面积：101 387平方米
设计时间：2021年
项目状态：投标方案
设计单位：广东省建筑设计研究院有限公司
项目主创：李彦、潘伟江、黄世豪、关乐
参与设计：黄绮涵、陈家骈、张煜、张春灵、李伟峰、潘美莉、卢梓琦、禹楚星、张成辉

项目毗邻河边，地处东平水道与顺德水道的交汇处。设计灵感来源于项目用地的周边环境，取意当地河边的“流水叠石”，旨在打造一个形如叠石的建筑群，并通过如流水般交织的立体交通体系进行有机统一。空间上以“宁散勿聚，宁透勿堵”为核心，采取散点式布局，形成多样化的岭南特色过渡空间。

项目业主：佛山市第四中学
建设地点：广东 佛山
建筑功能：教育建筑
用地面积：46 559平方米
建筑面积：61 645平方米
设计时间：2021年
项目状态：在建
设计单位：广东省建筑设计研究院有限公司
项目主创：潘伟江、潘美莉、邓青、刘国荣
参与设计：郑浩威、陈家骈、李伟峰、冯智宁、黄世昌、巢智棚、黄梓健、禹楚星、周建辉、黄世豪

项目以“现代书院、知识窗口、文脉传承、交流共享”为主要的设计理念，打造开放多元的学习交流活动空间。整体造型设计从“现代书院”和“知识窗口”的概念出发，力求打破传统中学立面设计的一些局限性，突显校园文化特性和时代性，创造出具有现代主义精神，且能反映时代气息和文化内涵的时尚校园建筑。

佛山市第四中学附属学校

Affiliated School Project of Foshan No. 4 Middle School

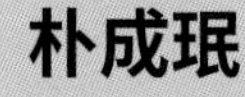

朴成珉

职务：中国联合工程有限公司
　　　第一建筑工程设计研究院院长
职称：高级工程师
执业资格：国家一级注册建筑师

教育背景

1995年—2000年　哈尔滨工业大学建筑学学士

工作经历

2000年至今　中国联合工程有限公司

主要设计作品

杭州国际会议中心
荣获：2011年浙江省优秀工程勘察设计二等奖
　　　2011年杭州市优秀工程勘察设计一等奖
　　　2012—2013年度国家优质工程奖
　　　2013年全国优秀工程勘察设计三等奖
　　　2016年杭州市优秀工程勘察设计专项一等奖
　　　2017年中国土木工程詹天佑奖

杭州来福士广场
荣获：2016年杭州市优秀工程勘察设计专项一等奖
　　　2021年浙江省优秀工程勘察设计一等奖
　　　2021年杭州市优秀工程勘察设计一等奖

中国人寿大厦
荣获：2022年浙江省优秀工程勘察设计一等奖
　　　2022年杭州市优秀工程勘察设计一等奖

滨江银泰国际喜来登酒店
荣获：2016年浙江省优秀工程勘察设计二等奖
　　　2018年杭州市优秀工程勘察设计一等奖
　　　2019年机械工业优秀工程勘察设计一等奖

宁波嘉和中心
荣获：2013年浙江省优秀工程勘察设计二等奖

朱文婧

职务：中国联合工程有限公司第一建筑工程设计
　　　研究院副院长、方案中心主任
职称：高级工程师

教育背景

2002年—2007年　浙江大学建筑学学士
2009年—2011年　德国斯图加特大学建筑学硕士

工作经历

2012年—2016年　中联筑境建筑设计有限公司
2016年至今　　　中国联合工程有限公司

主要设计作品

苏步青励志教育纪念馆
荣获：2019年杭州市优秀工程勘察设计三等奖
上海君康金融广场
荣获：2022年杭州市勘察设计行业优秀成果奖一等奖
金华金东创新产业园
金华金义新区石泄未来社区
漳州核电华龙科技文化园
温岭古茗总部大楼

朱廷峰

职务：中国联合工程有限公司第一建筑工程设计
　　　研究院方案所所长
职称：高级工程师
执业资格：国家一级注册建筑师

教育背景

2000年—2005年　宁波大学建筑学学士

工作经历

2005年—2017年　杭州天人建筑设计事务所
2017年至今　　　中国联合工程有限公司

主要设计作品

常熟衡泰国际花园
荣获：2008年全国人居经典方案竞赛规划、环境双金奖
黄山趣园商业街区
荣获：2015年全国优秀工程设计华彩奖银奖
　　　第八届上海国际青年建筑师设计竞赛三等奖
温州尚品国际大厦
荣获：2017年全国优秀工程勘察设计三等奖
　　　2017年杭州市优秀工程勘察设计三等奖
台州星光耀广场工程
荣获：2016年浙江省优秀工程勘察设计专项二等奖
　　　2022年杭州市优秀工程勘察设计二等奖
杭州市下城区三村连片综合改造工程

地址：浙江省杭州市滨江区滨安路
　　　1060号
电话：0571-81185280
传真：0571-85164757
网址：www.chinacuc.com

中国联合工程有限公司隶属于中央大型企业集团、世界500强企业——中国工业机械集团有限公司，是我国最早组建的国家大型综合性设计单位之一。

公司拥有建设领域全行业资质，有多位院士及上千位行业专家，主编、参编国家、地方和行业标准、规范180余项，获得国家科技进步奖28项、国家级各类工程技术奖100多项、各类省部级奖1 000多项。公司凭借强大的综合优势，竭诚为国内外业主提供各类工程建设全方位、全过程服务。

中国人寿大厦

China Life Tower

项目业主：中国人寿保险股份有限公司浙江省分公司
建设地点：浙江 杭州
建筑功能：办公建筑
用地面积：35 964平方米
建筑面积：377 152平方米
设计时间：2012年
项目状态：建成
设计单位：中国联合工程有限公司
设计团队：朴成珉、郭晔、宋国强、包峥

项目位于杭州市钱江新城核心区域，由三幢超高层建筑及裙房组成，是一座以办公、酒店、商业为主要功能的现代化高端城市综合体。

设计理念源于中国传统文化中的"璞玉"。其经岁月洗礼粗粝坚实的表面下有着温润美丽的玉质。石材幕墙形成的规则方形体量经过切割"露出"晶莹柔美的玻璃幕墙，两种质感的对比形成独特的视觉效果。整体的简洁和细部的丰富相结合，主楼整体给人以简洁、挺拔、超现代的感受；建筑窗口在规则中变化，稳重中不失活泼。

项目的结构设计采用斜框架柱来实现塔楼立面的切角造型，核心筒外围采用钢管混凝土柱+钢梁的钢管混凝土框架，充分发挥钢结构的特性。

杭州国际会议中心

Hangzhou International Conference Center

项目业主：杭州国际会议中心有限公司
建设地点：浙江 杭州
建筑功能：酒店建筑
用地面积：47 810平方米
建筑面积：126 296平方米
设计时间：2005年
项目状态：建成
设计单位：中国联合工程有限公司
加拿大OTT/PPA建筑师事务所
设计团队：朴成珉、史建华、冯大鹏、李建宏、CARLOS OTT、June Chuang

项目坐落于杭州中央商务区，以会议、超五星级酒店为核心功能，可提供会议、演出、展示、住宿、休闲、餐饮、康乐等国际标准化、综合性多功能服务，全力打造钱塘江畔国际旅游城市舒适、休闲的高品质会议环境。国际会议中心作为钱江新城核心区城市主轴线的巨型雕塑式建筑地标，与大剧院“日月同辉”，一金一银，一动一静，一盈一缺，一阳一阴，一刚一柔，一放一敛，一波澜壮阔一微波不兴，天造地设一般屹立于杭州核心地带。它们与中轴线上市民中心“广宇六合”的设计理念相呼应，一组自由挥洒的曲线构图在天地间一气呵成、荡气回肠，将钱江新城的豪迈气势体现于自然法则和人文精神之中。

温岭古茗总部大楼

Wenling Guming Headquarters Building

项目业主：浙江古茗科技有限公司
建设地点：浙江 温岭
建筑功能：办公建筑
用地面积：13 353平方米
建筑面积：34 688平方米
设计时间：2021年
项目状态：在建
设计单位：中国联合工程有限公司
　　　　　卡洛斯隽建筑设计顾问（上海）有限公司
设计团队：CARLOS OTT、朱文婧、冯大鹏、施泽峰、
　　　　　张梦蝶、郑羽

项目位于浙江温岭大溪镇，这里是古茗茶饮的发源地。设计师结合品牌理念、场所特质和总部培训的功能诉求，提出“最大化、完整性、抬升、释放”的设计策略，通过空间塑造、功能布局和设计语汇，强调总部的归属感、秩序感和未来感。

建筑采用双主楼形式，向两侧舒展，以享受景观资源、展示企业形象；同时将底层架空，给自然系统的动态伸展留下更多空间，实现与自然的联动。

设计通过“一心、二轴、双翼”的空间结构，提升场地效率，实现场地的完整互动。一心是报告厅，也是整个建筑体的精神堡垒；二轴是西侧的滨水活力轴和东侧的创新轴，实现景观联结和场景联结；双翼是南北两侧展开的翼形主楼形态，涵盖培训、会议及区域办公等功能。

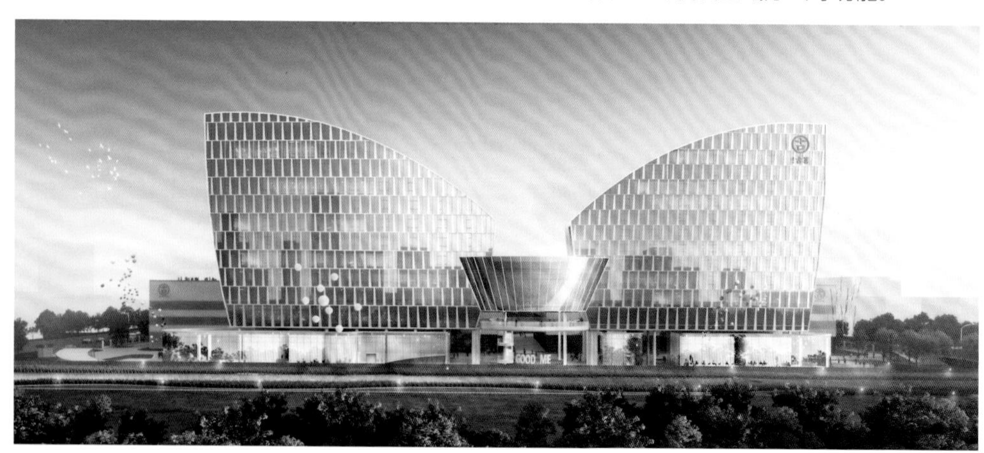

杭州市下城区三村连片综合改造工程

Hangzhou Xiacheng District Three Villages Contiguous Comprehensive Reconstruction Project

项目业主：杭州市拱墅区城市建设投资发展集团有限公司
建设地点：浙江 杭州
项目功能：城市更新
用地面积：710 000平方米
建筑面积：1 610 000平方米
设计时间：2017年—2019年
项目状态：在建
设计单位：中国联合工程有限公司
设计团队：朴成珉、徐磊、朱廷峰、陈繁荣、
尉巍、王宵凡

杭州下城区三村连片综合改造工程位于杭州市下城区北部，以居住、办公、商业功能为主，以两横两纵的城市主干道网络为纽带，起到承上启下、联老带新的作用。项目建成后将成为杭州主城北部功能完善、交通便达、配套齐全的全域中央商务区、智慧文创集群区和多元产业活力区。

设计充分尊重城市发展规律，针对杭州市中心高度挤压的城市空间，通过多维度的规划，以改善民生为根本目的，以产业规划为基础，布局商务系统，共享文化、服务、空间、生态、信息、科技、教育、经济；驱动区域人口结构的改变，通过人口结构的不断循环提升来促进产业的可持续性发展，打造宜居、宜业、宜游的杭州理想城。

总体规划采用“一轴、一脉、两翼、四区”的格局，轴脉相交，两翼联动，四区共荣，将整个区域有机整合成新的共享城市空间，实现下城区三村生产、生活、生态的精彩蜕变。

彭菊

职务： 中信建筑设计研究总院有限公司
第二建筑设计研究院总建筑师
职称： 高级工程师
执业资格： 国家一级注册建筑师

教育背景
2001年—2006年　重庆大学建筑学学士
2018年—2019年　日本株式会社IAO竹田设计研修

工作经历
2006年至今　中信建筑设计研究总院有限公司

主要设计作品
华中农业大学襄阳校区
荣获：2021年湖北省优秀城乡规划设计一等奖
武汉越秀星汇君泊
荣获：2018年广州市优秀工程勘察设计三等奖
2019年湖北省优秀工程勘察设计二等奖
武穴第一人民医院整体迁建工程
荣获：2020年湖北省优秀工程勘察设计二等奖
武汉长江航运中心
蔡甸实验学校
武汉城投四新之光

许菁

职务： 中信建筑设计研究总院有限公司
第二设计院副总建筑师
职称： 高级工程师
执业资格： 国家一级注册建筑师

教育背景
2001年—2006年　武汉理工大学建筑学学士

工作经历
2006年至今　中信建筑设计研究总院有限公司

主要设计作品
融科天城二期
荣获：2013年湖北省优秀工程勘察设计二等奖
2013年武汉市优秀工程勘察设计二等奖
保利军运城
荣获：2020年武汉市优秀工程勘察设计三等奖
庐山西海希尔顿格芮精选酒店
荣获：2021年湖北省优秀工程勘察设计二等奖
2021年武汉市优秀工程勘察设计二等奖
湖北省中医院武东院区（一期）
荣获：2021年湖北省优秀工程勘察设计二等奖
2021年武汉市优秀工程勘察设计二等奖
湖北省中医院医药研究中心大楼
武汉金茂方岛览秀城
武汉长江航运中心
武汉中心书城
武汉大华锦绣时代
武汉城投四新之光
武汉城投墨北璟苑
武汉城联投江南岸
武汉城联投誉江南

中信建筑设计研究总院有限公司
CITIC General Institute of Architectural Design and Research Co., Ltd.

中信建筑设计研究总院有限公司（原武汉市建筑设计院）成立于1952年，为世界500强企业中国中信集团旗下中信工程设计建设有限公司的子公司。公司持有建筑工程施工总承包一级、建筑工程设计甲级、城乡规划编制甲级、市政设计甲级、风景园林设计甲级、工程咨询资信甲级、文物保护工程勘察设计乙级、施工图审查一类等资质，享有中国商务部颁发的对外经营权，是国家认定的“高新技术企业”，综合实力位居全国行业前列。

公司自成立以来，与多国开展了广泛的技术合作和人才交流活动。设计范围遍及全国及全球20多个国家和地区，创作了大批具有时代特征的地标性工程。公司连续三年入选中国勘察设计协会工程总承包营业额年度排名百强，在上榜的民用建筑设计院中名列前茅。

公司拥有专业技术人员1 400余人，其中教授级高级工程师100余人、高级工程师近400人、一级注册建筑师100余人、一级注册结构工程师100余人、其他各类注册200余人。公司先后有16人享受国务院政府特殊津贴，40余人获得湖北省、武汉市各类专家称号，特聘中国工程院院士和全国工程勘察设计大师各1人。

公司还设有国家级博士后科研工作站、院士专家工作站和武汉市博士后创新实践基地等研究机构。

作为全国创新型优秀企业、当代中国建筑设计百家名院，公司已连续十余年入选ENR“中国工程设计企业60强”。经过七十载的厚重积淀，公司共荣获了800余项国际、国家级、省级、市级优秀工程设计奖及80余项科技进步奖，主编或参编50余项国家和地方技术标准，拥有160余项国家发明专利和实用新型专利、40余项软件著作权，出版20余部科技专著。

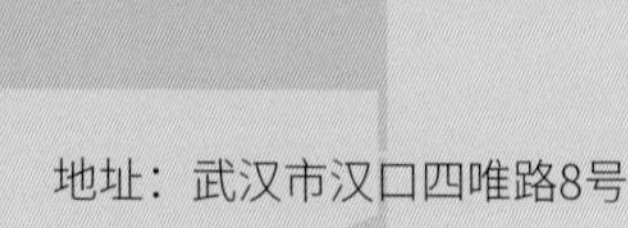

地址：武汉市汉口四唯路8号
电话：15927532201
网址：www.design.citic
电子邮箱：citicdesign@citic.com

武汉长江航运中心

Wuhan Yangtze River Shipping Center

项目业主：武汉长江航运中心有限公司　　建设地点：湖北 武汉
建筑功能：城市综合体　　用地面积：47 600平方米
建筑面积：49 4000平方米
设计时间：2015年
项目状态：建成
设计单位：中信建筑设计研究总院有限公司
设计团队：陆晓明、金绍华、彭菊、李明宇、杨坤鹏、穆静文、许菁、孙吉强、田志、杨雁

项目由一栋66层主体塔楼（高363米）和5层裙房组成，是一个集商业、酒店、办公等多种功能于一体的超大型城市综合体。

整体性设计将超高层建筑庞大的人流、车流、物流体系进行有效组织，确保各功能体系既相互独立，又共享互通。建筑以核心筒的布局形式，对流线组织、标准层平面、大堂、层高、消防、结构体系、设备选型进行了精细化设计，确保超高层建筑整体的经济性与可行性。设计通过挑高入口空间、商业采光中庭、酒店中庭空间、顶层观光空间等，营造出高品质的空间环境。以城市视角进行形体刻画，整体风格简洁挺拔，不同角度的视觉效果富于变化，有效丰富了沿江的城市天际线，成为城市的焦点。

庐山西海希尔顿格芮精选酒店

Lushan Xihai Hilton Gree Collection Hotel

项目业主：中海庐山西海（九江）投资有限公司
建设地点：江西 九江
建筑功能：酒店建筑
用地面积：157 600平方米
建筑面积：30 305平方米
设计时间：2012年
项目状态：建成
设计单位：中信建筑设计研究总院有限公司
合作单位：柏涛建筑设计（深圳）有限公司
参与设计：金绍华、许菁、桂虹、金蕾、姚倩

项目设计以保持自然风貌为主题，结合地形特点，采用发散式布局，将内部环线与景观穿插，打造具有中国传统名居特色的度假酒店。白墙灰瓦的中式建筑、递进式的庭院与景观环境完美统一。在建筑细节中，运用中式元素的现代化提炼，塑造充满地域风情的社区形象。

建筑造型充分发挥文化特色，以传统民居元素为源，运用马头墙、漏窗、花格、屏风、院落、对景等，通过成熟的比例关系、优质的建筑材料与和谐的色彩搭配，塑造端庄典雅而不失现代感的整体形象。建筑形体简洁大气，结合接待大厅、宴会等功能，创造富有层次感和韵律感的空间。

武穴市第一人民医院整体迁建工程

Wuxue First People's Hospital Overall Relocation Project

项目业主：武穴市第一人民医院
建设地点：湖北 武穴
建筑功能：医疗建筑
用地面积：81 000平方米
建筑面积：97 000平方米
设计时间：2013年
项目状态：建成
设计单位：中信建筑设计研究总院有限公司
参与设计：李小兵、汪明、杨明思、彭菊

项目位于武穴市城东新区，建成后成为武穴市领先的现代化医疗中心。建筑采用半集中的医院布局方式，医疗综合楼由门急诊楼、医技楼、病房楼、后勤保障楼等区块组成。设计师秉承以人为本的规划宗旨，从满足病人需求的角度出发，围绕便捷就医流程进行设计。通过嵌入优雅休闲空间，设置方便就医的辅助设施，营造温馨安逸的就医氛围，让病人充分体验体贴的人文关怀。

建筑功能围绕空间轴线有序展开，通过医疗主街和连廊的设置将门急诊楼、医技楼、病房楼、后勤保障楼、办公区等融合成一个整体，引导医院人流、物流、交通流、专业流、信息流，使病人就诊、专业分隔、物品输送、车辆引导、信息传递的流线简洁、清晰，营造高效的医疗环境。医疗综合楼设有绿化庭院，使绝大多数房间可以获得自然通风采光，为医护人员和病患人员提供人性化的办公和就诊环境。建筑通过简约的构图手法，表达医院建筑形象的同时，在城市转角营造出立体、生动、开放的城市公共空间。

湖北省中医院武东院区（一期）

Wudong Hospital of Hubei Provincial Hospital of Traditional Chinese Medicine (Phase I)

项目业主：湖北省中医院
建设地点：湖北 鄂州
建筑功能：医疗建筑
用地面积：88 213平方米
建筑面积：46 050平方米
设计时间：2016年
项目状态：建成
设计单位：中信建筑设计研究总院有限公司
设计团队：李小兵、杨明思、许菁、叶枫、姚倩、胡伟、陈浩

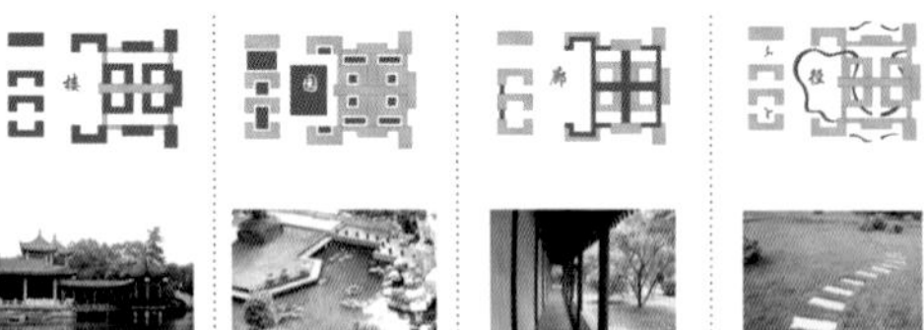

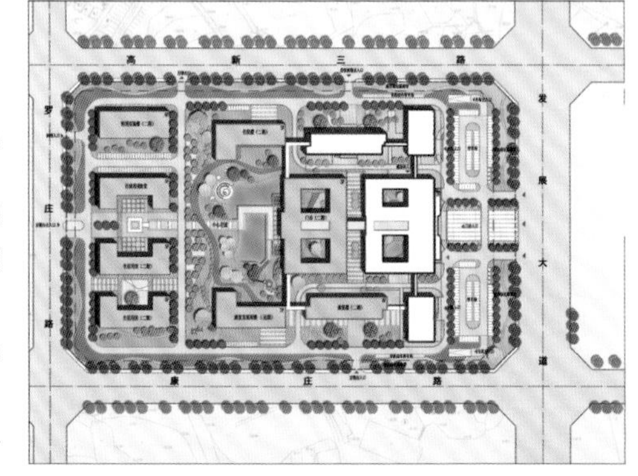

项目位于鄂州经济开发区，四面临城市干道。建筑立面采用新中式的建筑风格，以内敛沉稳的传统风格为出发点，融入现代设计语言，为现代空间注入唯美的中国古典风韵，将现代和传统结合在一起。

在设计手法上，对传统建筑的形制、比例进行重构，以现代人的审美需求、现代的技术手法、现代的材料来打造富有传统韵味的建筑。

在立面色彩与材质上，将传统红砖色与深灰色搭配，以现代材料与技术为手段，唤醒人们对传统的记忆。

在细部处理上，摒弃纯粹的元素堆砌，将传统符号恰当地运用到建筑立面中，使建筑造型既简洁大气又体现细节，经久耐看。

蔡甸实验学校

Caidian Experimental School

项目业主：武汉市蔡甸区人民政府蔡甸街办事处
建设地点：湖北 武汉
建筑功能：教育建筑
用地面积：71 800平方米
建筑面积：47 600平方米
设计时间：2017年
项目状态：建成
设计单位：中信建筑设计研究总院有限公司
参与设计：王晓晖、彭菊、汪琦、黄亚、田志、陈柔羽

项目位于武汉市蔡甸区，为九年一贯制学校，共设计54个教学班级。学校规划设计根据各功能区的不同特点进行合理布置，小学班级与初中班级独立成栋。各功能区在满足教学、工作、学习、生活的基础上，通过平台、连廊强化功能间联系的合理性及使用的便捷性，凸显人性化。建筑设置大量的开放式架空空间，为学生提供全天候活动场所，有效促进师生及学生之间的交流。建筑形体及色彩活跃、灵动，以适应青少年特殊的生理及心理需求。建筑预留多样化的弹性空间，满足建筑功能适度调整的灵活性，增强建筑生命力。

保利军运城

Poly Junyun City

项目业主：武汉保利金夏房地产开发有限公司
建设地点：湖北 武汉
建筑功能：居住建筑
用地面积：132 000平方米
建筑面积：400 000平方米
设计时间：2017年
项目状态：建成
设计单位：中信建筑设计研究总院有限公司
参与设计：尹蓁、许菁、胡伟、陈浩

项目作为第七届世界军人运动会运动员村，主要承担运动员日常生活及配套服务功能。项目设计按照“分区合理、规模适度、交通便捷、住宿舒适、餐饮丰富”的标准进行功能布局，以实现“展示中国特色，突出湖北本土风格，空间丰富宜人”的效果，体现“共享友谊、同筑和平”的运动精神。

在规划设计中，以“中国院子”为主题，结合地形特点，采用扇形发散式布局，内部环线与景观中轴穿插，打造具有中国传统特色的住宅小区，让来自不同国家的运动员都能感受到中国文化。在建筑细节设计上，运用典型的中国元素，塑造出端庄典雅、充满中国风情的社区形象。

浦海鹰

职务：DPA建筑设计创始人、总建筑师
执业资格：国家一级注册建筑师

教育背景

1998年—2003年　同济大学建筑学学士

工作经历

曾在国际知名设计事务所担任主创建筑师，在国内大型建筑设计院担任建筑所所长。
2014年至今　DPA建筑设计

社会职务

中国建筑学会会员
上海市城市更新研究会专家

个人荣誉

2010年上海市优秀咨询项目奖一等奖
2013年广州设计周最佳办公空间奖
2015年澳门“金莲花杯”国际大师设计展建筑方案类金奖
2018年中国国际装饰及设计艺术博览会十大最具原创设计师奖及办公空间类金奖
2021年新设榜中国创新设计年度杰出人物

主要设计作品

深圳万科坂田城市综合体
荣获：2018年国际设计竞赛三等奖、最佳人气奖
“山水集”项目
荣获：2020年“高质量发展背景下，中国特色雄安建筑设计竞赛”专业级别组商业服务类建筑三等奖
南通AGSK创意产业园
荣获：2021年环球地产设计大奖城市文化推动奖
2021年上海国际设计周匠心设计奖
2021年新设榜中国创新设计年度作品
张家口崇礼多乐美地宿集项目
荣获：2020年民宿设计大赛最佳规划奖、建筑类一等奖

地址：上海市黄浦区马当路388号
SOHO复兴广场A座2301室
电话：021-61032677
电子邮箱：dpa@dpa.vip

DPA

DESIGN · POWER · ARCHITECTURE

DPA建筑设计是一家坚持以建筑方案创意设计为主的设计服务机构。经过近10年的发展，DPA建筑设计已在中国多个核心区域，建成了众多优秀项目，积累了丰富的项目运作经验，拥有众多客户及战略合作伙伴。

DPA建筑设计一直以来倡导“建筑即风景”，致力于提供高品质规划、建筑设计与服务，将建筑与自然、文化、艺术相结合，打造每一个独特的风景建筑。

多元的空间在日常生活中越来越有价值，人们在注重功能的同时也更追求体验感。DPA建筑设计秉持让建筑与自然环境有机互动的理念，在空间温度、沉浸式体验中提升项目价值，打造极具艺术性和时代感的地标性建筑。

设计范围涵盖商业建筑、产业园区、文旅度假建筑、文化教育建筑等领域。

深圳万科坂田城市综合体

Shenzhen Vanke Bantian Urban Complex

项目业主：万科集团
建筑功能：商业、办公建筑
建筑面积：479 160平方米
项目状态：方案
主创设计：浦海鹰
参与设计：傅靖、邹欣、YAP TENG JI、陆嘉荣
建设地点：广东 深圳
用地面积：44 408平方米
设计时间：2018年
设计单位：DPA建筑设计

项目秉持“流动、弹性、边界”的设计理念。

设计师努力打造一个“非停滞、非孤立、非固化”的公共空间体系，创建一个“市集+秀场+艺术+新媒+天街+台地”的高密度建筑群。

南通AGSK创意产业园

Nantong
AGSK Creative
Industrial Park

项目业主：江苏爱格思凯服装科技发展有限公司
建设地点：江苏 南通
建筑功能：科研、办公建筑
用地面积：32 100平方米
建筑面积：30 032平方米
设计时间：2016年—2017年
项目状态：建成
设计单位：DPA建筑设计
主创设计：浦海鹰
参与设计：傅靖、邹欣、YAP TENG JI、陆嘉荣

项目打破传统的工业建筑设计手法，引入新中式的设计理念，与城市肌理巧妙结合。

宁德玖隆时代广场

Ningde Jiulong Times Square

项目业主：福建玖隆置业有限公司
建设地点：福建 宁德
建筑功能：商业、办公建筑
用地面积：46 180平方米
建筑面积：119 810平方米
设计时间：2021年
项目状态：在建
设计单位：DPA建筑设计
主创设计：浦海鹰
参与设计：傅靖、邹欣、YAP TENG JI、陆嘉荣

项目秉持“一核一带一体”的设计理念。
一核：宁德高铁枢纽核心商圈。
一带：新宁德文化经济景观带。
一体：集商务、商业、文化、枢纽为一体。

张家口崇礼多乐美地宿集项目

Zhangjiakou Chongli Dolomiti Suji Project

项目业主：张家口多乐房地产开发有限公司
建设地点：河北 张家口
建筑功能：民宿酒店建筑
用地面积：8 421平方米
建筑面积：5 020平方米
设计时间：2020年
项目状态：方案
设计单位：DPA建筑设计
主创设计：浦海鹰
参与设计：傅靖、邹欣、YAP TENG JI、陆嘉荣、刘鹿鸣、吴柳君

项目营造了一座民宿之城，百步之中，移步易景，让人仿佛游历于街巷，留白但不空洞，置身其中，城即是风景，人亦是风景。

戚欢月

职务： 中国船舶集团国际工程有限公司建筑规划所所长
职称： 研究员
执业资格： 国家一级注册建筑师
国家注册城乡规划师

教育背景
2000年—2004年　清华大学建筑学硕士

工作经历
2008年至今　中国船舶集团国际工程有限公司

个人荣誉
2005年中国土木学会创建全国优秀示范小区奖
2005年詹天佑大奖/双节双优住宅小区优秀奖
2016年中船重工集团公司优秀青年科技工作者
2018年全国人居综合大奖
2018年全国“人居·筑景”建筑科技杰出奖
2018年中国建筑装饰协会国际设计周“华鼎杯”设计工程银奖
2018年中国国际建筑装饰及设计艺术博览会酒店设计类金奖
中国建筑学会创新产业园区规划设计学术委员会第一届理事会委员

主要设计作品
中船深远海服务保障中心
荣获：2018年全国“人居·筑景”建筑科技杰出奖
中船集团总部大楼（北京）建筑、室内和景观改造
中船涿州海洋装备科技产业园
中船青岛海西湾产业基地

苏东波

职务： 中国船舶集团国际工程有限公司设计总监
职称： 高级工程师
执业资格： 国家一级注册建筑师
国家注册城乡规划师

教育背景
1999年—2004年　内蒙古工业大学建筑学学士
2004年—2007年　西安交通大学建筑学硕士

工作经历
2019年至今　中国船舶集团国际工程有限公司

主要设计作品
中船深远海服务保障中心
荣获：2018年全国“人居·筑景”建筑科技杰出奖
国星光电吉利产业园
湖北华强科技虢亭共挤膜产业园
中船涿州海洋装备科技产业园
湛江湾产业园
中国动力总部大楼及研究中心

地址：北京市朝阳区双桥中路北院1号
电话：010-85391859
传真：010-85390608
网址：www.csic602.com.cn
电子邮箱：lisihui@csic602.com.cn

中国船舶集团国际工程有限公司隶属于中国船舶集团有限公司，以服务国家战略、支撑国防建设为己任，在机械工业和船舶行业国防建设咨询设计领域处于行业领先地位，先后获得优秀成果奖、优秀设计奖、科技进步奖、技术创新奖及各类协会奖110余项。服务对象包括船舶系统、航天系统、电子系统、高校等单位，并与河北、山西、贵州、海南等多个省份的地方政府建立良好合作关系。

中国船舶集团国际工程有限公司拥有6项甲级资质、4项乙级资质、2项二级资质、6项三级资质和7项认

王婷

职务：中国船舶重工集团国际工程有限公司主任工程师
职称：高级工程师

教育背景
1999年—2004年　太原理工大学建筑学学士
2004年—2006年　华中科技大学建筑学硕士

工作经历
2007年至今　中国船舶重工集团国际工程有限公司

主要设计作品
北海船厂国际会议中心
荣获：2014年全国人居建筑规划设计方案竞赛双金奖
武船双柳特种船舶及重型装备制造基地建设项目1#2#室内工程
荣获：2021年北京市优秀工程勘察设计二等奖
中船集团三亚海洋科技城产业策划
中船集团现代科技产业园涿州地块策划
中船集团深圳前海产业园地块策划
中船集团青岛人才公寓二期
北京翠微路16号院维修升级改造
中船集团楼前广场及大厅改造

全胜

职务：中国船舶集团国际工程有限公司建规所建筑师
职称：高级工程师
执业资格：国家一级注册建筑师

教育背景
2001年—2005年　辽宁工学院建筑学学士

工作经历
2005年—2013年　北京中科建筑设计研究所有限公司
2013年—2019年　中国电子工程设计院有限公司
2019年至今　中国船舶重工集团国际工程有限公司

主要设计作品
中船集团大楼重点空间改造
中船集团党校
新港6221老厂区控制性详细规划
湛江湾实验室专家公寓
河北燕郊中欧城开数据城
保定金融谷产业园
北京丽泽商务区湖南投资大厦
丹江口妇幼保健医院
江苏中加国际学校
鄂尔多斯康巴什车管所
廊坊永清政务中心

证资质，为建设单位提供能力提升咨询设计服务，为船舶工业提供能力提升支撑保障，在工业及民用建筑领域具备较强的咨询设计服务能力。

建筑规划所主要致力于承接产业园区策划、规划及重要建筑单体设计，为客户提供优质的设计咨询成果。配合完成产业园区的工程总承包和全过程咨询的相关工作，同时致力于“设计一体化”的研究，完成项目的专项策划——规划——重要建筑单体——景观——室内的专业设计咨询工作。

中船涿州海洋装备科技产业园

CSSC Zhuozhou Marine Equipment Science and Technology Industrial Park

项目业主：中国船舶集团有限公司
建设地点：河北 涿州
建筑功能：科研、办公建筑
用地面积：450 000平方米
建筑面积：700 000平方米
设计时间：2017年—2019年
项目状态：在建
设计单位：中国船舶集团国际工程有限公司
主创设计：戚欢月、苏东波、王婷、全胜、刘如意、孟文萍、赵瑞峰

建筑师将生产、居住、办公、休闲功能融入园区，通过功能空间组织营造混合的业态，最大化提升效率；通过空间质量的提升，使交流距离最小化，活动空间最大化，打造共融的园区模式。建筑功能根据实际情况，分为三大功能区域。其中，生产装配区集中在整个地块北侧，有利于生产、试验、管理的连贯性操作；南侧地块为总部科研办公区和人才公寓区，一方面为上下游企业及公司自身提供了可扩展空间，另一方面提供了整个园区的生活及商业配套。

中船集团党校

CSSC Group Party School

项目业主：中国船舶集团有限公司
建设地点：河北 涿州
建筑功能：办公建筑
用地面积：24 000平方米
建筑面积：30 000平方米
设计时间：2019年—2021年
项目状态：在建
设计单位：中国船舶集团国际工程有限公司
主创设计：全胜、苏东波、戚欢月、王婷、杨雷、梁潇、张旭腾、刘振华

项目从设计需求和场地特征出发，以发扬红色精神、融合船舶文化为设计理念，遵循党校建筑的普遍特征，注重体现文化内涵。场地规划采用院落式空间布局，以科研教学楼为核心，形成“一主轴、两进院”的规划结构，强调场地空间的仪式感和文化性。

建筑布局打破单纯功能性思维，形成灵活适用的综合体功能体系，注重完善的功能设施与人文关怀，创造具有船舶人归属感的党校建筑。外立面风格、室内设计及景观体现了党校建筑风格的政治性与庄严性，从革命旧址中吸取建筑元素，能更好体现党校的红色基因；并充分融合了中国船舶集团有限公司船舶与海洋的文化元素，打造属于船舶人的标志性建筑。

中船深远海服务保障中心

CSSC Deep Open Sea Service and Support Center

项目业主：中国船舶集团有限公司
建设地点：海南 三亚
建筑功能：科研、办公建筑
用地面积：353 000平方米
建筑面积：349 000平方米
设计时间：2019年—2021年
项目状态：在建
设计单位：中国船舶集团国际工程有限公司
主创设计：戚欢月、苏东波、王婷、刘如意、
王阳、李征、范宇昕

项目位于三亚市崖州区深海科技产业园内，是一座国家级的科技创新示范园区。海南围绕“三区一中心”的战略定位，建设了包括三亚深海科技城在内的12个先导性项目。中船深远海服务保障中心属于三亚深海科技城建设的先导项目之一。项目规划设计了若干龙头工程、精品工程，着力形成新的经济增长点，助力海南经济建设，为海南未来的经济发展提供支撑，为海南在深远海科技开发、智慧海洋、现代服务业等领域以及自由贸易试验区和中国特色自由贸易港的建设方面做出贡献。

中国动力总部大楼及研究中心

China Power Headquarters Building and Research Center

项目业主：中国船舶集团动力股份有限公司
建设地点：河北 保定
建筑功能：科研、办公建筑
用地面积：10 000平方米
建筑面积：37 000平方米
设计时间：2019年—2021年
项目状态：在建
设计单位：中国船舶集团国际工程有限公司
主创设计：苏东波、赵瑞峰、张磊、祁海兵、
米俊祺、朱申、孙贤军

项目在造型上采用晶莹通透的现代建筑设计风格，展现积极进取的科技企业特征；立面采用经典的“上中下、左中右”构图方式，构建沉稳踏实的央企建筑形象。建筑核心公共空间是3个叠置的大厅，它们共同将各科研办公单元串联起来，起到了公共资源共享、功能分区明确的作用，也为科研工作者提供了较好的交流、休息场所。

中船邯郸北湖科技园产业园

CSSC Handan Beihu Science and Technology Park Industrial Park

项目业主：中国船舶集团有限公司
建设地点：河北 邯郸
建筑功能：科研、办公建筑
用地面积：131 000平方米
建筑面积：106 500平方米
设计时间：2020年—2021年
项目状态：待建
设计单位：中国船舶集团国际工程有限公司
主创设计：全胜、张旭腾、朱申、李思慧

项目场地被大面积水域环抱，景观环境优越，因此项目以“环境友好”“绿色生态”为设计理念。规划布局力求与周边环境形成对话与互动，通过有机的空间布局和建筑尺度的把控，使建筑群落成为区域环境中的一景，与区域风貌形成和谐的关系。建筑空间形式取义邯郸丛台的空间特征，研发综合楼架设于纵横交错的裙房之上，象征“武灵丛台”，统领整个建筑群。顶部设计通透的视窗，可观览四周的景色。

中国船舶海洋信息装备产业园

China Ship Marine Information Equipment Industrial Park

项目业主：中国船舶集团有限公司
建设地点：浙江 杭州
建筑功能：科研、办公建筑
用地面积：157 000平方米
建筑面积：430 000平方米
设计时间：2019年—2021年
项目状态：待建
设计单位：中国船舶集团国际工程有限公司
主创设计：苏东波、赵瑞峰、张磊、祁海兵、闻伊娜、李世林

项目位于杭州市西湖区，周边配套完善，地理位置优越，用地范围内环境优美、绿树成荫，北侧、东侧均有水系环绕。园区规划依据科研生产的工艺需求，形成围合式的空间组团。建筑形象形似大型船舰，寓意领航巨舰满载企业希望和科学智慧，在启航后定能乘风破浪。产业园区整体反映了船舶行业科技文化的时代特征，成为企业迈入新阶段的标志性建筑。

盛文革

职务：清华大学建筑设计研究院有限公司
执行总建筑师
职称：研究员级高级工程师
执业资格：国家一级注册建筑师

教育背景
华中工学院建筑学学士

工作经历
2010年至今　清华大学建筑设计研究院有限公司

主要设计作品
河南艺术中心工程
荣获：2009年全国优秀工程勘察设计三等奖
中国国家话剧院剧场及办公楼工程
荣获：2013年中国建筑设计奖（建筑创作）银奖
延安大学新校区图书馆、博物馆、校史馆
荣获：2019年全国优秀工程勘察设计一等奖
清华大学光华路校区大楼
荣获：2021年教育部优秀工程勘察设计一等奖
九寨沟景区沟口立体式游客集散中心
荣获：2021年教育部优秀工程勘察设计一等奖

王立新

职务：清华大学建筑设计研究院有限公司
城乡发展规划研究分院副院长
职称：高级工程师
执业资格：国家一级注册建筑师

教育背景
1999年—2002年　清华大学建筑学硕士

工作经历
2016年至今　清华大学建筑设计研究院有限公司

主要设计作品
北京空港泰达科技园
安邦险上海张江后援中心
新北京中心

郭凡

职务：清华大学建筑设计研究院有限公司
城乡发展规划研究分院二所所长
职称：高级工程师
执业资格：国家一级注册建筑师

教育背景
2007年—2010年　华中科技大学建筑学硕士

工作经历
2017年至今　清华大学建筑设计研究院有限公司

主要设计作品
北京牛栏山一中本校总体规划
荣获：2014年全国工程建设项目优秀设计成果三等奖
安邦保险上海张江后援中心

赵森辉

职务：清华大学建筑设计研究院有限公司
城乡发展规划研究分院建筑师
职称：高级工程师
执业资格：国家一级注册建筑师

教育背景
2007年—2010年　华中科技大学建筑学硕士

工作经历
2017年至今　清华大学建筑设计研究院有限公司

主要设计作品
北京轨道交通安保中心
安邦保险上海张江后援中心
高邮盂城驿景区东部特色街区

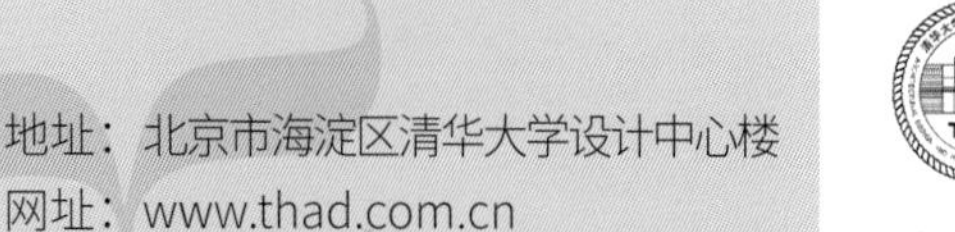

地址：北京市海淀区清华大学设计中心楼
网址：www.thad.com.cn
经营计划部
电话：010-62788579
电子邮箱：jzsjy@tsinghua.edu.cn
企划部
电话：010-62789996
电子邮箱：thad_branding@thad.com.cn

清华大学建筑设计研究院成立于1958年，2011年1月改制为清华大学建筑设计研究院有限公司（THAD）。THAD现有员工1 300余人，包括中国科学院和中国工程院院士6人、勘察设计大师4人，国家一级注册建筑师 228人、一级注册结构工程师74人、注册公用设备工程师39人、注册电气工程师16人；有9个综合设计分院、8个专项设计分院、6个院士和大师工作室、3个建筑专业所、8个专项设计所，以及以教师创作为特色的创新设计分院、3个教师工作室和4个院级研究中心。

成立至今，THAD始终严把质量关，秉承“精心设计、创作精品、超越自我、创建一流”的奋斗目标，热诚为国内外社会各界提供优质的设计和服务。THAD的队伍是年轻的、充满活力的，如果说建筑是一座城市的文化标签，那么THAD的建筑师将用流畅的线条勾勒它，用灵魂的笔触描绘它，用迸发的激情演绎它，这样做的目的只有一个——让世界更加美好。

北京市轨道交通安保中心

Beijing Rail Traffic Security Center

项目业主：北京市公安局地铁公交总队
建设地点：北京
建筑功能：办公建筑
用地面积：21 091平方米
建筑面积：68 800平方米
设计时间：2016年
项目状态：建成
设计单位：清华大学建筑设计研究院有限公司
设计团队：盛文革、王立新、郭凡、赵森辉、刘慧娟、宫翔宇

项目承载着维护北京市公共交通系统安全的重要作用。

总平面布局充分考虑了场地的不规则形状，西侧布置主体建筑，东侧预留室外活动场地。建筑结合地铁公交总队的实际功能需求，进行合理划分。数据中心、后勤办公区、信访接待区等各个功能区既相对独立，又通过连廊有效连接。建筑外观大气、简约，体现了使用方庄严、高效的特点。

建筑设计对“L”形和方形的建筑形体进行重构、组合。内侧方形建筑体块相对私密，为数据中心。外侧“L”形建筑体块相对开放，为后勤区办公。两楼间留有9.1米宽的通道，既解决了两侧的通风采光问题，又保障了数据中心的安全。项目东南侧的大片绿地，将信访接待区隔离，便于功能划分。

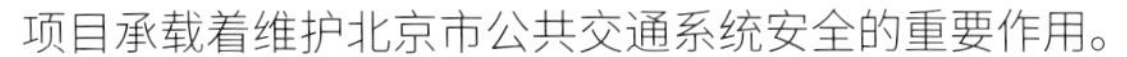

安邦保险上海张江后援中心

Anbang Insurance Shanghai Zhangjiang Support Center

项目业主：上海银行卡产业园开发有限公司
建设地点：上海
建筑功能：办公建筑
用地面积：92 402平方米
建筑面积：217 606平方米
设计时间：2016年
项目状态：建成
设计单位：清华大学建筑设计研究院有限公司
设计团队：盛文革、王立新、郭凡、赵森辉、刘慧娟、刘动、宫翔宇

项目从规划和建筑层面提出了如麦穗般有机生长的设计理念。主体建筑群包含5栋建筑，每栋建筑像稻秆一样被架高，在整个基地上形成连续的景观视觉通廊。

为发挥项目的服务枢纽作用，办公建筑向外扩展，呈风车状布局。整个场地被分为4个象限，形成了各具功能和特色的区域。东北象限为园区的主入口广场区，营造尺度适中的礼仪空间。西北象限为数据中心楼，创造相对安静私密的办公空间。西南象限为两栋弧形宿舍楼，其围合的圆形空间与中心建筑形成呼应，营造独立的生活空间。东南象限结合大片的景观绿地和运动场地，创造开阔且舒适的室外活动空间。

建筑造型以稻米为灵感，设计为饱满的圆弧形，展现丰收、繁荣的企业文化。外立面选用金属格栅和玻璃幕墙，在提供自然采光的同时，采用自遮阳、过滤空气等绿色生态技术。

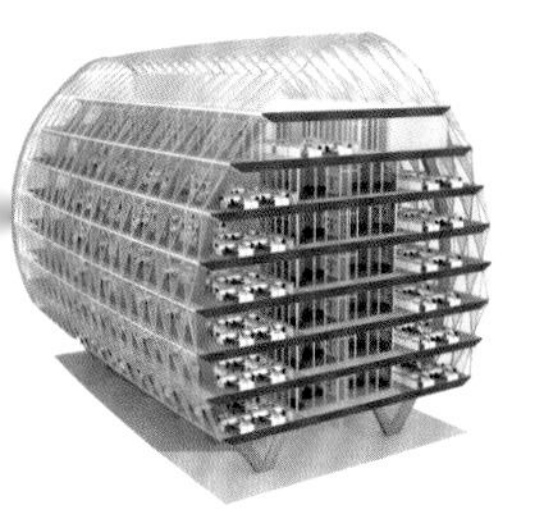

剖轴测图

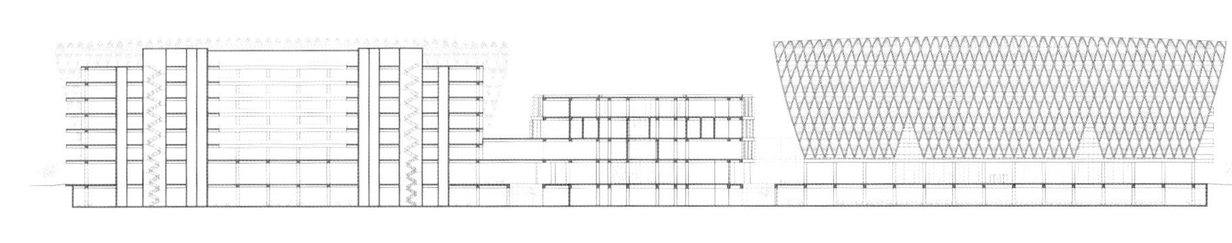

基地南剖立面图

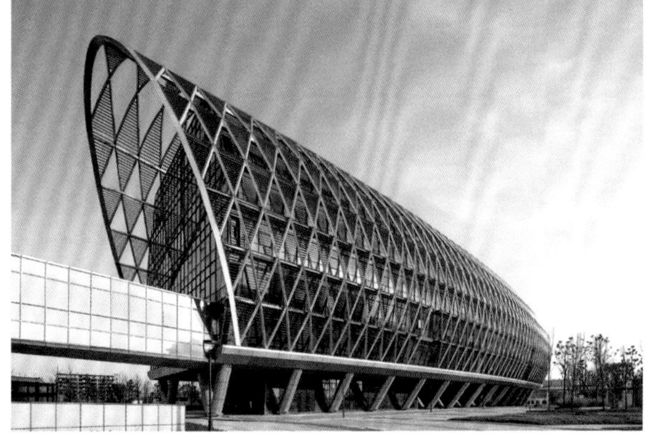

高邮盂城驿景区东部特色街区

Gaoyou Yuchengyi Scenic Area East Characteristic Block

项目业主：高邮秦邮旅游开发有限公司
建设地点：江苏 扬州
建筑功能：商业建筑
用地面积：18 606平方米
建筑面积：15 085平方米
设计时间：2018年—2019年
项目状态：建成
设计单位：清华大学建筑设计研究院有限公司
设计团队：盛文革、白雪、王立新、刘慧娟、赵森辉、郭凡、范桢

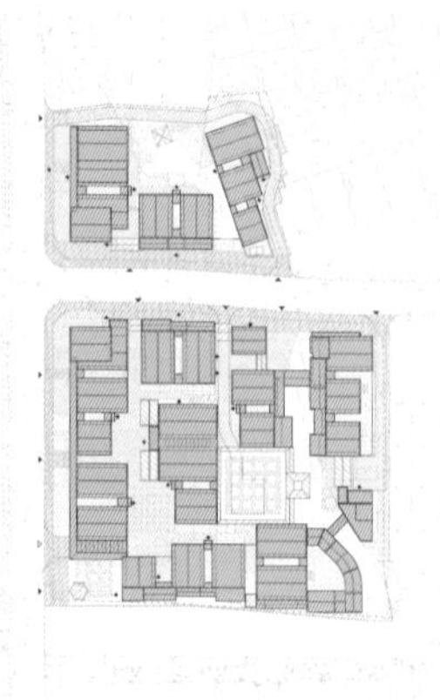

项目位于大运河畔历史文化名城江苏省高邮市，毗邻世界遗产、全国重点文物保护单位——盂城驿景区，承担着景区接待和配套服务功能，也是城市古今文化交会的节点。项目旨在通过城市更新，打造具有历史人文情怀的特色文化商业街区。

项目规划沿用传统巷道式布局，在街区的形态组织中修复老城肌理，在街巷的空间重构里再现市井文化。建筑采用院落式组合，院与院之间交错形成公共活动广场；利用内部水系重新规划，建筑沿着水道迂回错落，创造可供驻足、游玩、参与的空间。

建筑设计以钢结构建造技术为基础，运用模块化的建筑语言，设计出灵活多变、可适性强的建筑造型及空间，满足餐饮、商业、SPA、民宿、民俗表演剧场等使用需求，营造一个又一个别具特色的生活场景。

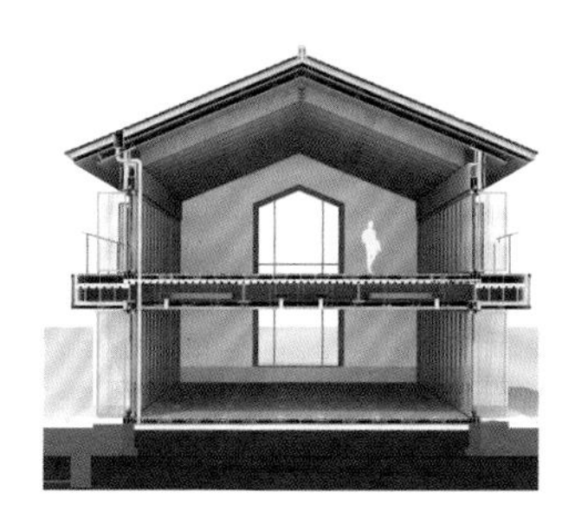

剖面图

剖轴测图

史树一

职务：山西省建筑设计研究院有限公司
综合设计八所所长、主任建筑师
职称：高级工程师
执业资格：国家一级注册建筑师

教育背景

2000年—2005年　太原理工大学建筑学学士

工作经历

2005年至今　山西省建筑设计研究院有限公司

个人荣誉

2009年山西省建设系统抗震救灾先进个人
2019年山西省“三晋英才”青年优秀人才

主要设计作品

茂县高中教学实验楼
荣获：2014年山西省优秀工程勘察设计二等奖
晋城铭基凤凰城
荣获：2016年山西省优秀工程勘察设计一等奖
太原市第六十七中学
荣获：2017年山西省优秀工程勘察设计二等奖
茂县中医院门诊住院楼
荣获：2017年山西省优秀工程勘察设计三等奖
山西医科大学新校区图书信息大楼
荣获：2019年山西省优秀建筑设计二等奖
山西医科大学中都校区
吕梁学院
朔州李林中学新校区

王亮

职务：山西省建筑设计研究院有限公司
综合设计五所所长、主任建筑师
职称：高级工程师
执业资格：国家一级注册建筑师

教育背景

1998年—2003年　太原理工大学建筑学学士

工作经历

2003年至今　山西省建筑设计研究院有限公司

主要设计作品

太原市第二外国语学校新校区教学楼、教学办公楼
荣获：2010年山西省优秀工程勘察设计二等奖
重庆民心佳园公租房
荣获：2011年中国首届保障性住房设计竞赛三等奖
2012年全国人居经典建筑规划设计方案金奖
2013年山西省优秀工程勘察设计一等奖
2014年山西省优秀工程咨询成果三等奖
金潞苑商品房住宅小区
荣获：2015年山西省优秀城乡规划设计三等奖
山西坤成广场
荣获：2015年山西省优秀建筑设计三等奖
太原铁路职工文化活动中心

山西省建筑设计研究院有限公司

The Institute Of Shanxi Architectural Design And Reserch CO.,LTD

山西省建筑设计研究院有限公司成立于1953年，曾隶属于山西省住房和城乡建设厅，是山西省成立最早、规模最大并第一批同时获得“三标体系”认证的综合性甲级建筑设计研究院。公司业务范围包括建筑工程设计、岩土工程勘察与设计、建筑工程咨询、城市规划设计、市政工程设计、风景园林设计、工程勘察行业测量、工程监理、工程总承包等。公司内设机构有10个综合设计所，6个设计室，工程勘察、监理、项目管理、岩土工程等生产部门以及方案创作、结构分析、工程咨询等专业研究所。

公司成立69年来，秉持“精致建筑、精彩生活”的设计理念和“想你所做、与你同创，做你所思、与你共享”的服务宗旨，立足山西，面向全国，高质量完成了大批城市公共建筑、工业建筑和居住建筑。设计项目涵盖卫生、教育、文化、体育、商业、金融、航空、邮政、电力、宾馆、办公、住宅、工业等各个领域，工程遍及全国20多个省、自治区、直辖市及世界10多个国家和地区。公司荣获国家及省部级奖160余项，为国家经济建设和山西城乡建设的发展做出了突出贡献，受到社会各界的广泛赞誉。

公司先后荣获“当代中国建筑设计百家名院”“全国建筑业技术创新先进企业”“全国勘察设计行业诚信单位”“中国最具业主满意度设计机构”“山西省十佳勘察设计院”等荣誉称号。

地址：山西省太原市府东街5号
电话：0351-3285383
传真：0351-3073613
网址：www.sxjzsj.com.cn
电子邮箱：sjyrsc@163.com

山西汾酒文化商务中心

Shanxi Fenjiu Cultural Business Center

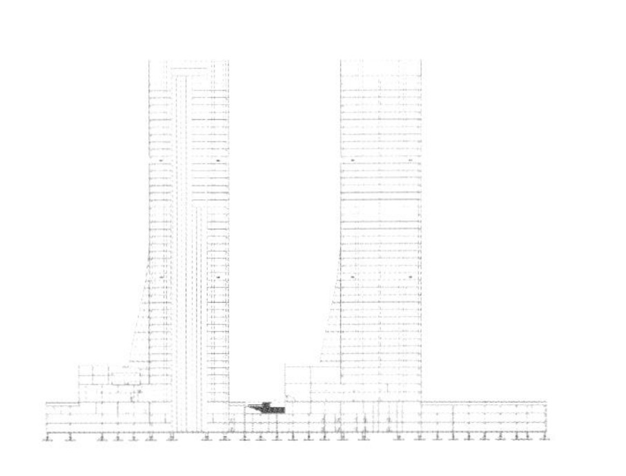

项目业主：山西杏花村汾酒集团有限责任公司
建设地点：山西 太原
建筑功能：办公建筑
用地面积：81 750平方米
建筑面积：280 000平方米
设计时间：2013年
项目状态：在建
设计单位：山西省建筑设计研究院有限公司

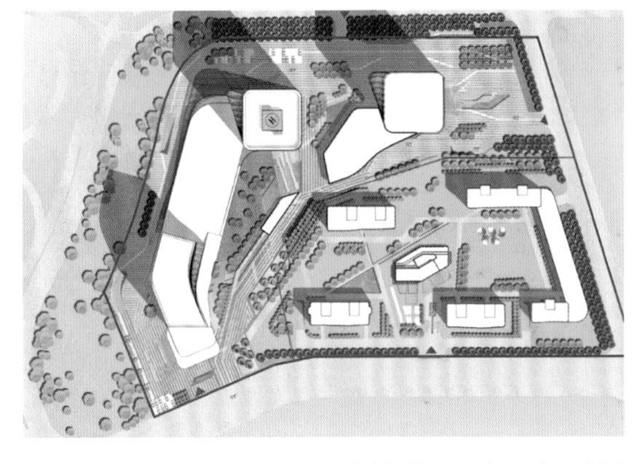

山西汾酒文化商务中心建筑群主要由两大区域组成。商务办公区为北临龙城大街两幢高187米、45层的双子塔楼，东面为5A写字楼，西面为汾酒总部大楼；基地西面是靠近滨河东路的高150米、35层的五星级酒店。

本方案的设计灵感为“源自汾酒”，内部的杏花村广场作为汾酒文化的象征，被设计成一个下沉式的文化广场。主体建筑的形态如同由源头流出的蜿蜒泉水，体现汾酒文化悠远绵长。

五台山国际度假酒店

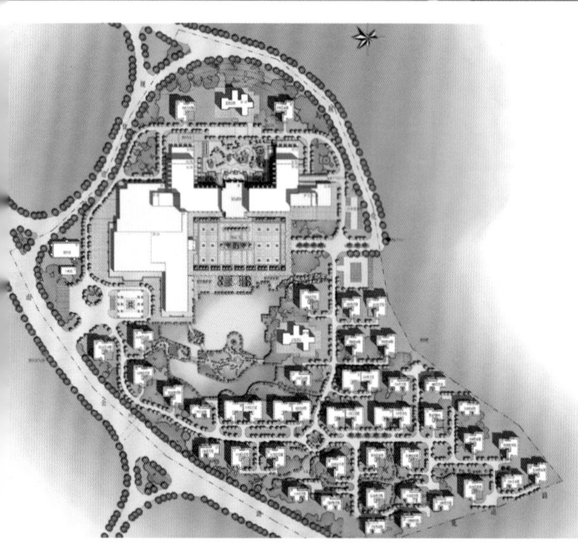

Mount Wutai International Resort Hotel

项目业主：山西东辉集团
建设地点：山西 五台山
建筑功能：酒店建筑
用地面积：164 678平方米
建筑面积：72 142平方米
设计时间：2009年
项目状态：建成
设计单位：山西省建筑设计研究院有限公司

项目位于五台山风景区，中部水系将建设场地分为南北两大部分。水系北部为度假酒店区，包括主体为五层建筑的国际度假酒店和最北侧的两栋总统套房，南部为25栋自由式布置的独栋贵宾楼。酒店主入口设置在场地东侧，建筑规模为地上五层，地下一层，共有客房248套，其中标准间232套、套房16套。总平面采用院落式布局，外立面采用坡屋顶，主色调采用灰色、白色及木色等，与自然环境相得益彰。

山西省省情方志馆

Shanxi Province Local Records Museum

项目业主：山西省地方志研究院
建设地点：山西 太原
建筑功能：文化建筑
用地面积：20 791平方米
建筑面积：34 400平方米
设计时间：2015年
项目状态：在建
设计单位：山西省建筑设计研究院有限公司

项目以“器、院、格”为设计主题，完美展现建筑的内涵、功能与气质。

1.“器”——博容承载

博容方志文化，承载多元功能。建筑融合了多种文化元素，表达了语言文字无法表达的文化内涵，是器物、制度和观念三层文化的集中体现。

2.“院”——院落园囿

大院民居形制，中式园林文化。设计结合所处位置的独特性，在形制、布局上与山西地方文化相呼应，使传统街巷、中式园林在此得以展现。精致的院落、丛丛绿竹、幽静的水面、点点睡莲，伴着和煦微风以及水面上泛起的涟漪，共同传承着山西传统的文化渊源。

3.“格”——书香品格

营造书香人文环境，提升品格气质。设计通过对山西地域元素及中式园林的空间布局研究，结合地方志的专业内涵属性，定位为书院式的博物馆。

新源智慧建设运行总部

Xinyuan Wisdom Construction Operation Headquarters

项目业主：山西新源智慧建设有限公司
建设地点：山西 太原
建筑功能：办公建筑
用地面积：24 310平方米
建筑面积：100 600平方米
设计时间：2020年
项目状态：在建
设计单位：山西省建筑设计研究院有限公司

项目由A、B、C三座主体建筑及地下车库、配套建筑组成， A座达到“AAA级装配式建筑+超低能耗建筑+三星级绿色建筑”标准，B座达到“AA级装配式建筑+二星级绿色建筑”标准，C座达到“A级装配式建筑+二星级绿色建筑”标准。

设计从城市规划、建筑景观学的整体理念出发，综合考虑多方面因素，强调使用功能和交通流线的合理组织，注重表达“高起点、高科技、高引领”的思想，致力于创造一座品质卓越、功能明晰、个性鲜明的示范性工程。同时规划设计符合先进的“五大中心”规划建设思路，体现“创新、协调、绿色、开放、共享”的发展理念；紧密围绕“创新与文化”的关键要素，通过精细化的设计、建设和运营，实现山西特色文化元素与现代设计的兼容并蓄。

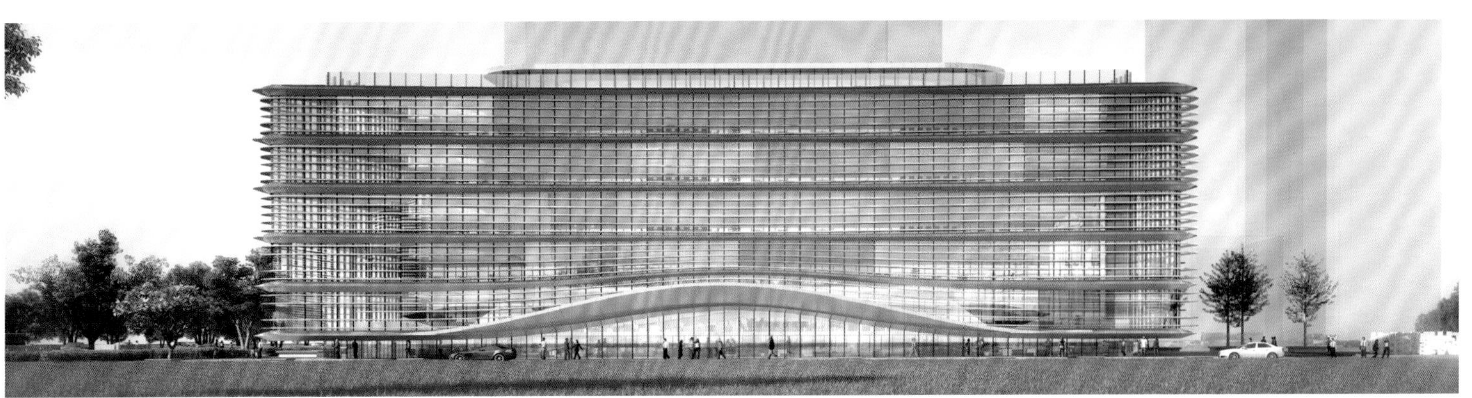

孙波

职务：青岛腾远设计事务所有限公司建筑二院副院长
职称：工程师

教育背景

1996年—2001年　烟台大学建筑学学士

工作经历

2001年—2009年　大地建筑设计事务所
2009年至今　青岛腾远设计事务所有限公司

主要设计作品

济南中铁城
青岛中海国际社区
绿城留香园
信联天地·云麓
荣获：2017年山东省优秀建筑设计方案一等奖
中铁博览城
武汉中铁诺德逸园
沈阳中铁诺德逸园
菏泽中铁牡丹城
北京万达旅游城
荣获：2013 年山东省优秀建筑设计方案三等奖
平度市天成老年公寓
荣获：2012年山东省优秀建筑设计方案三等奖

刘欣

职务：青岛腾远设计事务所有限公司未至工作室主持设计师
职称：工程师

教育背景

2001年—2006年　大连理工大学建筑学学士

工作经历

2006年—2008年　上海日兴建筑事务所有限公司
2008年至今　青岛腾远设计事务所有限公司

个人荣誉

2016年青岛市十佳青年优秀建筑师

主要设计作品

海创幼儿园
荣获：2013年山东省优秀建筑设计方案一等奖
　　　2017年全国优秀工程设计“华彩奖”二等奖
东营唐人中心
荣获：2013年山东省优秀建筑设计方案二等奖
崂山二中
荣获：2013年山东省优秀建筑设计方案一等奖
青岛二十六中
荣获：2014年青岛市优秀工程勘察设计三等奖
红岛东岸线管理用房
荣获：2016年山东省优秀建筑设计方案三等奖

TENGYUAN DESIGN
腾远设计

用设计构筑美好生活，
成为建筑工程设计领域的创新者和引领者

青岛腾远设计事务所有限公司（以下简称腾远）创立于1996年，是一家多元化、综合性的工程实践咨询机构，多年来专注于建筑工程设计、城市规划设计、景观园林设计、室内设计、市政设计及工程咨询等领域的专业服务，为客户提供系统性和创新性的解决方案。

腾远发源于青岛，并在烟台、济南、武汉、上海等地设立了分支机构，业务范围遍及全国。腾远现有了1 800余名专业人才，包括教育背景多元、经验丰富、专注创新的建筑师、工程师和项目经理等。

腾远先后与诸多知名地产开发企业、跨国公司建立了战略合作关系，并通过整合国内外前沿设计理念和先进技术，完成了许多大规模、高复杂度的设计项目，通过与多家境外优秀设计机构的成功合作，积累了设计服务国际经验。2012年腾远荣获“当代中国建筑设计百家名院”，2013年腾远荣获“全国勘察设计行业创优型企业”，2015年腾远被认定为“高新技术企业”，腾远商标被国家工商行政管理总局认定为“中国驰名商标”。在中国勘察设计协会举办的第四届中国民营设计企业排名活动中腾远荣获“2018年度十大民营设计企业”称号。

以持续创新迎接未来挑战，以客户价值为自身使命，腾远将进一步推进全国化和国际化，以现代企业管理平台，搭载方案创意与工程设计服务均衡发展，在“创作建筑精品，做中国最优秀的设计机构”的愿景引导下，致力于成为建筑工程领域的创新者和引领者。

地址：青岛市崂山区株洲路78号国家（青岛）通信产业园2号楼
电话：0532-58578888
传真：0532-58579999
邮箱：design@tengyuan.com.cn
网址：www.tengyuan.com.cn

海创幼儿园

Haichuang Kindergarten

项目业主：青岛市李沧区教育体育局
建设地点：山东 青岛
建筑功能：教育建筑
用地面积：7 561平方米
建筑面积：5 808平方米
设计时间：2013年
项目状态：建成
设计单位：青岛腾远设计事务所有限公司

传统幼儿园一般以成人的心理特点来考虑设计，强制性分区，不注重幼儿心理特点，这导致室内外活动场地转换流线过长，互动减弱。

方案设计从分析幼儿在幼儿园的作息切入，发现幼儿室内外空间切换频繁的特点。设计运用逐层退台的手法获得临近各个班级活动室的儿童活动场地，使室内外活动的切换更为便捷和安全。同时逐层退台的运用使室内也获得逐层变化的公共空间，丰富了幼儿的空间体验，也为其提供了极具特色的室内交往空间。立面造型通过层叠的坡屋顶，创造了一个充满童趣与想象力的幼儿园形象。立面材料上大胆地运用纯色系，目的是想通过该幼儿园的设计为社区、城市带来一抹亮丽的色彩。

济南中铁城

Jinan China Railway City

项目业主：中铁置业集团济南有限公司
建设地点：山东 济南
建筑功能：居住、商业建筑
用地面积：670 000平方米
建筑面积：1 080 000平方米
设计时间：2017年
项目状态：在建
设计单位：青岛腾远设计事务所有限公司

项目位于济南东部新城的西南部，距离CBD核心区约10千米，交通便利，是城市东部居住新区的重要起点，可以实现与主城区的便捷联系。用地周边群山环绕，风景秀美。项目涵盖高层、洋房、叠拼、合院、双拼全线住宅产品。

灵动的泉水和起伏的群山使济南城呈现出“四面荷花三面柳，一城山色半城湖 ”的城市独特意境。设计师希望建筑设计能契合济南城市文化，打造城市中心的山水大宅。因此本项目采用新中式建筑风格，既有清雅含蓄、端庄大方的东方精神，又可兼顾功能决定形式的现代主义建筑风格。设计运用时尚简约的语言重新演绎传统建筑的东方神韵，提炼千年老城的色彩与元素，棕土暖阳，清朗云天；辅以石材雕刻的印记，凸显产品的高贵品质。

方案采用“一环、一轴、节点串联、组团聚合”的规划结构，外部是高层、洋房组团，内部围合成别墅组团，外高内低，形成汇聚之势，浓缩成一幅写意的泼墨山水画卷。

武汉天纵城

Wuhan Tianzong City

项目业主：湖北天纵城投资管理有限公司
建设地点：湖北 武汉
建筑功能：城市综合体
用地面积：130 000平方米
建筑面积：580 000平方米
设计时间：2013年
项目状态：建成
设计单位：青岛腾远设计事务所有限公司

武汉天纵城是湖北本土实力房企恒泰天纵集团开发的项目之一，由145米高甲级写字楼及高端零售、酒店、商业步行街和豪华住宅单元组成。项目是武汉盘龙城区域最大的商业综合开发项目之一，吸引了众多国内外世界级品牌。7.5万平方米的购物中心，设置了国际快时尚中心、儿童娱乐与学习中心、成人健身娱乐中心和华中地区最大的8厅全巨幕电影院。该项目还与当地公交系统无缝连接，便于市民通过城市公交系统轻松进入项目。

桂林展示中心

Guilin Exhibition Center

项目业主：大连万达集团桂林项目公司
建设地点：广西 桂林
建筑功能：文化建筑
用地面积：12 000平方米
建筑面积：4 021平方米
设计时间：2016年
项目状态：建成
设计单位：青岛腾远设计事务所有限公司
广维（WAT）设计研究室

一座展示类建筑，坐落在桂林这样一个群山倒影山浮水的诗意城市里，营造山水主题也是自然的选择。设计师希望通过一种抽象和写意的表达来呈现这一主题，尝试将美丽的山水景观进行一定程度的“去图案化”，并通过抽象的线构方式来进行再现。方案中的建筑是极简的立方体，没有任何形体和造型的变化，而只是通过幕墙处理来塑造一个“山水立方”，既表现了展览建筑的现代性，又将桂林特有的地域景观融入其中。对于这个项目来说，设计师希望设计能够源于景、表以形、达于意，通过一个纯净的玻璃盒子唤起人们内心的自然意趣和山水情怀。

桂林的山圆润连绵，远近有致，加之水面的倒影，影影绰绰、层次丰富。建筑通过竖向玻璃肋的高低起伏表现出起伏的山影，通过两组玻璃肋疏密程度和出挑尺度的不同，来表现桂林山水的风景层次。前广场水面中建筑的倒影增加了建筑的层次和表现力。竖向玻璃肋排列疏密有致，玻璃肋与玻璃幕墙垂直影射，在不同天气的光照条件下，形成变幻微妙的戏剧性效果。在光影流转中，“边界”也变得模糊起来，观者、建筑与桂林山水之间相互呼应。

宋永普

职务：广东省建筑设计研究院有限公司
ADG建筑创作工作室副主任
机场所副总建筑师
职称：高级建筑师
执业资格：国家一级注册建筑师

教育背景

1998年—2003年　华中科技大学建筑学学士
2003年—2006年　华南理工大学建筑学硕士

工作经历

2006年—2008年　广州市珠江外资建筑设计院
2008年—2013年　广东省大成注建工程设计有限公司
2013年至今　广东省建筑设计研究院有限公司

主要设计作品

肇庆新区体育中心
荣获：2019年全国优秀工程勘察设计一等奖
2019年中国威海国际建筑设计大奖赛铜奖
2019年广东省土木工程詹天佑故乡杯
上海浦东T3航站楼
荣获：2019年中国威海国际建筑设计大奖赛优秀奖
广东顺德区德胜体育中心
荣获：2019年中国威海国际建筑设计大奖赛优秀奖
广东肇庆东站站前换乘枢纽工程
荣获：2019年中国威海国际建筑设计大奖赛优秀奖
2020年广东省优秀工程勘察设计一等奖
广西南宁海创·梦中心
荣获：2020年广西优秀工程勘察设计成果一等奖
广东湛江机场迁建工程
荣获：广东省第九届建筑设计奖公建类建筑方案二等奖

林和杉

职务：广东省建筑设计研究院有限公司
武汉分公司总建筑师
职称：高级建筑师
执业资格：一级注册建筑师、注册城市规划师

教育背景

2000年—2005年　东南大学建筑学学士

工作经历

2005年至今　广东省建筑设计研究院有限公司

主要设计作品

广州亚运极限运动中心与轮滑场
荣获：2011年广东省优秀工程勘察设计三等奖
泰山会展中心
荣获：2015年全国优秀工程勘察设计二等奖
2015年广东省优秀工程勘察设计二等奖
梅州豪生大酒店
荣获：2015年广东省优秀工程勘察设计三等奖
珠海航展中心主展馆
荣获：2019年广东省优秀工程勘察设计二等奖
南方电网广州棠下电力运维监控中心
荣获：2019年广东省建筑设计奖三等奖
横琴星艺文创天地
荣获：2021年院级优秀工程勘察设计二等奖
华为首家全球旗舰店
荣获：2021年广东省优秀工程勘察设计二等奖

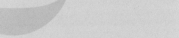

微信公众号：GDADRI

广东省建筑设计研究院
Architectural Design and Research Institute of Guangdong Province

广东省建筑设计研究院有限公司（简称GDAD）创建于1952年，是广东恒健投资控股有限公司成员企业、新中国第一批大型综合勘察设计单位之一、改革开放后第一批推行工程总承包业务的现代科技服务型企业、全球低碳城市和建筑发展倡议单位、全国高新技术企业、全国科技先进集体、全国优秀勘察设计企业、当代中国建筑设计百家名院、全国企业文化建设示范单位、广东省"守合同重信用"企业、广东省抗震救灾先进集体、广东重点项目建设先进集体、广东省勘察设计行业领军企业、广州市总部企业、综合性城市建设技术服务企业。GDAD现有全国工程勘察设计大师2名、广东省工程勘察设计大师12名、享受国务院政府特殊津贴专家13名、教授级高级工程师100名，具有素质优良、结构合理、专业齐备、效能显著的人才梯队。

GDAD现有建筑工程设计、市政行业设计、工程勘察(综合甲级)、工程咨询、城乡规划编制、建筑智能化系统工程设计、风景园林工程设计、建筑装饰设计、工程建设监理、招标代理、工程承包、施工图审查等甲级资质，以及轨道交通、人防设计资质。GDAD立足广东、面向国内外开展设计、规划、勘察、咨询、总承包、审图、监理、科技研发等技术服务。

地址：广州市荔湾区流花路97号
院办公室：020-86681575
020-86676222
经营策划部：020-86681668
020-86681586
人力资源部：020-86681640
020-86664865
传真：020-86677463
网址：www.gdadri.com
电子邮件：gdadri@gdadri.com

许岳松

职务：广东省建筑设计研究院有限公司
深圳分公司总建筑师
职称：高级建筑师
执业资格：国家一级注册建筑师

教育背景
1996年—2001年　中国矿业大学建筑学学士

工作经历
2001年—2014年　广东省建筑设计研究院有限公司
2014年—2015年　深圳建联设计有限公司
2015年至今　广东省建筑设计研究院有限公司

主要设计作品
广州中海花城湾
荣获：2011年全国人居经典建筑规划设计方案竞赛综合大奖
武汉光谷中心
荣获：2011年全国优秀工程勘察设计三等奖
2011年广东省优秀工程勘察设计二等奖
东莞广盈大厦
荣获：2012年东莞市优秀建筑工程设计一等奖
湛江广和澳海城
荣获：2017年广东省优秀工程勘察设计二等奖
华润深圳湾万象城
荣获：2021年广东省优秀工程勘察设计二等奖
2020年深圳市优秀工程勘察设计一等奖
汕头华润置地公馆
厦门招商海上世界
深圳世茂国际商务中心
深圳招商太子湾学校

黄高松

职务：广东省建筑设计研究院有限公司
第八建筑设计研究所总建筑师
职称：高级建筑师
执业资格：国家一级注册建筑师

教育背景
2004年—2009年　广州大学建筑学学士

工作经历
2009年至今　广东省建筑设计研究院有限公司

主要设计作品
广州城际中心
荣获：2013年广东省优秀工程咨询成果一等奖
广东省人大代表之家
荣获：2016年广东省土木工程詹天佑故乡杯
2017年广东省土木建筑学会科学技术三等奖
广东青年干部学院钟落潭新校区
荣获：2017年广东省优秀工程勘察设计二等奖
芜湖海螺医院
荣获：2018—2019年度国家优质工程奖
白云机场三期扩建工程平西安置区
荣获：国家重点研发计划“科技助力经济2020”重点专项示范工程
2021年“龙图杯”全国BIM大赛设计组一等奖
2021年“共创杯”全国智能建造技术创新大赛一等奖
2021年全国“创新杯”建筑信息模型应用大赛三等奖
2021年广东省优秀工程勘察设计奖BIM专项二等奖

黄志

职务：广东省建筑设计研究院有限公司
湖南分院总经理
职称：工程师
执业资格：国家一级注册建筑师

教育背景
1995年—2000年　华南理工大学建筑学学士

工作经历
2000年—2004年　广东省建筑设计研究院
2004年—2008年　上海中船九院建筑院
2008年—2016年　北京构易建筑设计公司
2016年至今　广东省建筑设计研究院有限公司

主要设计作品
深圳大浪公共服务中心
荣获：2020年院级勘察设计优秀方案一等奖
北投观海上城总体规划及建筑设计
荣获：2020年院级勘察设计优秀方案二等奖
长沙九所宾馆改扩建工程
荣获：2020年院级优秀工程勘察设计二等奖
长沙梅溪湖F14超高层建筑设计
荣获：2021年院级勘察设计优秀方案二等奖
广东昇辉电子控股有限公司总部大楼
荣获：2022年院级工业类建筑工程三等奖

肇庆新区体育中心

Zhaoqing New Area Sports Center

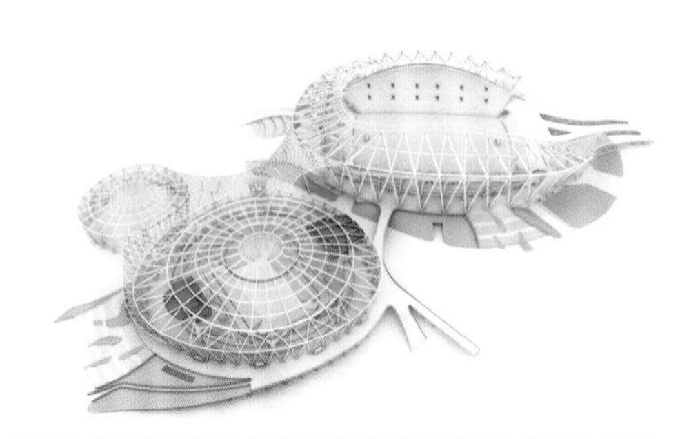

项目业主：肇庆新区管委会
建设地点：广东 肇庆
建筑功能：体育建筑
用地面积：319 648平方米
建筑面积：88 049平方米
设计时间：2015年—2016年
项目状态：建成
设计单位：广东省建筑设计研究院有限公司
设计团队：郭胜、陈雄、陈超敏、宋永普、区彤、何花、林建康、陈进于、陈艺然、黄亦彬、陈文杰、黄日带、戴朋森、张连飞、张翔

设计尊重当地山水景观风貌，强调建筑与环境和谐共生，场馆与河岸相连，体育公园与城市融合共生，创造一体化的城市景观。场馆屋面流畅相连，足球场屋顶向河岸打开，使场内的观众能饱览河岸景色。

体育中心结构设计运用了弦支穹顶结构、悬挑箱型梁结构、花篮型网架结构等综合性结构形式，创造了一种轻巧、自由流动的建筑空间。建筑屋面采用不锈钢连续焊接。泛光设计以“水墨星河”为理念，灯具与幕墙系统一体化设计，星点灯光在河面形成倒影，令人印象深刻。

华为首家全球旗舰店

Huawei's First Global Flagship Store

项目业主：华为技术有限公司
建筑功能：商业、展示建筑
建筑面积：1 442平方米
项目状态：建成
设计团队：周文、司徒仲雯、林和杉、李鹏、向航、徐双、邹永胜、任泽辉、李东海、张文武、周一锋、李平、黎森、苏俊勇、郭永杰

建设地点：广东 深圳
用地面积：600平方米
设计时间：2018年—2019年
设计单位：广东省建筑设计研究院有限公司

项目是华为的全球首家旗舰店，位于深圳万象天地。设计以“城市广场”为设计理念，通过向市民开放的大台阶结合无肋、高透的落地玻璃实现一个极致的城市空间。外立面采用了大面积的高透玻璃，充分体现岭南建筑轻盈通透的特点，单片无肋玻璃高达11米，局部采用曲面球状玻璃，底边外露齐整，完美实现了“倒立红酒杯”的曲线造型。设计利用现代构成手法把大尺度的玻璃形式融入建筑造型中，打破千篇一律的立面形式。室内空间以顾客体验为出发点，将建筑与机电装修一体化设计，灯具、喷淋、风口与吊顶融为一体，空间简洁美观。建筑整体呈现为透明的玻璃盒子，为后续的旗舰店设计提供了很好的样板。

广东青年干部学院钟落潭新校区

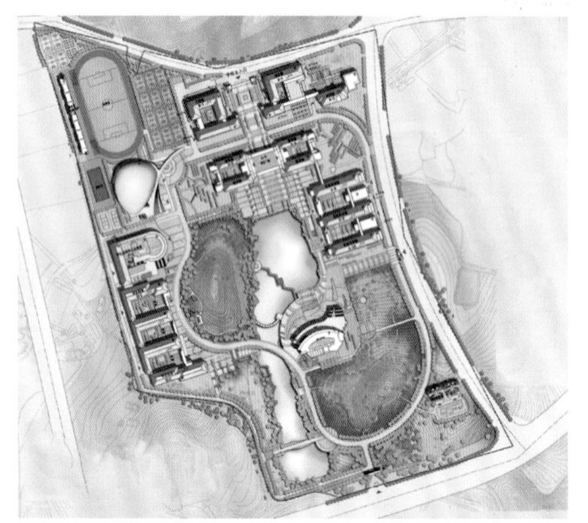

Zhongluotan New Campus of Guangdong Youth Cadre College

项目业主：广东青年干部学院
建设地点：广东 广州
建筑功能：教育建筑
用地面积：354 803平方米
建筑面积：164 470平方米
设计时间：2009年—2012年
项目状态：建成
设计单位：广东省建筑设计研究院有限公司
设计团队：冯伟、石岩、黄高松、李宁、邹文健、何凤娟、朱耀洲、谭剑锋、杨锦坤、黄丹枫、杨文旻、陆斌彦、陈琼、王顺林、谢昭婉

项目位于广州市白云区钟落潭镇，建设用地山峦起伏，环境优美。整体规划在尊重原有自然环境的基础上，打破了刻板的大尺度轴线对称的格局，采用错落有致的自由式布局。项目充分利用原有地形的高差，设计了台地式的建筑，将保留的山体和水体作为校园的中心景观区，形成多层次的建筑空间。

建筑通过庭院空间，形成与景观相互渗透、贯通的绿色生态空间形式，利用传统园林的对景、框景、借景等手法，让建筑和景观产生直接的视觉联系，构建多层次的景观环境空间，营造丰富的教学交流空间。设计结合岭南气候，利用庭院组织空间，形成内部庭院的小气候。外廊串联庭院，不同大小的院落丰富了群体空间，增强了建筑空间的趣味性。

湛江广和澳海城

Zhanjiang Guanghe Aohaicheng

项目业主：湛江广和实业发展有限公司
建设地点：广东 湛江
建筑功能：居住、商业建筑
用地面积：109 839平方米
建筑面积：540 000平方米
设计时间：2010年—2018年
项目状态：一期、二期已建成
设计单位：广东省建筑设计研究院有限公司
设计团队：陈朝阳、林志华、李大伟、许岳松、张伟生、凌观保、郭典、谢鸿文、黎国泾、林寅宇、廖雪飞、刘超、浦至、黄元雄、苏晓恩、林靖觉、林华捷、黄洁静

项目位于湛江市滨海大道西侧，东侧拥有广阔的海景资源，由住宅用地和商业用地组成，规划上采用“BLOCK街区”理念，营造滨水而生的滨海都市生活区。

住宅区16栋27~31层点式住宅塔楼采用“U”形布局，有一层两户、一层三户、一层四户等几种户型，户型方正，宽大阳台和凸窗提供接触自然的可能，确保每户都拥有一个向海视角，可以纵观内湾海景。住宅区内部形成5万平方米核心园林空间，缔造低碳生活区。

商业区采用多层立体街区商业模式，规划业态为滨海休闲商业。超高层塔楼位于北侧，规划整体强调住宅区和商业区的融洽共处，既确保社区的安全性，又强调友好而私密的邻里关系；强调公共区域和私密区域的协调，在各方团队的协作下，整个项目的完成度很高。

广东昇辉电子控股有限公司总部大楼

Guangdong Shenghui Electronics Holding Co., Ltd. Headquarters Building

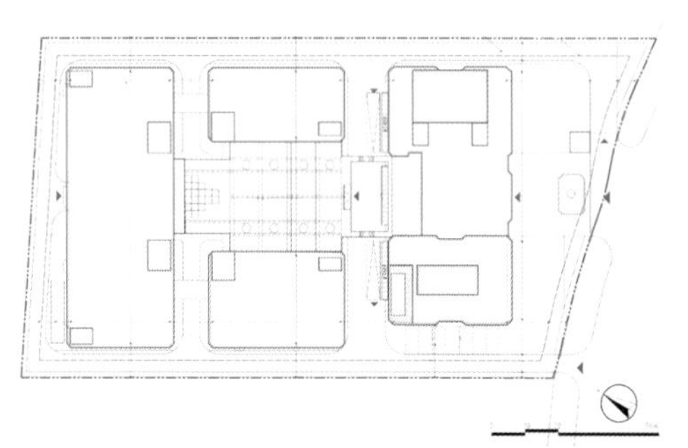

项目业主：广东昇辉电子控股有限公司
建设地点：广东 佛山
建筑功能：办公建筑
用地面积：16 227平方米
建筑面积：54 120平方米
设计时间：2018年
项目状态：建成
设计单位：广东省建筑设计研究院有限公司
主创设计：黄志、史瑞梁、李征远

方案规划采用围合式的手法，创造出厂前区广场和围合式企业客厅的总体空间格局。建筑采用了跌落式的手法，让整个园区形成立体的空间格局。

整体规划了两栋单体，1号厂房为“一”字形，布置在用地南侧；2号厂房为“C”字形，布置在用地北侧。南侧临路为厂前区广场，中间围合的屋顶露台为园区中心活动场地，最北端为货物装卸区。

长沙九所宾馆改扩建工程

Changsha Jiusuo Hotel Renovation and Expansion Project

项目业主：湖南省委接待工作办公室
建设地点：湖南 长沙
建筑功能：办公建筑
用地面积：31 722平方米
建筑面积：62 287平方米
设计时间：2017年
项目状态：方案
设计单位：广东省建筑设计研究院有限公司
主创设计：黄志、史瑞梁、李征远、李进红

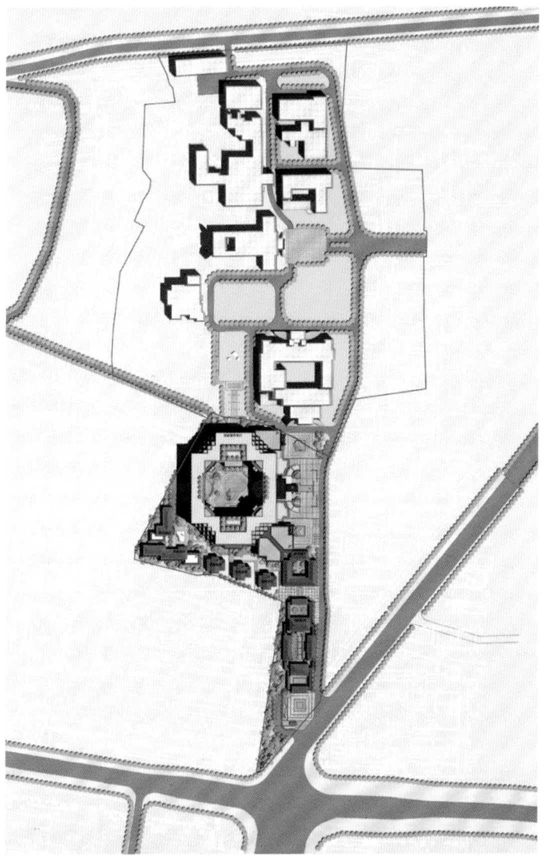

长沙市九所宾馆（国宾馆）改扩建工程，是九所宾馆的部分新建、整体统筹的工程。项目以院落式格局营造，庭院与建筑错落有致，景致与人文交相辉映。设计以传承湖湘文化为出发点，以强化九所宾馆的院落格局与人文底蕴为根基，逐步形成新九所宾馆的创作主题——书院式宾馆。

整体规划从九所宾馆的全局入手，梳理出四轴（礼仪轴、两条空间轴与功能轴）、一重心（综合接待楼）。项目匠心打造“府门、坊门、院门”三进式大门，门第秩序层层递进，穿堂院落庄重大方；其三进式空间营造的府邸大院及礼仪规制，展示出九所宾馆对中国建筑历史与文化的传承。

宿楠

职务：杭州市建筑设计研究院有限公司
　　　建筑四院院长
职称：高级工程师
执业资格：国家一级注册建筑师

教育背景
1995年—2000年　辽宁工业大学建筑学学士
2000年—2003年　哈尔滨工业大学建筑学硕士

工作经历
2004年至今　杭州市建筑设计研究院有限公司

主要设计作品
温州菜篮子集团有限公司现代农贸城一期工程
荣获：2018年浙江省优秀工程勘察设计二等奖
　　　2018年杭州市优秀工程勘察设计二等奖
蒋村地块公共租赁房项目
荣获：2013年全国优秀工程勘察设计二等奖
富阳国际贸易中心
荣获：2008年浙江省优秀工程勘察设计一等奖
　　　2007年杭州市优秀工程勘察设计一等奖
汉口北国际商品交易中心
汉口北客运中心

贺俊威

职务：杭州市建筑设计研究院有限公司
　　　建筑研究所副所长、副主任建筑师
职称：高级工程师
执业资格：国家一级注册建筑师

教育背景
2000年—2005年　宁波大学建筑学学士
2008年—2013年　浙江大学建筑学硕士

工作经历
2005年至今　杭州市建筑设计研究院有限公司

主要设计作品
丽水华侨饭店
荣获：2012年浙江省优秀工程勘察设计一等奖
瓯海中心区企业拆迁安置商务楼工程（吹台广场）
荣获：2019年全国优秀工程勘察设计三等奖
　　　2019年浙江省优秀工程勘察设计一等奖
　　　2019年杭州市优秀工程勘察设计一等奖
下沙经济技术开发区学正幼儿园（12班）
温州生态园三郎桥C地块安置房
温州医科大学附属口腔医院瑶溪新院
杭州径山红树林度假世界

杭州市建筑设计研究院始建于1952 年，2003年底改制为杭州市建筑设计研究院有限公司。公司是浙江省首批勘察设计行业综合实力十强单位，是杭州市级文明单位、“重合同，守信用”单位。公司具有国家颁发的建筑行业（建筑工程）设计甲级、施工图审查甲级、风景园林工程设计甲级、工程勘察专业类（岩土工程设计）乙级、城乡规划编制乙级、市政行业（给水工程、排水工程、道路工程、桥梁工程）专业乙级、工程造价咨询乙级等资质，同时获得ISO9001 质量体系认证证书、职业健康安全管理体系认证证书、环境管理体系认证证书。

公司现有员工520余人，专业技术人员占总数的95%以上，其中高级技术职称人员113人（含教授级高级工程师23人）、中级技术人员 107人；现有各类国家一级注册技术人员共计139人，拥有一批学术造诣深厚、实践经验丰富的学科带头人和中青年技术骨干。公司下设4个设计分院、7个建筑设计所，另有设备所、智能化研究所、EPC事业部、景观所、施工图审查中心、造价所、幕墙所、规划分院、数字化研究中心、室内装饰所、岩土工程设计研究所、医疗设计与咨询研究中心、精细化设计研究中心、工业化建筑设计研究所等多个部门，各专业配套齐全，并在武汉、温州等地设立多个分支机构。

公司立足杭州，面向全国，业务范围涉及几十个省市，主要承接各类公共与民用建筑工程设计、城市设计、居住区规划与住宅设计、景观设计及前期可行性研究、工程咨询等，特别是在各类大型复杂的公共建筑（如城市综合体、交通建筑、剧院、体育馆、图书馆、医院、商业建筑、高档宾馆、写字楼等）方面具有丰富的设计经验。公司先后获国家级、省部级、市级的各种奖励350余项，在行业内具有较高声誉。

地址：浙江省杭州市上城区望江东路332号中豪望江国际2幢2~6楼
电话：0571-87026328
传真：0571-87026328
网址：www.hz-jy.cn
电子邮箱：web@hz-jy.cn

杭州之江医院

Hangzhou Zhijiang Hospital

项目业主：杭州之江国家旅游度假区基础设施建设开发中心
建设地点：浙江 杭州
建筑功能：医疗建筑
用地面积：100 000平方米
建筑面积：181 258平方米
床位数量：1 000个
设计时间：2014年
项目状态：建成
设计单位：杭州市建筑设计研究院有限公司

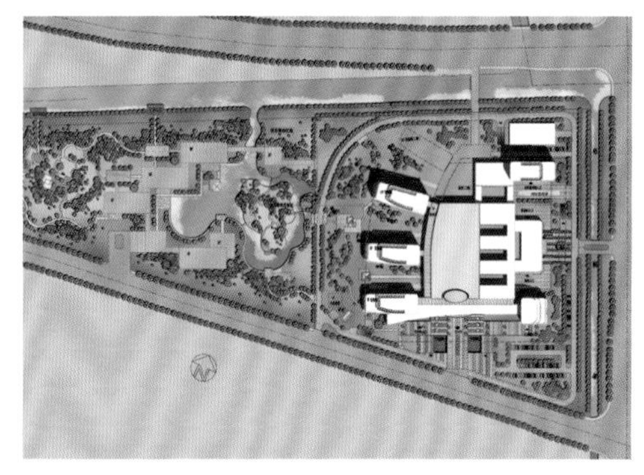

项目位于杭州之江度假区，院内开设有急诊科、标准内科、标准外科、耳鼻喉科、口腔科、眼科、妇科以及特需和体检中心等，是一家集医疗、教学、科研、急救、保健、预防为一体的三级甲等大型综合医院。在总体布局上，设计在经典形式下进行创新，平面主要呈几何布局，通过医疗主街将各功能区块联系起来。“一横两纵”三条轴线贯穿项目的全部建筑群体及景观空间，在达到整体构图均衡的同时，也满足了医疗建筑紧凑高效的功能布局。

温州城市大学新校区

New Campus of Wenzhou City University

项目业主：温州城市大学
建设地点：浙江 温州
建筑功能：教育建筑
用地面积：88 799平方米
建筑面积：109 979平方米
设计时间：2012年
项目状态：建成
设计单位：杭州市建筑设计研究院有限公司

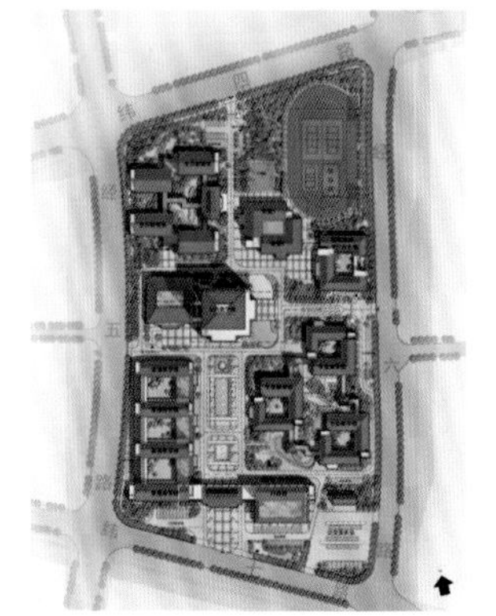

温州城市大学将温州广播电视大学、温州老年大学、温州工人业余大学等教育资源充分地整合，是一所面向全社会开放、多形式的以非全日制教学为主的教育机构。

项目的规划结构与建筑造型设计如下。

中轴：具有开阔变化的两条校园中轴线。

对景：将公共教学楼作为两条中轴线的对景，形成校园空间的核心。

空间序列：空间设计提取传统建筑精华，形成了园、院、街、庭层层深入的空间特色，建筑群错落有致，形成校园在园林之中、园林在建筑之间的意境。

建筑造型：在传统色彩的基础上，使用铝板玻璃等现代化的材料加以体现，实现对江南传统建筑中所含元素的重新定义与再造，加上庭院、连廊、流水等绿化景观，将传统与现代相结合，营造出置于黑白灰山水画卷中的“书香学府”。

吉安高铁新区核心区五指峰超高层建筑群

Wuzhifeng Super High Rise Buildings in the Core Area of Ji'an High Speed Railway New Area

项目业主：江西省吉安市建筑安装总公司
建设地点：江西 吉安
建筑功能：商业、办公建筑
用地面积：107 445平方米
建筑面积：516 083平方米
设计时间：2018年
项目状态：在建
设计单位：杭州市建筑设计研究院有限公司

吉安市高铁新区核心区建筑按照“井冈山五指峰”主题进行创作设计，规划设计为5栋超高层建筑单体，以科创中心为地标。建筑天际线以中间高、两边低的“A”字形轮廓为主，与井冈山LOGO造型相呼应。项目建成后，将承担中心城区职能及高铁新区的门户展示功能，成为吉安市现代新城的城市之门。

“五指峰”建筑群中，人才公寓建筑为23层，建筑装饰幕墙高112米；科创中心建筑为43层，建筑装饰幕墙高197米；总部经济大厦建筑为29层，建筑装饰幕墙高140米；五星级酒店建筑为37层，建筑装饰幕墙高168米；会展中心规划一层功能为会展空间（国际标准展位512个），二层功能为会议中心。

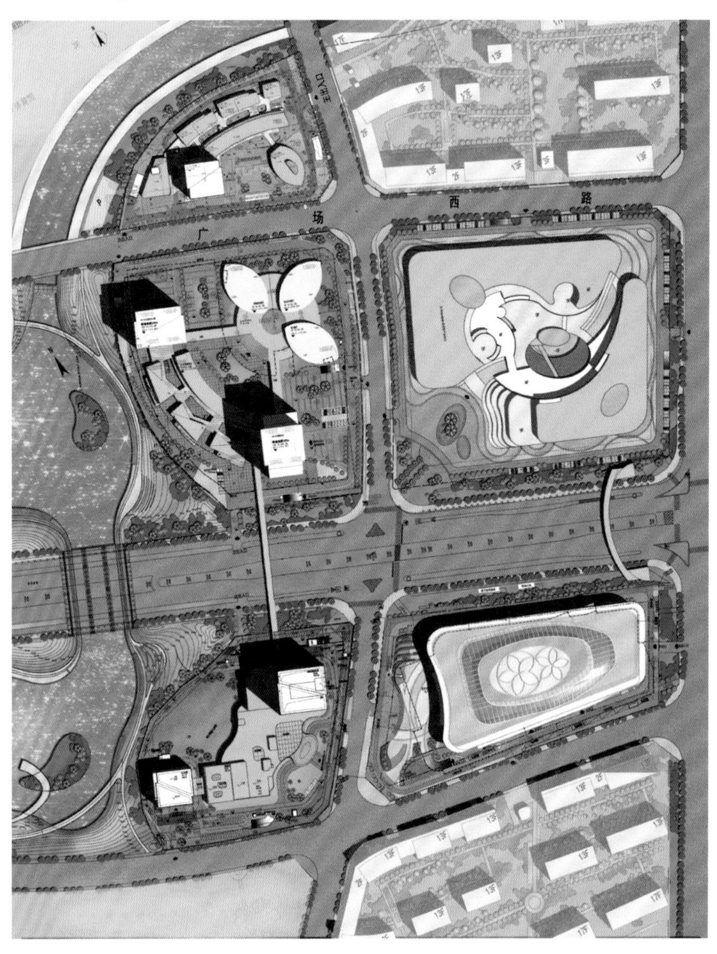

建德江和城悦荟 17℃城市广场

Jianghecheng Yuehui 17°C City Square, Jiande

项目业主：杭州和谐置业有限公司
建设地点：浙江 建德
建筑功能：商业综合体
用地面积：28 970平方米
建筑面积：121 730平方米
设计时间：2018年
项目状态：在建
设计单位：杭州市建筑设计研究院有限公司

项目位于建德市洋安区块，比邻新安江，与山水相依，景观优越。建筑是集大型购物中心、星级酒店、度假公寓、住宅为一体的商业综合体。建筑布局面向新安江呈环抱形态，酒店与公寓呈板式结构分设在商业综合体两侧，以达到沿江景观最大化。临江地块布置的三排多层建筑面向江景打开，沿江方向引入步行街和下层广场，多维度与沿江景观融为一体。建筑空间尊重建德当地文化、历史、自然，建筑形态呼应山水特色，以变化的水平线条为基调，形成动感的整体形态；通过精细化的细部雕琢，赋予建筑光影层次感与轻盈感，形成连续的艺术表达；以现代建筑语汇与材料演绎精于内、奢于外的现代建筑品质之美。

谭东

职务：上海砼森建筑规划设计有限公司总建筑师

教育背景

同济大学建筑学硕士

德国斯图加特大学建筑学博士

工作经历

1993年—1998年 同济大学建筑与城市规划学院建筑系

1998年—2000年 同济大学建筑与城市规划学院建筑技术教研室

2001年—2006年 德国斯图加特大学建筑系建筑设计与构造技术研究所

2006年—2007年 同济大学建筑设计研究院都市分院

2007年至今 上海砼森建筑规划设计有限公司

TOPSUM | 砼森建筑

ARCHITECTURAL & STRUCTURAL DESIGN • URBAN PLANNING

上海砼森建筑规划设计有限公司（以下简称TOPSUM砼森建筑）隶属于砼森国际设计集团，砼森国际设计集团是一个综合性的工程设计集团，下设TOPSUM砼森建筑（具备建筑设计甲级资质、城乡规划乙级资质、园林景观乙级资质），上海砼森结构设计事务所（具备结构事务所甲级资质），上海砼森装配式建筑设计中心。该集团自2006年进入中国市场以来，已在上海设立总公司，在淄博、济南分别设立了分支机构，在广东设立了联络处。

TOPSUM砼森建筑的业务范围包括城市规划、城市设计、建筑设计、景观设计、室内设计、房地产咨询等多个领域，并在城市综合体、集群商业、大型办公建筑、文化建筑、场馆建筑、教育建筑、医疗建筑、居住区规划、高档住宅社区、绿色建筑、工业建筑以及特种建筑、钢结构设计、建筑装配化等方面形成了一定的专业优势。

TOPSUM砼森建筑汇聚了一批涵盖各个专业设计领域、富有经验及创新精神的专家、建筑师和工程师。因在中国拥有近20年的创作经验，TOPSUM砼森建筑逐步形成了特有的风格和符合中国特色的工作方法，并在公司内部形成了一套严谨的工作流程。与此同时，TOPSUM砼森建筑特别强调发掘设计过程的内在逻辑，积极推行整体化的设计和成本控制，将城市设计、建筑设计、景观设计与室内视为完整的设计加以对待，为使用者提供最适合的解决方案。从项目前期策划研究到最终建成并投入使用，开发建设的每个设计环节都是公司关注的目标。

TOPSUM砼森建筑特别注重建筑技术领域的研究探索，除新能源与绿色建筑研究中心和装配式建筑设计研究中心外，还设置了专业的建筑声学和建筑光环境研究部门。专业的逻辑分析和严谨的流程控制保证了设计品质和产品的价值，并使作品中所倾注的理性与激情都能得以最大程度的实现。

梦想改变世界，TOPSUM砼森建筑愿与您携手开创美好未来！

地址：上海市淞沪路303号创智天地广场三期1101-1108室

电话：021-33623936

传真：021-33626289

网站：www.topsumchina.com

电子邮箱：topsumsd@163.com

淄博市城市馆、美术馆

Zibo City Museum and Art Museum

项目业主：淄博市自然资源和规划局
建设地点：山东 淄博
建筑功能：展览、办公建筑
用地面积：37 880平方米
建筑面积：79 920平方米
设计时间：2022年
项目状态：方案
设计单位：上海砼森建筑规划设计有限公司
设计团队：谭东、庞珍珍、王小强、刘奇、闫鹏

1 2 3

4 5 6

项目位于淄博新区，东临新环西路，西临上海路，南侧为世贸璀璨珑府项目，北临联通路。

淄博是一座工艺美术之城，博山的琉璃、陶瓷、内画和周村的丝绸、印染、彩灯享誉四方。这座城市本身就是一件艺术作品，把城市馆、美术馆装入一个巨大的建筑中，就仿佛把一个微缩的城市连同它的珍藏品收纳在一个“宝盒”之中。这个 “宝盒”拥有一个雕塑般的外壳，内部除了大量展品，还镶嵌着一颗“琉璃宝珠”。 “宝珠”用白色半透明的琉璃包裹，在琉璃之后隐藏全彩泛光照明，夜幕降临后，整座建筑都将透射出流光溢彩的美妙光华。

两馆作为淄博市最重要的公共建筑之一，造型上既要与政务中心简洁稳重的建筑风格相协调，又要保留文化建筑的特点。为此，方案设计确立了平面规则、形态简洁的总体设计策略，仅在细节和重点部位上加以变化。立面使用山东本地的白色石材，且保持形状规整，只将表面沿曲线折叠，使平整的立面转化成如周村丝绸般柔美飘逸的流动曲面。

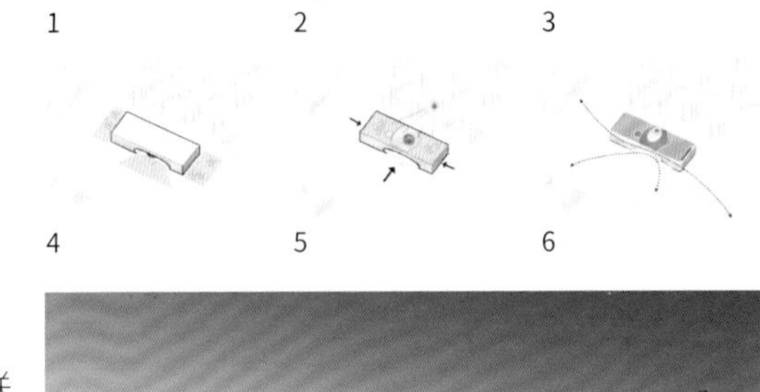

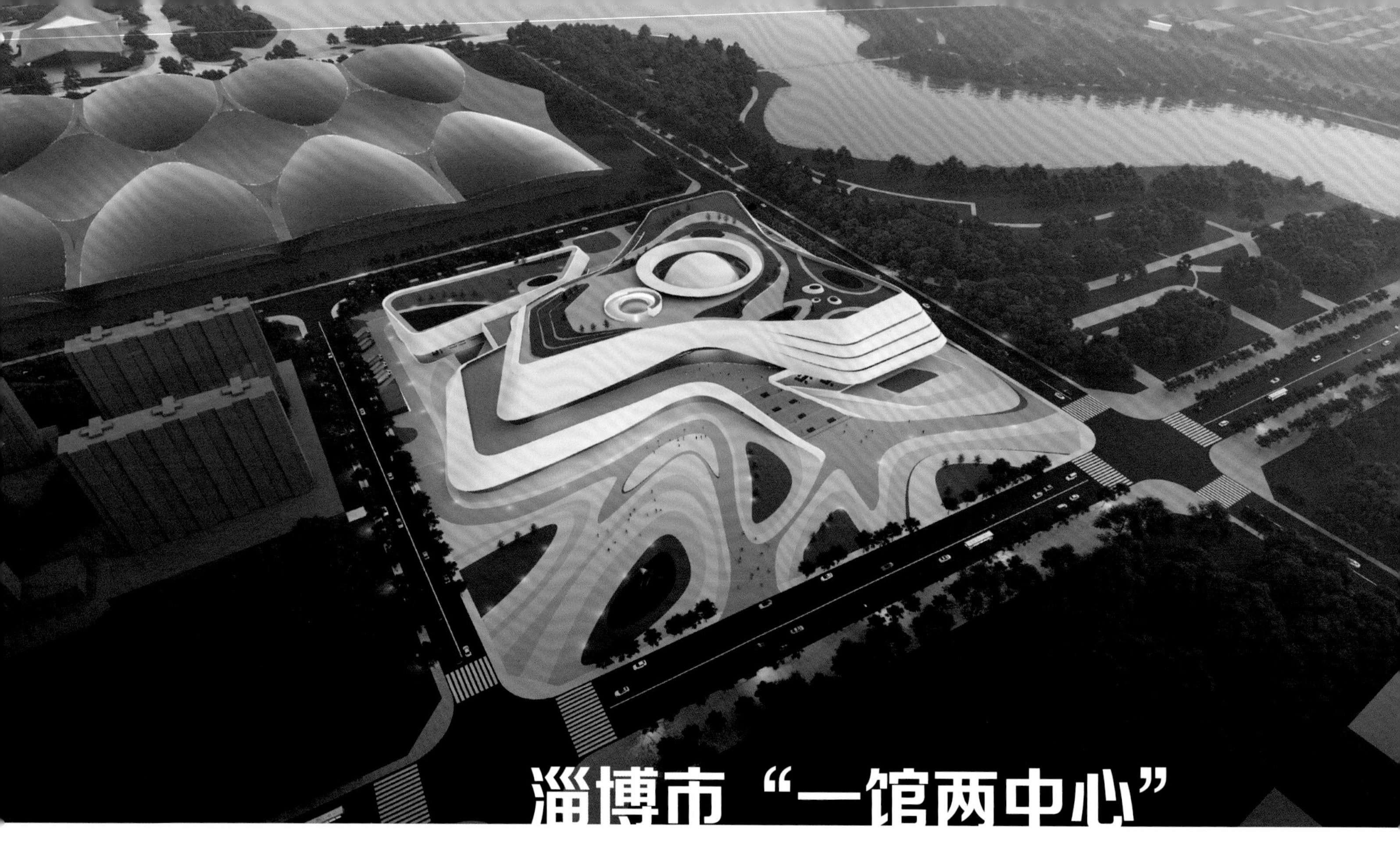

淄博市“一馆两中心”

"One Museum and Two Centers" in Zibo

项目业主：淄博市自然资源和规划局
建设地点：山东 淄博
建筑功能：展览、办公建筑
用地面积：66 027平方米
建筑面积：134 450平方米
设计时间：2022年
项目状态：方案
设计单位：上海砼森建筑规划设计有限公司
设计团队：谭东、陈志文、余林梦、孙小琳、杨国其、徐亚东、冯莹烨

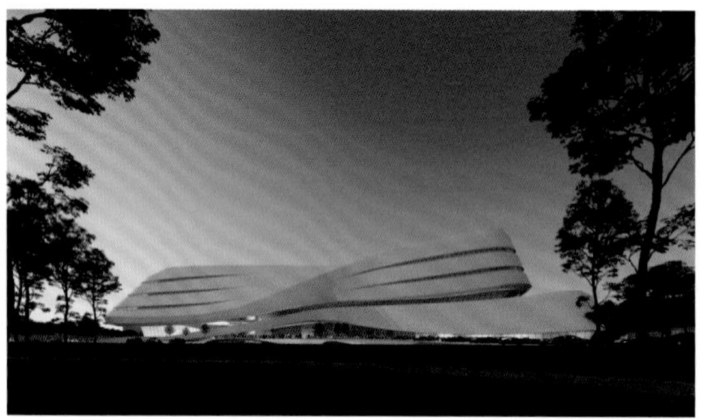

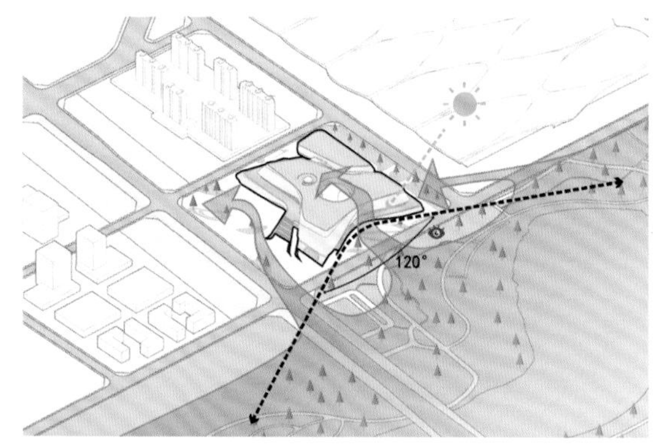

项目位于淄博经济开发区，在淄博市国际会展中心（拟建）以南、海岱大道以北、孝妇河以西。项目由三部分组成：淄博科技馆、青少年活动中心和妇女儿童事业发展中心。

“一馆两中心”项目作为市级重大公共服务设施坐落于孝妇河西岸，是贯彻淄博市拥河发展策略的重要节点，方案充分考虑了与北侧国际会展中心的联动关系，以及与东侧黄土崖湿地公园的景观融合，在交通组织、空间规划、景观设计、建筑造型等方面，都充分考虑了与上位规划和城市设计的衔接。

在此方案中，“一馆两中心”被融合在同一座建筑之中，并根据各自不同的功能和性质，分别规划于不同区域。三大功能板块除共享一套物业管理系统和消防系统以外，还将部分同类功能设施合并建设。

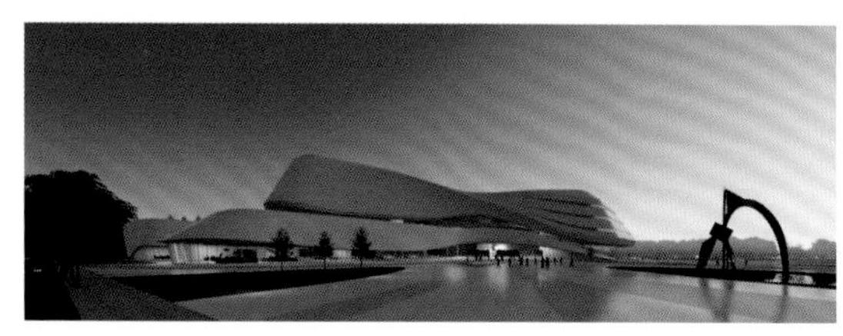

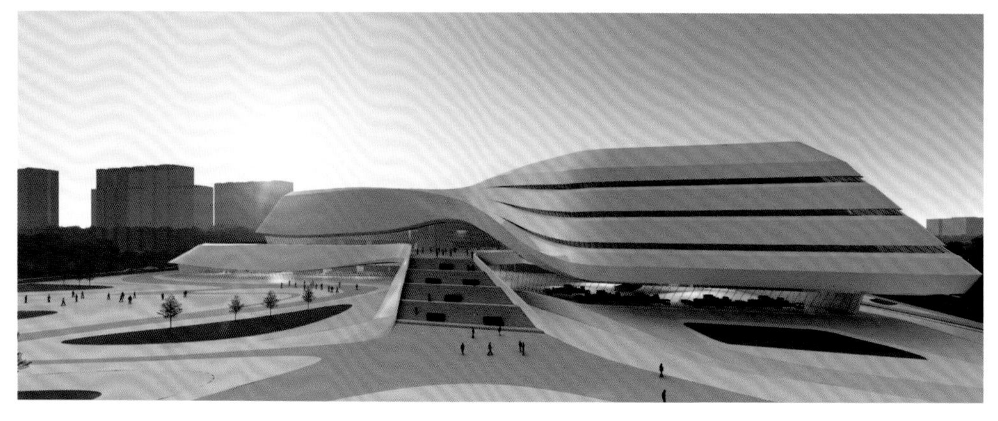

淄博市环山东理工大学创业创新带

Entrepreneurship and Innovation Belt Around Shandong University of Technology in Zibo

项目业主：山东齐赢产业投资发展有限公司
建设地点：山东 淄博
建筑功能：办公、酒店、公寓、商业建筑
用地面积：42 000平方米
建筑面积：290 000平方米
设计时间：2022年
项目状态：拟建
设计单位：上海砼森建筑规划设计有限公司
设计团队：谭东、庞珍珍、王小强、刘奇、闫鹏

项目位于淄博市新村路以南、西九路以西、西十路以东，主要规划山东理工大学创新中心、张店会客厅、校友经济创业园、技术转移转化中心、学术交流中心、创意街区等板块。

此次规划涉及四个地块，分别在北京路与新村路交叉处东西两侧及重庆路和新村路交叉处东侧。1#、2#、3#地块较规则，整体呈长面宽、窄进深的特性，因此建筑方案整体布局沿新村路东西向依次展开；4#地块完整，南北向和东西向尺寸富裕，建筑整体可围合布局。

项目利用口袋公园、城市绿廊、文化广场等公共文化场所和开放城市空间，紧密联系东西三大区域。在城市天际线设计上，地块整体建筑高度呈西高东低的建筑形态，1#地块设计一栋高度为150米的塔楼，作为园区地标性建筑，延续城市界面，重点打造沿新村路的城市形象。

淄博火车站北城市设计

North Urban Design of Zibo Railway Station

项目业主：淄博市房屋建设综合开发有限公司
建设地点：山东 淄博
建筑功能：住宅、商业、办公、酒店建筑
用地面积：56 752平方米
建筑面积：251 500平方米
设计时间：2019年
项目状态：在建
设计单位：上海砼森建筑规划设计有限公司
设计团队：谭东、余林梦、庞珍珍、陈志文、孙小琳

淄博火车站北广场片区位于淄博市老城区核心地段，这里曾经是淄博最繁华的交通、商业、文化和工业中心。但是，随着淄博南站、淄博高铁北站陆续建成并投入使用，位于胶济线北侧的淄博火车站所承担的客流量大幅度减少。另外，由于出行方式的改变，淄博火车站周边区域早已经呈现出萧条的迹象，传统的核心区已成为城市边缘，并面临着加速衰败的窘迫局面。老城区正在加速老龄化、交通空心化，并导致商业衰败、基础设施空置、文化娱乐活动消失、环境恶化等一系列问题。过去最有活力的老城，已经丧失了原有的活力。

设计试图赋予老城更新以新的意义，弱化其交通职能，将过去以交通为主导的核心功能区转变为服务于人居环境的绿色新城区；将火车站、公园绿化、商业服务、生活配套融为一体；将年久失修的历史保护建筑转化为热闹的特色文化商业街；将混乱的平面交通转化为分层的立体网络；将空旷的硬质广场转化为绿色的休憩空间；将沿线拥挤破败的棚户区更新改造成绿色环绕的美好家园。以火车站地区改造为起点，改善城市环境、提升街区品质、吸引居民回流、培育新产业和新商业、提升土地价值，重塑城区活力。

淄博美达菲国际学校室内设计

Zibo MacDuffie International School Interior Design

项目业主：淄博美达菲国际学校
建设地点：山东 淄博
建筑功能：教育建筑
用地面积：65 309平方米
建设规模：67 482平方米
设计时间：2021年
项目状态：已建成
设计单位：上海砼森建筑规划设计有限公司
设计团队：谭东、周江、董雪、张益飞、佘睿杰

项目为美达菲国际学校位于山东省淄博市的校区，该校区涵盖了幼儿园以及九年一贯制学校。设计师充分考虑了不同年龄段的学生在空间中的玩、学、食等基本活动开展的舒适度，以多角度的人体工程学展现人性化的设计，而且运用了低饱和度的多种颜色，并给予充足的人工照明，潜移默化地帮助少年和儿童进行健康的学习和生活。

项目大量运用了自然界中最常见的弧形，尽可能地抹平边角，在保护学生的同时也增添了空间的趣味性。各个不同的学制场所，通过相似的颜色、近似的元素、环保的材料，形成了一个有区别、有个性又相互联系的有机整体。

唐泉

职务：合肥工业大学设计院（集团）有限公司
　　　建筑设计一院副院长
职称：高级建筑师
执业资格：国家一级注册建筑师

教育背景
1997年—2002年　安徽建筑大学建筑学学士
2002年—2005年　合肥工业大学建筑学硕士

工作经历
2005年至今　合肥工业大学设计院（集团）有限公司

个人荣誉
2019年　安徽省第三届青年建筑师奖

主要设计作品
阜阳师范学院西湖校区文科楼
荣获：2019年安徽省优秀工程勘察设计二等奖
安徽医科大学附属巢湖医院临床教学综合楼
荣获：2019年安徽省优秀工程勘察设计二等奖
翡翠科教楼
荣获：2019年全国优秀工程勘察设计三等奖
　　　2019年安徽省优秀工程勘察设计二等奖
六安长安城一期
荣获：2019年安徽省优秀工程勘察设计三等奖
霍山县客运中心
荣获：2017年安徽省土木建筑工程创新奖三等奖
中国移动通信安徽分公司纬五路客服中心附属楼
荣获：2013年安徽省优秀工程勘察设计三等奖
阜阳师范学院逸夫图书馆综合楼
荣获：2011年教育部优秀建筑工程设计三等奖
中国科学院合肥物质科学研究院研究生教育基地
荣获：2008年安徽省优秀工程勘察设计二等奖

学术研究成果
《建筑与自然的融合——安徽新华学院图书馆方案设计》载于《安徽建筑》(2019年12期)
《基于空间参数影响的居住社区空间低碳化引导策略》载于《华中建筑》(2019年9期)
《文化集市，史河明珠六安市叶集区东部生态新城文化中心设计》载于《建筑与文化》(2019年12期)
《雨水资源在新农村住宅中的生态化运用策略》载于《工业建筑》(2012年42卷)
《可再生能源在新农村住宅中的运用策略》载于《安徽农业科学》(2012年5期)

合肥工業大學设计院(集团)有限公司
HFUT Design Institute (Group) Co., Ltd.

合肥工业大学设计院（集团）有限公司，是由成立于1979年的合肥工业大学建筑设计研究院于2017年12月整体改制而成的，是合肥工业大学全资企业。公司持有多项资质证书，包括建筑行业（建筑工程）甲级、城乡规划编制甲级、工程咨询甲级、工程勘察专业类岩土工程甲级、工程勘察专业类工程测量乙级、劳务类（工程钻探）乙级、风景园林工程设计专项乙级、电力行业（变电工程、送电工程、新能源发电）专业乙级、市政行业（给水工程、排水工程、道路工程、桥梁工程）专业乙级、建筑行业（人防工程）乙级、环境工程（水污染防治工程、物理污染防治工程）专项乙级、机械行业乙级、水利行业（灌溉排涝、河道整治）专业乙级、水利行业（水库枢纽、引调水、城市防洪）专业丙级、公路行业（公路）专业丙级、旅游规划设计专业丙级以及压力管道GC（GC2、GC3）、GB（GB1、GB2）等资质。公司可承接建筑装饰工程设计、建筑幕墙工程设计、轻型钢结构工程设计、建筑智能化系统设计、照明工程设计和消防设施工程设计相应范围的甲级专项工程设计业务；并可从事资质证书许可范围内相应的建筑工程总承包业务及项目管理和相关的技术与管理服务。

公司现有正高级工程师26名、高级工程师91名、工程师135名，其中安徽省勘察设计大师8名、国家一级注册建筑师23名、国家一级注册结构工程师20名、国家注册城市规划师20名、国家注册咨询工程师（投资）13名、国家注册公用设备（给排水）工程师4名、国家注册公用设备（暖通空调）工程师4名、国家注册电气工程师4名、国家注册土木工程师（岩土）5名、国家注册造价工程师2名、国家注册人防工程师2名，60%以上的专业设计人员具有博士、硕士及学位研究生以上学历。1999年公司被建设部确认为全国76家骨干建筑设计单位之一。

公司承接并完成的大量工程勘察设计项目曾多次获得国家和省部级奖励，其中近三年获部级勘察设计奖项14项，省级奖项22项；近三年主编了3项国家标准、4项行业标准、13项地方标准，参编了3项国家标准、4项行业标准和6项地方标准；在全国建筑方案竞赛、投标中也多次获奖、中标。

为强化质量意识和提高设计水平，公司定期对全体员工进行质量教育和技术培训，督促员工严格执行国家和地方有关的强制性规范、标准，精心设计，努力满足用户需求，防止和杜绝不合格产品出现，保证合同履约，定期开展工程回访活动，不断改进服务质量，对工程进行全过程跟踪服务，对工程全面负责。公司于1992年通过全面质量管理达标验收，于2008年通过中国质量协会质量管理、环境管理和职业健康安全三项体系认证，并取得相关证书，于2009年通过安徽省高新技术企业认证评审。

公司本着“为社会提供一流的建筑产品与服务”的宗旨，为社会提供更多、更好的高质量建筑产品。

地址：安徽省合肥市屯溪路193号
电话：0551-62901599
传真：0551-62901599
网址：www.hfutadi.com.cn
电子邮箱：hfutadi@163.com

阜阳师范学院逸夫图书馆综合楼

Fuyang Normal University Yifu Library Complex Building

项目业主：阜阳师范学院
建设地点：安徽 阜阳
建筑功能：教育建筑
用地面积：33 000平方米
建筑面积：43 910平方米
设计时间：2006年
项目状态：建成
设计单位：合肥工业大学设计院（集团）有限公司
设计团队：唐泉、张彤阳、曹磊、陆和峰

建筑大气恢宏、端庄典雅，富有人文精神。设计通过对功能的分析进行体块处理，利用横竖分明的立面和层次丰富的入口空间弱化巨大的体量感，在营造校园文化氛围的同时给人以亲切感。

主楼为板式高层，造型新颖，很好地与主轴线形成序列关系。整个建筑物中心突出、重点明确。空间上建筑物舒展、优美，虚的入口广场和实的建筑体量互相穿插，围合成半开敞的场所。从外部看协调统一，体现节奏感与韵律感，内部又有安静温馨的场所感，整个建筑空间完整统一，相互渗透、融合。

阜阳师范学院西湖校区文科楼

Fuyang Normal University West Lake Campus Liberal Arts Building

项目业主：阜阳师范学院
建设地点：安徽 阜阳
建筑功能：教育建筑
用地面积：20 000平方米
建筑面积：33 505平方米
设计时间：2013年
项目状态：建成
设计单位：合肥工业大学设计院（集团）有限公司
设计团队：唐泉、张彤阳、曹磊、许映月、陆和峰、张舒扬

空间是人类生存的载体，空间具有“流动”的本质。设计将两组建筑体量在平面和空间上形成互为“流动”的关系。功能空间在不同方向上向外部敞开，有层次的体量变化、有节奏的西山墙处理和极具趣味的内庭形成内外有致的效果。入口的框景和有节奏的柱廊表达了这种内外空间穿插交错的关系。在清晰的空间结构中感受丰富的体验是设计的目标，大台阶平台是空间上的活跃因素，既是交通空间，又是观望、休息、交流的好去处，升华了建筑形象。

合肥工业大学工程训练中心

Hefei University of Technology Engineering Training Center

项目业主：合肥工业大学
建设地点：安徽 合肥
建筑功能：科研、教育建筑
用地面积：5 919平方米
建筑面积：38 072平方米
设计时间：2019年
项目状态：在建
设计单位：合肥工业大学设计院（集团）有限公司
设计团队：张彤阳、曹磊、唐泉、范泽宇、张舒扬、毛文清、叶萌、陆和峰、邵国庆、顾建、朱玥坤

项目位于合肥工业大学翡翠湖校区内，与校园核心景观区丽人湖相望，周边环境优美。建筑包括双创实习实训基地、工程教学平台、工程认知博物馆等功能。

造型上运用灵活变化的坡屋顶等传统元素，以现代化的形象与风格体现校园文化特色和精神风貌，赋予校园生活丰富的内涵。寓意学子们在新的环境下蓬勃向上的精神文化追求，用活泼温情的空间语言调动积极的校园氛围，促进师生交流互动、共创未来。

中国药科大学研究生公寓（二期）

Chinese Pharmaceutical University Postgraduate Apartment (Phase II)

项目业主：中国药科大学
建设地点：江苏 南京
建筑功能：居住建筑
基地面积：26 000平方米
建筑面积：34 868平方米
设计时间：2017年
项目状态：方案设计
设计单位：合肥工业大学设计院（集团）有限公司
设计团队：张彤阳、曹磊、唐泉、范泽宇、张舒扬、毛文清、叶萌、陆和峰、邵国庆、顾建、朱玥坤

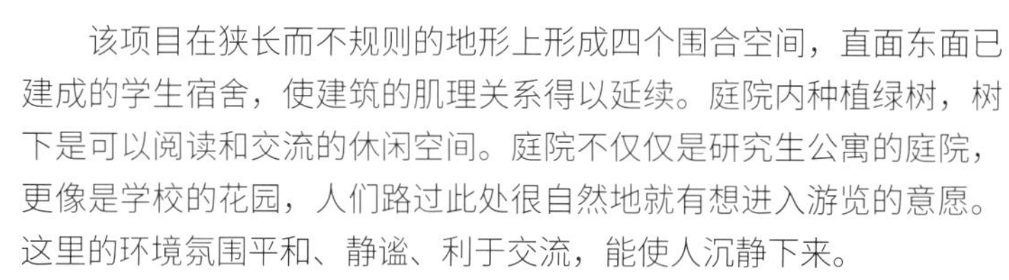

该项目在狭长而不规则的地形上形成四个围合空间，直面东面已建成的学生宿舍，使建筑的肌理关系得以延续。庭院内种植绿树，树下是可以阅读和交流的休闲空间。庭院不仅仅是研究生公寓的庭院，更像是学校的花园，人们路过此处很自然地就有想进入游览的意愿。这里的环境氛围平和、静谧、利于交流，能使人沉静下来。

研究生公寓的平面布局不再是以一排排传统建筑的形象呈现，而是通过“气息相通”的庭院弱化建筑体量。研究生公寓不仅是一个群体形象，更是一个学生社区，使居住生活在这里的学生显得更为轻松自由。设计引入形式各异的台阶至二层，创造出休息交流的好去处，让人可以在建筑的内部感受到自然环境带来的勃勃生机。

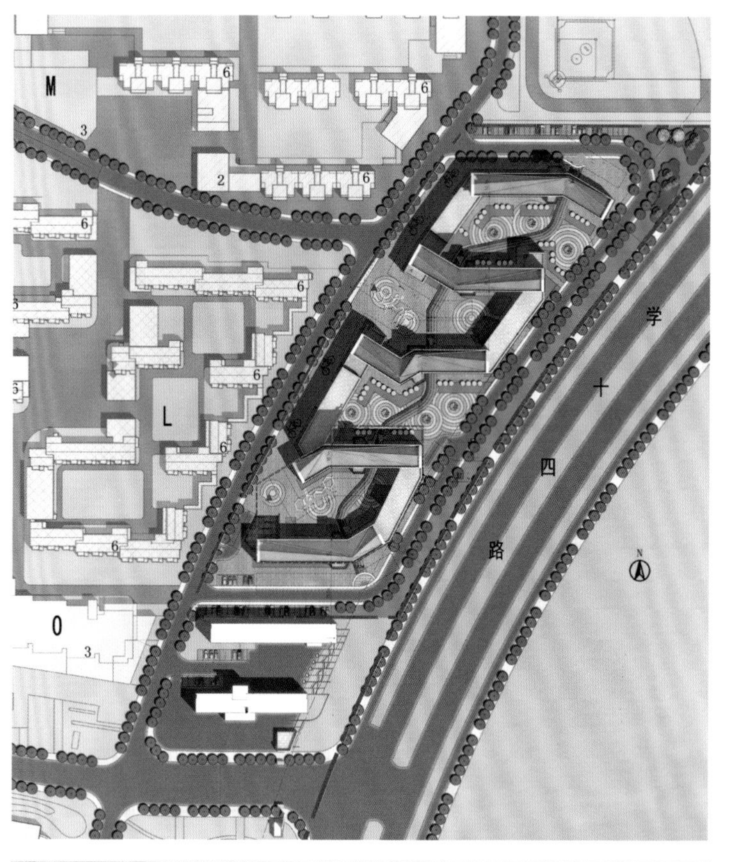

田长青

职务： 长沙理工大学建筑学院教师
湖南大学设计研究院有限公司文化遗产研究院执行院长（兼任）
执业资格： 文保工程责任设计师

教育背景
湖南大学建筑学院在读博士

工作经历
2004年至今　长沙理工大学任教
2021年至今　湖南大学设计研究院有限公司文化遗产研究院

个人荣誉及社会兼职
中国勘察设计协会传统建筑分会优秀青年建筑师奖
中国勘察设计协会传统建筑分会副秘书长
湖南省土木建筑学会地域建筑专业委员会副主任委员
湖南省国土空间规划学会风貌管控和历史文化保护专业委员会副主任委员

团队奖项
十八洞村传统村落风貌提质改造工程
荣获：2019年湖南省优秀城乡规划设计一等奖
2019年教育部优秀工程勘察设计一等奖
2019年湖南省优秀工程勘察设计一等奖
株洲王家大屋（秋瑾故居）修缮复原设计工程
荣获：2018年教育部优秀工程勘察设计一等奖
2019年全国优秀工程勘察设计一等奖

主要设计作品
文物项目
罗布林卡坚赛颇章信息留存与价值阐释
湖南大学早期建筑群文物保护规划与修缮工程
浏阳市胡氏宗祠维修工程
岳麓书院文物保护系列修缮工程
湖南省茶陵县工农兵政府旧址复原重建工程
沅陵县虎溪书院文物保护修缮工程

规划项目（历史文化名城）
长沙市西文庙坪片区棚改（三期）项目
长沙市开福区同仁里片区有机更新概念性规划项目
桂阳县历史文化名城与历史街区保护规划
广东省高州市历史文化街区保护规划
福建省宁德市三镇三村历史文化名镇名村保护规划

其他项目
武冈历史博物馆修建设计工程
贾谊故居二期修复工程设计项目
沅陵县城北片区城中村城市棚改一期工程设计
湖南省益阳市箴言书院复原重建工程

湖南大学设计研究院有限公司（简称湖大设计院），为湖南大学设计研究院改制后的国有高新企业，是依托湖南大学土木建筑等学科优势于1979年成立的综合性设计研究院，是一家治理结构严谨、管理体系健全，集科研、教学、工程咨询、工程勘察、工程设计、工程总承包、项目管理为一体的大型综合性勘察设计院。它于2000年通过了质量管理体系认证，2018年通过了环境管理和职业健康安全管理体系认证、知识产权管理体系认证。湖大设计院是中国勘察设计协会理事单位、中国勘察设计协会传统建筑分会常务理事单位、中国勘察设计协会高校分会常务理事单位、湖南省勘察设计协会副理事长单位、湖南省土木建筑学会副理事长单位、教育部U7+Design中青年建筑师设计论坛联盟成员、湖南省建设工程造价协会理事长单位、湖南省代建行业协会理事单位、湖南省规划学会常务理事单位、湖南省建筑节能与科技协会常务理事单位、湖南省BIM创新联盟副理事长单位，是全国百强建筑设计院。

湖大设计院现有城乡规划、工程勘察设计、工程造价等专业设计研究所20余个，研究中心20余个，若干教授设计团队和工作室，还有以施工图审查与咨询为主的子公司湖南湖大工程咨询有限责任公司以及分布于全国各地的多个设计分公司。

湖大设计院现有专(兼)职技术与管理人员500余人，其中国家执业注册建筑师、结构工程师、规划师、注册咨询师（投资）等注册人员以及具有教授与高级工程师职称的人员共计200余人，经教育部批准可从事兼职设计的本校教师100余人。

湖大设计院技术力量雄厚、专业配置完善、设备先进，依靠自身实力和学校土木建筑等设计学科人才技术优势，重视设计实践与理论研究、工程技术与艺术创新相结合，注重业主利益和社会效益的平衡，以高效率、高质量的设计赢得了社会各界的赞誉与好评。湖大设计院每年都有一批工程勘察设计与城乡规划项目荣获国家级、省部级优秀工程设计奖或优秀规划奖。

地址：长沙市岳麓区西湖街道石佳冲109号
电话：0731-88821068
传真：0731-88824092
网址：www.hdsjy.cn
电子邮箱：zhb@hndxsjy.com

罗布林卡坚赛颇章信息留存与价值阐释

Information Retention and Value Interpretation of Norbulingka Kensai Pozhang

项目业主：罗布林卡文物管理处
建筑功能：宗教、文化建筑
设计时间：2018年
设计单位：湖南大学设计研究院有限公司
参与人员：刘露露、张小文、朱英、李艳等

建设地点：西藏 拉萨
采集面积：1 968平方米
项目状态：建成
主创人员：柳肃、田长青、连琪

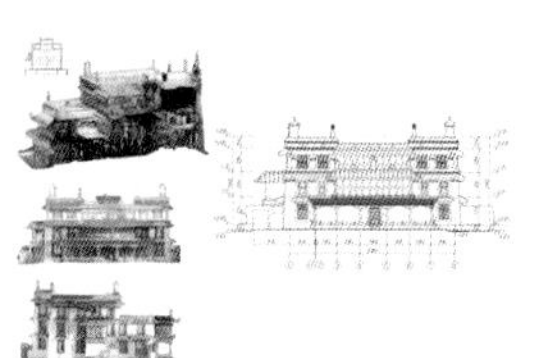

本项目针对罗布林卡的古建筑外观及内部陈列进行信息留存，利用数字化手段进行信息采集，在实践的基础上，完善和建构出一套适合该项目文物本体信息留存的技术框架体系，并最终形成了以点云数据库、三维仿真模型和现状采集数字化数据管理系统为核心的建筑信息安全监测及管理平台；并通过数据采集结果，建立灾害预防及响应机制，在一定程度上保护文物安全，避免重大灾害的发生，达到预防性保护以及对世界遗产文化价值阐释的目的。

十八洞村传统村落风貌提质改造工程

Shibadong Village Traditional Village Style Quality Improvement and Transformation Project

项目业主：湖南省住房和城乡建设厅
建筑功能：民居
设计时间：2018年
项目状态：建成
设计单位：湖南大学设计研究院有限公司
主创设计：田长青、尹怡诚、罗学农、罗诚
参与设计：刘翰波、朱英、连琪、张小文、刘露露、张书帆等
建设地点：湖南 花垣
用地面积：180 000平方米

本项目通过分类指导、精准设计，让村民在自建、新建以及改建等人居环境整治中，主动采用延续性的营造技术，重视自身文化特色的延续。苗族传统民居建筑一般以一栋三开间的主屋为原型，随地势变化增建附属房屋或者吊脚楼，因而形成了“一”形、“L”形、“U”形三种平面布局方式。主屋前面一般用竹篱、土砖围合成晒谷坪，用于晾晒农作物，场地宽阔的苗族民居还设有精美的“朝门”，实际上这是受汉族民居的影响。主屋通常为一层，三开间，两坡顶，中间堂屋为公共活动空间，夯土地面，内部通高无天花板。两侧为主要生活空间，采用架空木地板，前为火塘，后为卧室，保留了“前堂后室”的古老布局。火塘位于两排穿斗式屋架中柱的正中间，表现出强烈的横向轴线空间关系。火塘对面的外侧山墙中柱下的空间极为重要，往往只有地位尊贵的人才可以在此安座。厨房位于与火塘处于对称位置的堂屋另一侧空间，火塘与厨房的位置也可相互调换。主屋正面檐下空间极为宽敞，是重要的功能空间，进深往往有两到三步，檐下悬挂的竹竿可以晾晒衣物和菜干等。建筑围护结构除正面仅做木板壁以外，其余三面均为“木板壁+竹编泥墙”的复合结构，具有较好的保温隔热性能，有效解决了山地民居日夜温差大的热工问题。主屋侧面往往加有两层歇山顶吊脚楼，楼下堆放杂物或住人，层高较矮；楼上为卧室，设阳台，栏杆装饰精美，视线良好。

刘廷芳公馆文物保护修缮工程

Liu Tingfang Residence Cultural Relics Protection and Repair Project

项目业主：长沙轨道万科置业有限公司
建设地点：湖南 长沙
建筑功能：文化、展示建筑
建筑面积：557平方米
设计时间：2021年
项目状态：建成
设计单位：湖南大学设计研究院有限公司
主创人员：柳肃、田长青、连琪
参与人员：刘露露、张小文、张书帆

刘廷芳公馆位于长沙市开福区，始建于20世纪30年代，2005年刘廷芳公馆旧址被列为长沙市重点保护历史旧宅，2014年被列为第六批市级文物保护单位。刘廷芳公馆由主体建筑和附属的门房两部分组成。主体建筑建筑面积445平方米，为两层砖木结构，小青瓦歇山顶，中间入口处为通高的拱形门窗，两侧对称各有两大开间，采光明亮，整体格局保存完整。门房建筑面积112平方米，为一层砖木结构。

在整个公馆修缮后的活化设计中，设计师最大限度地保留了建筑的基础形制，将具有历史感的空间用现代简练的手法演绎，展现新旧交替之美。刘廷芳公馆内部被改造为展厅，吸引了众多观光的游客，成为一个新晋的网红打卡地。

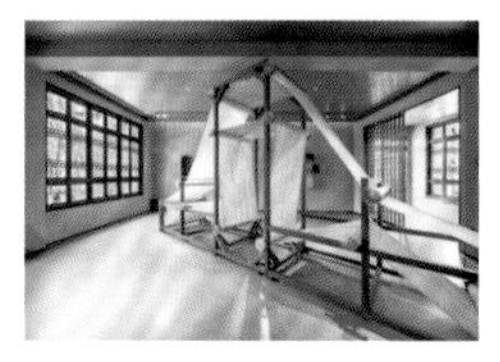

沅陵县城北片区城中村城市棚改一期工程设计

Phase I Project Design of Urban Shed Reconstruction in Chengzhong llage, Chengbei istrict, Yuanling County

项目业主：沅陵辰州投资集团有限公司
建设地点：湖南 怀化
建筑功能：居住、商业建筑
用地面积：35 484.84平方米
建筑面积：15 019平方米
设计时间：2017年—2020年
项目状态：建成
设计单位：湖南大学设计研究院有限公司
主创设计：田长青
参与设计：张小文、刘翰波、朱英、连琪、刘露露、张书帆、魏青松、李艳

沅陵县位于湖南省怀化市，是中国古代苗疆地区的重镇辰州府所在地。沅陵县城北片区作为历史街区，留有宋代遗构的龙兴讲寺以及周边大量历史民居，这些建筑历史悠久、极其珍贵。街区因不可抗力的自然因素和年久失修等原因，残损严重、环境混乱，风貌亟待改善。

项目包含165栋各类型的房屋建筑。设计师依据《沅陵县历史文化名城保护规划》，通过实地调查和评估，整理片区内各类型房屋建筑，并提出保护措施与意见；针对独具特色的东侧沿街主立面，制定了精准的设计目标，即还原近代以来沅陵地区城市边缘片区的历史面貌，如庭院式布局的适园、特色民居式样的报社旧址、多个天井布局的马坊界四号民居等。该项目完成后被列为怀化市棚改项目示范点。此次设计在保护城市肌理不变的同时，有效地提高了城市的居住品质，合理利用现有空间打造出多功能的休闲空间。

唐壬

职务：上海建筑设计研究院有限公司建筑二院副院长
专业院总建筑师
职称：高级工程师
执业资格：国家一级注册建筑师

教育背景

1996年—2001年　上海交通大学建筑学学士

工作经历

2001年至今　上海建筑设计研究院有限公司

个人荣誉

2013年华建集团十大杰出青年
2019年上海市重点工程实事立功竞赛建设功臣
2021年上海优秀青年工程勘察设计师优秀奖

主要设计作品

卢湾体育场整体改造及青少年活动中心
荣获：第一届上海市建筑学会建筑创作奖佳作奖
2005年建设部城乡优秀勘察设计二等奖
潍坊市体育中心体育场
荣获：2011年全国优秀工程勘察设计三等奖
2011年上海市优秀工程勘察设计一等奖
第四届上海市建筑学会建筑创作奖佳作奖
上海东方体育中心
荣获：2013年全国优秀工程勘察设计二等奖
2013年上海市优秀工程勘察设计一等奖
辽宁省科技馆
荣获：2014年沈阳市优秀工程勘察设计一等奖
2015年全国优秀工程勘察设计三等奖
2014—2015年度中国建设工程鲁班奖
2015年上海市优秀工程勘察设计一等奖
东阳市体育中心
荣获：第八届上海市建筑学会建筑创作奖优秀奖
2020年上海市优秀工程勘察设计一等奖
苏州奥林匹克体育中心
荣获：2020年中国建筑学会建筑设计奖二等奖
2020年上海市优秀工程勘察设计一等奖
第十八届中国土木工程詹天佑奖
上海徐家汇体育公园
荣获：第二届“上海设计100+”

aISA

上海建筑设计研究院有限公司（原上海市民用建筑设计院，简称上海院）成立于1953年，现有员工1 600人，其中专业技术人员1 250多人，是一家具有工程咨询、建筑工程设计、城市规划、建筑智能化及系统工程设计资质的综合性建筑设计院，是中国乃至世界最具规模的设计公司之一，被评为建筑设计行业高新技术企业，通过国际ISO9001质量体系认证，在国内外享有较高的知名度。上海院累计完成两万多个工程设计和咨询项目，作品遍布全国31个省、自治区、直辖市及全球20余个国家和地区，其中700多项工程设计、科研项目、标准规范获国家、住建部以及上海市优秀设计和科技进步奖。

上海院致力于建筑设计的专项市场研究和创新，在着眼于体育建筑、医疗建筑、酒店建筑、文化建筑、办公建筑、商业建筑、会展建筑、博览建筑、教育建筑、科研建筑、优秀历史及保护建筑、住宅建筑等核心设计领域的同时，依托雄厚的人才资源、积累的丰富经验进行多维度的技术开拓，不仅在大跨度空间结构及新型结构设计、超高层设计方面开展具有前瞻性的技术研究，更致力于绿色与节能建筑设计、低碳和可持续发展的城市规划设计、数字建筑集成设计、智能化系统设计等专项技术研究与工程应用，形成专业研发团队与设计团队相互促进、共同发展的格局，为国内外客户提供优质的一体化服务。

上海院拥有包括工程院院士、全国工程勘察设计大师、享受国务院政府特殊津贴专家、国家有突出贡献中青年专家、教授级高级工程师及国家一级注册建筑师、工程师、规划师、咨询师等一大批资深专家和技术人才。上海院多年来累计主编、参编各类规范110余项，主编、参编国家、上海市设计标准20余项，拥有授权发明专利4项、实用新型专利10项，拥有著作权的各专业软件20项，出版大量专业学术著作，有力地促进了上海及全国建筑设计行业技术水平的提高。上海院作为一家与城市同名、与国家的城市建设发展共同成长的设计院，在未来的岁月里将一如既往地以上海为原点，为全国乃至世界创作更多优秀的建筑作品。

地址：上海市石门二路258号
电话：021-52524567
传真：021-62464200
电子邮箱：tangren@isaarchitecture.com

上海东方体育中心

Shanghai Oriental Sports Center

项目业主：上海市体育局
建设地点：上海
建筑功能：体育建筑
用地面积：347 500平方米
建筑面积：187 900平方米
设计时间：2009年—2011年
项目状态：建成
设计单位：上海建筑设计研究院有限公司
合作单位：德国GMP建筑师事务所
主创设计：唐壬（合作）

上海东方体育中心位于上海市浦东新区黄浦江沿岸，紧邻世博园，由海上皇冠—综合体育馆（建筑规模18 000座）、玉兰桥—游泳馆（建筑规模6 000座）、月亮湾—室外跳水池（建筑规模2 000座）和东方体育大厦四部分组成。

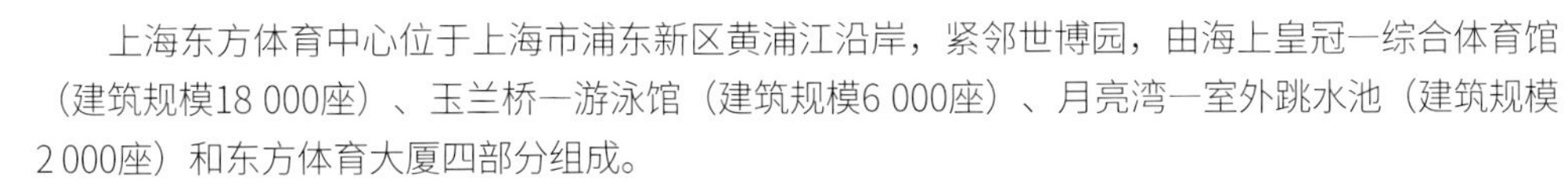

水体作为一个元素以湖的形式连接了综合体育馆、游泳馆、室外跳水池和东方体育大厦。综合体育馆、东方体育大厦被规划在湖中11米高的平台上。湖北面一条轻缓蜿蜒的岸线环绕着圆形的综合体育馆，湖南面的笔直岸线则紧靠长方形的游泳馆。建筑单体之间由桥和水体连接。

苏州奥林匹克体育中心

Suzhou Olympic Sports Center

项目业主：苏州工业园区体育产业发展有限公司
　　　　　苏州工业园区文化事业局
建设地点：江苏 苏州
建筑功能：体育建筑
用地面积：465 811平方米
建筑面积：359 511平方米
设计时间：2013年—2019年
项目状态：建成
设计单位：上海建筑设计研究院有限公司
合作单位：德国GMP建筑师事务所
主创设计：唐壬（合作）

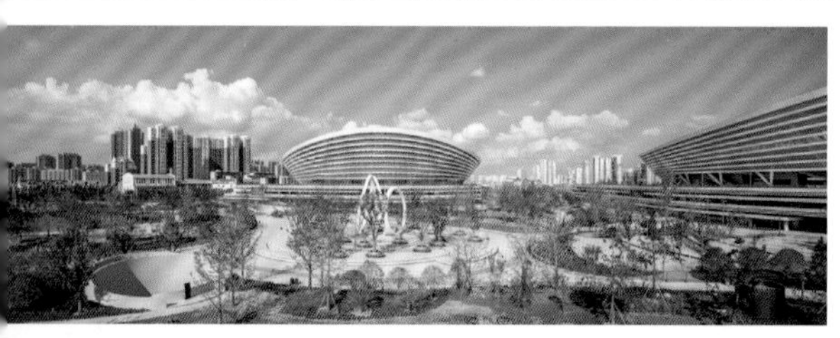

项目位于苏州工业园区，由“一园、一场、两馆”组成，即一座体育公园、一个45 000个座位的体育场、一个3 000个座位的游泳馆、一个13 000个座位的体育馆以及健身馆、体育研发和配套服务中心。项目建成后成为集竞技、健身、商业、娱乐为一体的多功能、生态型体育中心。

规划中自由的曲线布局勾勒出多样化的流线，裙房雅致、场馆轻盈，创造一处犹如传统苏州园林中如诗似画的风景。场馆设计采用统一的建筑语汇，三个体育场馆顶部呈马鞍形，立面以水平线条形成优雅的起伏状，各栋基座裙房立面也以横向线条为主，接近大平台处为通透的观众回廊。

东阳市体育中心

Dongyang Sports Center

项目业主：东阳市体育局
建设地点：浙江 东阳
建筑功能：体育建筑
用地面积：300 000平方米
建筑面积：113 333平方米
设计时间：2013年—2019年
项目状态：建成
设计单位：上海建筑设计研究院有限公司
主创设计：唐壬、刘勇

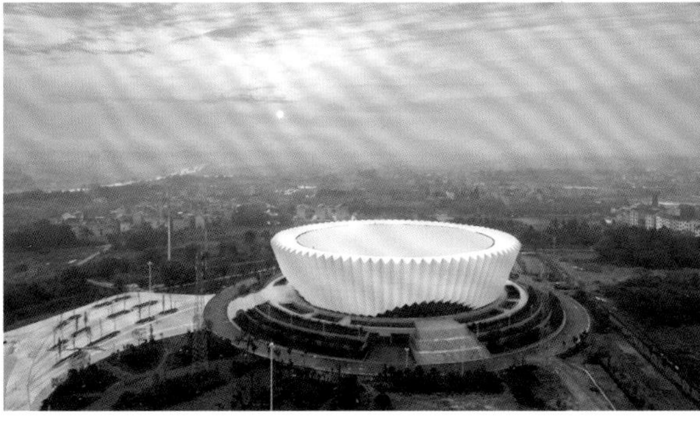

总平面布局为由建筑单体围合而成的滨江体育公园，包括体育馆、游泳馆的场馆区以及相关的室外训练场地和水体公园。其中游泳馆和体育馆为二期建设内容。

总体规划将体育中心融入原有滨江景观规划体系，力图利用周边的景观特色，刻画一幅优雅的画卷。建筑主体内敛含蓄，形成的群体形象掩映在山水之间，展现出如同国画卷轴般的优雅气质。

折扇是中国文化的一个重要符号，“扇”与“善”同音，所代表的悠然自得是中华文化中的精髓。以“扇”形传播“善”意，建筑师认为这是一种中国式的哲学思考。同时，《奥林匹克宪章》中记载：“每一个人都应享有从事体育运动的可能性，而不受任何形式的歧视，并体现相互理解、友谊、团结和公平竞争的奥林匹克精神”。建筑师期望本项目可以深层次地表达体育所蕴含的和平、友谊。

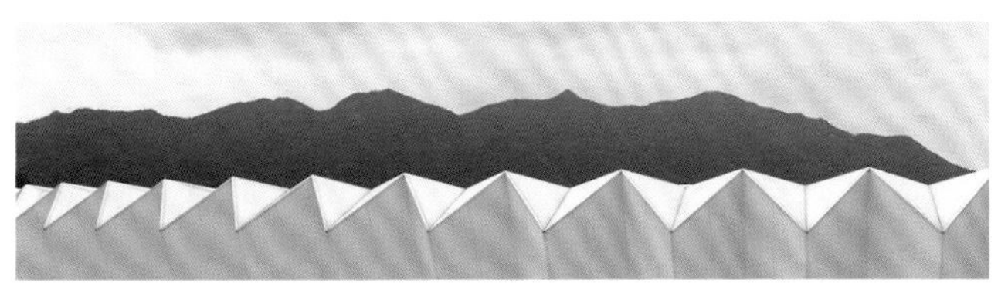

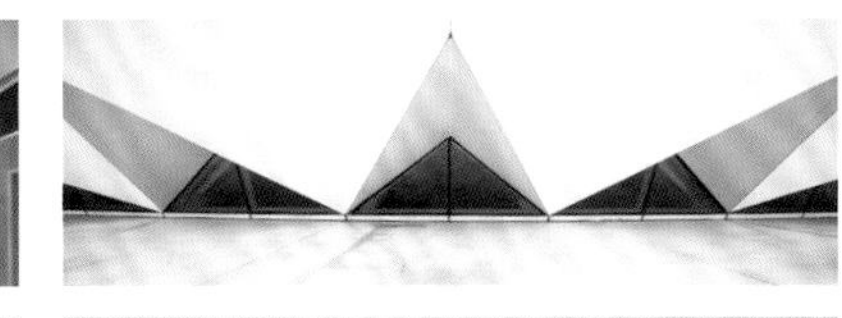

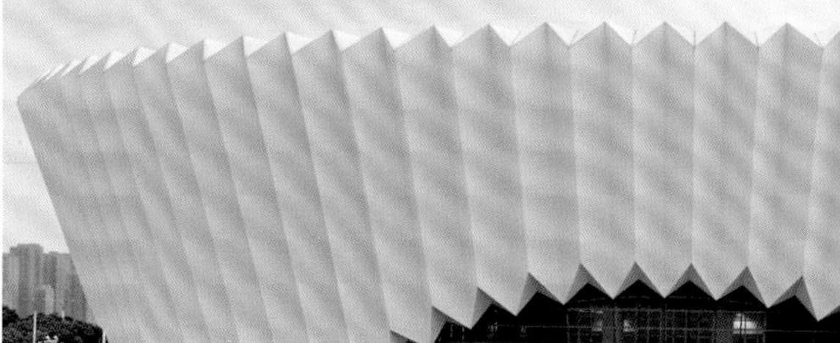

世俱杯上海体育场整体改造

FIFA Club World Cup Shanghai Stadium Renovation

项目业主：上海久事体育资产有限公司
建设地点：上海
建筑功能：体育建筑
用地面积：206 897平方米
建筑面积：173 120平方米
设计时间：2019年至今
项目状态：在建
设计单位：上海建筑设计研究院有限公司
主创设计：唐壬、徐中凡、王维

上海体育场改建是徐家汇体育公园整体改造内容的一部分，主要采取以下策略：①增加观众座位数量，观众席数量由原来的56 000个座位增加至72 000个座位，满足世俱杯决赛场地6万座位数的要求；②重置观众视线，低区观众席抬高并搭设钢结构看台，同时运动场芯下挖1.7米，使观众座席尽可能贴近比赛场芯，拉近观众与球场距离；③延伸屋盖范围，在原屋盖钢结构上通过柔性体系实现跨度16.5米的悬挑延伸，并覆盖ETFE膜，以增加屋顶遮雨面积，提高观众观赛体验；④优化功能配置，调整观众、运动员、媒体等流线及功能用房布局，充分利用建筑空间提升并打造接待区、媒体中心等功能；⑤对灯光、草坪、座椅、大屏等体育工艺进行改造提升，重点塑造LED环形赛场天幕。

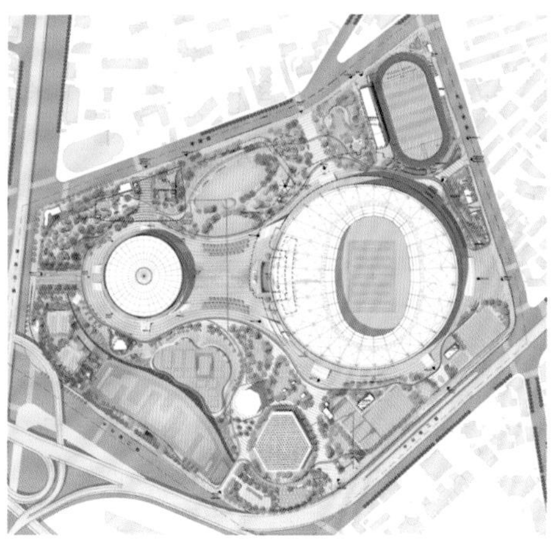

雄安体育中心

Xiong'an Sports Center

项目业主：中国雄安集团公共服务管理有限公司
建设地点：河北 雄安
建筑功能：体育建筑
用地面积：354 243平方米
建筑面积：179 576平方米
设计时间：2021年至今
项目状态：在建
设计单位：上海建筑设计研究院有限公司
主创设计：唐壬、李星桥

雄安体育中心位于雄安新区启动区，建设规模为20 000个座位的体育场、10 000个座位的体育馆和2 000个座位的游泳馆。

总体规划以雄安新区清新宽阔的景光环境为背景，以规整的城市肌理为图底，采用“双轴三芯”的布局，将游泳馆、体育场、体育馆串联集散广场自西向东布置，南北两侧并列设置景观公园和运动公园，形成了丰富的运动竞赛氛围与日常运动、休闲场景。建筑师将城市设想为一幅画卷，体育场馆则是这幅城市画卷中的印章落款。

方与圆是中国从古至今各类艺术品、产品中常见的元素。设计师从中国古典园林中的典型元素月门的东方意境中汲取灵感，将“天圆地方”作为一种思路引入建筑设计中，在规整的方格布局和建筑形式中，运用圆形将屋面打开；并参考中国艺术品的精巧雕刻增添细节，为建筑创造别样的几何造型。